Creo 4.0 工程应用精解丛书

Creo 4.0 数控加工教程

北京兆迪科技有限公司　编著

机 械 工 业 出 版 社

本书全面、系统地介绍了 Creo 4.0 数控加工技术，内容包括数控加工基础、Creo 数控加工入门、铣削加工、孔加工、车削加工、线切割加工、多轴联动加工、钣金件制造以及后置处理等。

本书是根据北京兆迪科技有限公司给国内外几十家不同行业的著名公司（含国外独资和合资公司）编写的培训教案整理而成的，具有很强的实用性和广泛的适用性。本书附带 1 张多媒体 DVD 学习光盘，制作了大量数控加工编程技巧和具有针对性的实例教学视频并进行了详细的语音讲解。另外，光盘还包含本书所有的素材源文件、范例文件以及 Creo 4.0 软件的配置文件。

在内容安排上，本书紧密结合范例对 Creo 数控加工的流程、方法与技巧进行讲解和说明，这些实例都是实际生产一线中具有代表性的例子，这样安排能帮助读者较快地进入数控加工编程实战状态；在写作方式上，本书紧贴软件的实际操作界面，采用软件中真实的对话框、操控板、按钮等进行讲解，使初学者能够直观、准确地操作软件，从而尽快上手，提高学习效率。

本书内容全面，条理清晰，范例丰富，讲解详细，图文并茂，可作为机械技术人员学习 Creo 数控加工编程的自学教程和参考书，也可作为大中专院校学生和各类培训学校学员的 CAD/CAM 课程上课及上机练习教材。

图书在版编目（CIP）数据

Creo 4.0 数控加工教程/北京兆迪科技有限公司编著.
—4 版. —北京：机械工业出版社，2018.5
(Creo 4.0 工程应用精解丛书)
ISBN 978-7-111-59502-1

Ⅰ.①C... Ⅱ.①北... Ⅲ.①数控机床—加工—计算机辅助设计—应用软件—教材 Ⅳ.①TG659.022

中国版本图书馆 CIP 数据核字（2018）第 056864 号

机械工业出版社（北京市百万庄大街 22 号 邮政编码：100037）
策划编辑：丁 锋 责任编辑：丁 锋
责任校对：陈 越 佟瑞鑫 责任印制：常天培
北京铭成印刷有限公司印刷
2018 年 6 月第 4 版第 1 次印刷
184mm×260 mm·22.5 印张·410 千字
0001—3000 册
标准书号：ISBN 978-7-111-59502-1
　　　　　ISBN 978-7-89386-174-1（光盘）
定价：69.90 元（1DVD）

前　言

Creo 是由美国 PTC 公司推出的一套易学实用的机械三维 CAD/CAM/CAE 参数化软件系统，它整合了 PTC 公司的三个软件，即 Pro/ENGINEER 的参数化技术、CoCreate 的直接建模技术和 ProductView 的三维可视化技术。作为 PTC 闪电计划中的一员，Creo 具备互操作性、开放、易用三大特点。Creo 内容涵盖了产品从概念设计、工业造型设计、三维模型设计、分析计算、动态模拟与仿真、工程图输出，到生产加工的全过程，应用范围涉及航空航天、汽车、机械、数控（NC）加工以及电子等诸多领域。Creo 4.0 是美国 PTC 公司目前推出的最新版本，它构建于 Pro/ENGINEER 野火版的成熟技术之上，新增了许多功能，使其技术水准又上了一个新的台阶。

本书全面、系统地介绍了 Creo 4.0 数控加工技术，其特色如下。

- 内容全面，与其他的同类书籍相比，包括更多的 Creo 数控加工内容。
- 范例丰富，对软件中的主要命令和功能，先结合简单的范例进行讲解，然后安排一些较复杂的综合范例帮助读者深入理解、灵活运用。
- 讲解详细，条理清晰，保证自学的读者能独立学习。
- 写法独特，采用 Creo 4.0 软件中真实的对话框、操控板和按钮等进行讲解，使初学者能够直观、准确地操作软件，从而大大提高学习效率。
- 附加值高，本书附带 1 张多媒体 DVD 学习光盘，制作了大量数控加工编程技巧和具有针对性的范例教学视频并进行了详细的语音讲解，可以帮助读者轻松、高效地学习。

本书由北京兆迪科技有限公司编著，参加编写的人员有詹友刚、王焕田、刘静、雷保珍、刘海起、魏俊岭、任慧华、詹路、冯元超、刘江波、周涛、段进敏、赵枫、邵为龙、侯俊飞、龙宇、施志杰、詹棋、高政、孙润、李倩倩、黄红霞、尹泉、李行、詹超、尹佩文、赵磊、王晓萍、陈淑童、周攀、吴伟、王海波、高策、冯华超、周思思、黄光辉、党辉、冯峰、詹聪、平迪、管璇、王平、李友荣。本书难免存在疏漏之处，恳请广大读者予以指正。

电子邮箱：zhanygjames@163.com　咨询电话：010-82176248，010-82176249。

编　者

读者购书回馈活动

活动一：本书"随书光盘"中含有该"读者意见反馈卡"的电子文档，请认真填写本反馈卡，并 E-mail 给我们。E-mail: 兆迪科技 zhanygjames@163.com，丁锋 fengfener@qq.com。

活动二：扫一扫右侧二维码，关注兆迪科技官方公众微信（或搜索公众号 zhaodikeji），参与互动，也可进行答疑。

凡参加以上活动，即可获得兆迪科技免费奉送的价值 48 元的在线课程一门，同时有机会获得价值 780 元的精品在线课程。

本 书 导 读

为了能更好地学习本书的知识，请您先仔细阅读下面的内容。

写作环境

本书使用的操作系统为 64 位的 Windows 7，系统主题采用 Windows 经典主题。本书采用的写作蓝本是 Creo 4.0 中文版。

光盘使用

为方便读者练习，特将本书所有素材文件、已完成的范例文件、配置文件和视频语音讲解文件等放入随书附带的光盘中，读者在学习过程中可以打开相应素材文件进行操作和练习。

本书附多媒体 DVD 光盘 1 张，建议读者在学习本书前，将 DVD 光盘中的所有文件复制到计算机硬盘的 D 盘中，在 D 盘上 creo4.9 目录下共有 3 个子目录。

（1）creo4.0_system_file 子目录：包含一些系统配置文件。

（2）work 子目录：包含本书讲解中所用到的文件。

（3）video 子目录：包含本书讲解中所有的视频文件（含语音讲解），学习时，直接双击某个视频文件即可播放。

光盘中带有"ok"扩展名的文件或文件夹表示已完成的实例。

相比于老版本的软件，Creo 4.0 在功能、界面和操作上变化极小，经过简单的设置后，几乎与老版本完全一样（书中介绍了设置方法）。因此，对于软件新老版本操作完全相同的内容部分，光盘中仍然使用老版本的视频讲解，对于绝大部分读者而言，并不影响软件的学习。

本书约定

● 本书中有关鼠标操作的简略表述说明如下。

 ☑ 单击：将鼠标指针移至某位置处，然后按一下鼠标的左键。

 ☑ 双击：将鼠标指针移至某位置处，然后连续快速地按两次鼠标的左键。

 ☑ 右击：将鼠标指针移至某位置处，然后按一下鼠标的右键。

 ☑ 单击中键：将鼠标指针移至某位置处，然后按一下鼠标的中键。

 ☑ 滚动中键：只是滚动鼠标的中键，而不能按中键。

 ☑ 选择（选取）某对象：将鼠标指针移至某对象上，单击以选取该对象。

 ☑ 拖动某对象：将鼠标指针移至某对象上，然后按下鼠标的左键不放，同时移动鼠标，将该对象移动到指定的位置后再松开鼠标的左键。

● 本书中的操作步骤分为 Task、Stage 和 Step 三个级别，说明如下。

- ☑ 对于一般的软件操作，每个操作步骤以 Step 字符开始。

- ☑ 每个 Step 操作步骤视其复杂程度，下面可含有多级子操作，例如 Step1 下可能包含（1）、（2）、（3）等子操作，（1）子操作下可能包含①、②、③等子操作，①子操作下可能包含 a）、b）、c）等子操作。

- ☑ 如果操作较复杂，需要几个大的操作步骤才能完成，则每个大的操作冠以 Stage1、Stage2、Stage3 等，Stage 级别的操作下再分 Step1、Step2、Step3 等操作。

- ☑ 对于多个任务的操作，则每个任务冠以 Task1、Task2、Task3 等，每个 Task 操作下则可包含 Stage 和 Step 级别的操作。

- ● 由于已经建议读者将随书光盘中的所有文件复制到计算机硬盘的 D 盘中，所以书中在要求设置工作目录或打开光盘文件时，所述的路径均以 D：开始。

软件设置

- ● 设置 Creo 系统配置文件 config.pro：将 D：\creo4.9\Creo4.0_system_file\ 下的 config.pro 复制至 Creo 安装目录的\text 目录下。假设 Creo 4.0 的安装目录为 C:\Program Files\PTC\Creo 4.0，则应将上述文件复制到 C:\Program Files\PTC\Creo 4.0\Common Files\F000\text 目录下。退出 Creo，然后再重新启动 Creo，config.pro 文件中的设置将生效。

- ● 设置 Creo 界面配置文件 creo_parametric_customization.ui：选择"文件"下拉菜单中的 文件 ➡ 选项 命令，系统弹出"Creo Parametric 选项"对话框；在"Creo Parametric 选项"对话框中单击 功能区 区域，单击 导入 按钮，系统弹出"打开"对话框。选中 D：\creo4.9\creo4.0_system_file\文件夹中的 creo_parametric_customization.ui 文件，单击 打开 按钮。

技术支持

本书是根据北京兆迪科技有限公司给国内外一些著名公司（含国外独资和合资公司）编写的培训教案整理而成的，具有很强的实用性，其主编和参编人员均来自北京兆迪科技有限公司。该公司专门从事 CAD/CAM/CAE 技术的研究、开发、咨询及产品设计与制造服务，并提供 Creo、Ansys、Adams 等软件的专业培训及技术咨询，读者在学习本书的过程中如果遇到问题，可通过访问该公司的网站 http://www.zalldy.com 来获得技术支持。

本书随书光盘中的所有文件已经上传至网络，如果您的随书光盘丢失或损坏，可以登录网站 http://www.zalldy.com/page/book 下载。

咨询电话：010-82176248，010-82176249。

目　　录

第 1 章　Creo 4.0 数控加工基础

本章提要　本章主要介绍 Creo 4.0 数控加工的基础知识，内容包括数控编程以及加工工艺基础等。

1.1　数控加工概论

数控技术即数字控制技术（Numerical Control Technology，NC），指用计算机以数字指令方式控制机床动作的技术。

数控加工具有产品精度高、自动化程度高、生产效率高以及生产成本低等特点，在今日制造业中，数控加工是所有生产技术中极为重要的一环。尤其是汽车或航天工业的零部件，其几何外形复杂且精度要求较高，更突出了 NC 加工制造技术的优点。

数控加工技术集传统的机械制造、计算机、信息处理、现代控制和传感检测等光机电技术于一体，是现代机械制造技术的基础。它的广泛应用，给机械制造业的生产方式及产品结构带来了深刻的变化。

近年来，由于计算机技术的迅速发展，数控技术的发展相当迅速。数控技术的水平和普及程度，已经成为衡量一个国家综合国力和工业现代化水平的重要标志。

1.2　数控编程简述

数控编程一般可以分为手工编程和自动编程。手工编程是指从零件图样分析、工艺处理、数值计算、编写程序单直到程序校核等各步骤，均由人工完成的全过程。该方法适用于零件形状不太复杂、加工程序较短的情况，而对于复杂形状的零件，如具有非圆曲线、列表曲面和组合曲面的零件，或者零件形状虽不复杂但是程序很长，则比较适合于自动编程。

自动数控编程是从零件的设计模型（即参考模型）获得数控加工程序的全部过程。其主要任务是计算加工走刀过程中的刀位点（Cutter Location Point，简称 CL 点），从而生成 CL 数据文件。采用自动编程技术可以帮助人们解决复杂零件的数控加工编程问题，其大部分工作由计算机来完成，编程效率大大提高，还能解决手工编程无法解决的许多复杂形状零件的加工编程问题。

Creo 4.0 数控模块提供了多种加工类型用于各种复杂零件的粗精加工，用户可以根据零件结构、加工表面形状和加工精度要求选择合适的加工类型。

数控编程的主要内容有分析零件图样、工艺处理、数值处理、编写加工程序单、输入数控系统、程序检验及试切。

（1）分析图样及工艺处理。在确定加工工艺过程时，编程人员首先应根据零件图样对工件的形状、尺寸和技术要求等进行分析，然后选择合适的加工方案，确定加工顺序和路线、装夹方式、刀具以及切削参数。为了充分发挥机床的功能，还应该考虑所用机床的指令功能，选择最短的加工路线，选择合适的对刀点和换刀点，以减少换刀次数。

（2）数值处理。根据图样的几何尺寸、确定的工艺路线及设定的坐标系，计算工件粗、精加工的运动轨迹，得到刀位数据。零件图样坐标系与编程坐标系不一致时，需要对坐标进行换算。形状比较简单的零件的轮廓加工，需要计算出几何元素的起点、终点及圆弧的圆心，以及两几何元素的交点或切点的坐标值；有的还需要计算刀具中心运动轨迹的坐标值。对于形状比较复杂的零件，需要用直线段或圆弧段逼近，根据要求的精度计算出各个节点的坐标值。

（3）编写加工程序单。确定加工路线、工艺参数及刀位数据后，编程人员可以根据数控系统规定的指令代码及程序段格式，逐段编写加工程序单。此外，还应填写有关的工艺文件，如数控刀具卡片、数控刀具明细表和数控加工工序卡片等。随着数控编程技术的发展，现在大部分的机床已经直接采用自动编程。

（4）输入数控系统。即把编制好的加工程序，通过某种介质传输到数控系统。过去我国数控机床的程序输入一般使用穿孔纸带，穿孔纸带的程序代码通过纸带阅读器输入到数控系统。随着计算机技术的发展，现代数控机床主要利用键盘将程序输入到计算机中。随着网络技术进入工业领域，通过 CAM 生成的数控加工程序可以通过数据接口直接传输到数控系统中。

（5）程序检验及试切。程序单必须经过检验和试切才能正式使用。检验的方法是直接将加工程序输入到数控系统中，让机床空运转，即以笔代刀，以坐标纸代替工件，画出加工路线，以检查机床的运动轨迹是否正确。若数控机床有图形显示功能，可以采用模拟刀具切削过程的方法进行检验。但这些过程只能检验出运动是否正确，不能检查被加工零件的精度，因此必须进行零件的首件试切。首件试切时，应该以单程序段的运行方式进行加工，监视加工状况，调整切削参数和状态。

从以上内容看来，作为一名数控编程人员，不但要熟悉数控机床的结构、功能及标准，而且必须熟悉零件的加工工艺、装夹方法、刀具以及切削参数的选择等方面的知识。

1.3　数　控　机　床

1.3.1　数控机床的组成

数控机床的种类很多，但是任何一种数控机床都主要由数控系统、伺服系统和机床主体三大部分以及辅助控制系统等组成。

1．数控系统

数控系统是数控机床的核心，是数控机床的"指挥系统"，其主要作用是对输入的零件加工程序进行数字运算和逻辑运算，然后向伺服系统发出控制信号。现代数控系统通常是一台带有专门系统软件的计算机系统，开放式数控系统就是将计算机配以数控系统软件而构成的。

2．伺服系统

伺服系统（也称驱动系统）是数控机床的执行机构，由驱动和执行两大部分组成。它包括位置控制单元、速度控制单元、执行电动机和测量反馈单元等部分，主要用于实现数控机床的进给伺服控制和主轴伺服控制。它接受数控系统发出的各种指令信息，经功率放大后，严格按照指令信息的要求控制机床运动部件的进给速度、方向和位移。目前数控机床的伺服系统中，常用的位移执行机构有步进电动机、液压马达、直流伺服电动机和交流伺服电动机，后两者均带有光电编码器等位置测量元件。一般来说，数控机床的伺服系统，要求有好的快速响应和灵敏而准确的跟踪指令功能。

3．机床主体

机床主体是加工运动的实际部件，除了机床基础件以外，还包括主轴部件，进给部件，实现工件回转、定位的装置和附件，辅助系统和装置（如液压、气压、防护等装置），刀库和自动换刀装置（Automatic Tools Changer，简称 ATC），自动托盘交换装置（Automatic Pallet Changer，简称 APC）。机床基础件通常是指床身或底座、立柱、横梁和工作台等，它是整台机床的基础和框架。加工中心则还应具有 ATC，有的还有双工位 APC 等。数控机床的主体结构与传统机床相比，发生了很大变化，普遍采用了滚珠丝杠、滚动导轨，传动效率更高；由于现代数控机床减少了齿轮的使用数量，使得传动系统更加简单。数控机床可根据自动化程度、可靠性要求和特殊功能需要，选用各种类型的刀具破损监控系统、机床与工件精度检测系统、补偿装置和其他附件等。

1.3.2　数控机床的特点

随着科学技术和市场经济的不断发展，对机械产品的质量、生产率和新产品的开发周期提出了越来越高的要求。为了满足上述要求，适应科学技术和经济的不断发展，数控机床应运而生。20 世纪 50 年代，美国麻省理工学院成功研制出第一台数控铣床。1970 年首次展出了第一台用计算机控制的数控机床（CNC）。图 1.3.1 所示就是数控铣床，图 1.3.2 所示是加工中心。

 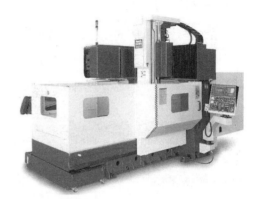

图 1.3.1　数控铣床　　　　　　　　　　图 1.3.2　加工中心

数控机床自问世以来得到了高速发展，并逐渐为各国生产组织和管理者接受，这与它在加工中表现出来的特点是分不开的。数控机床具有以下主要特点。

- 高柔性。数控机床的最大特点是高柔性，即灵活、通用、万能，可以适应加工不同形状工件。如数控铣床一般能完成钻孔、镗孔、铰孔、攻螺纹、铣平面、铣斜面、铣槽、铣削曲面和铣削螺纹等加工，而且一般情况下，可以在一次装夹中完成所需的加工工序。加工对象改变，除相应更换刀具和解决工件装夹方式外，只需改变相应的加工程序即可。特别适应于目前多品种、小批量和变化快的生产要求。

- 高精度，加工重复性高。目前，普通数控加工的尺寸精度通常可达到±0.005mm。数控装置的脉冲当量（即机床移动部件的移动量）一般为 0.001mm，高精度的数控系统可达 0.0001mm。数控加工过程中，机床始终都在指定的控制指令下工作，消除了人工操作所引起的误差，不仅提高了同一批加工零件尺寸的统一性，而且产品质量能得到保证，废品率也大为降低。

- 高效率。机床自动化程度高，工序、刀具可自行更换、检测。例如，加工中心：在一次装夹后，除定位表面不能加工外，其余表面均可加工；生产准备周期短，加工对象变化时，一般不需要专门的工艺装备设计制造时间；切削加工中可采用最佳切削参数和走刀路线。数控铣床：一般不需要使用专用夹具和工艺装备。在更换工件时，只需调用储存于计算机中的加工程序、装夹工件和调整刀具数据即可，可大大缩短生产周期。更主要的是数控铣床的万能性带来高效率，如一般的数控铣床都具有铣床、镗床和钻床的功能，工序高度集中，提高了劳动生产率，并减少了工件的装夹误差。

- 大大减轻了操作者的劳动强度。数控机床的零件加工是根据加工前编好的程序自动完成的。操作者除了操作键盘、装卸工件、中间测量及观察机床运行外，不需要进行繁重的重复性手工操作，可大大减轻劳动强度。

- 易于建立计算机通信网络。数控机床使用数字信息作为控制信息，易于与 CAD 系统连接，从而形成 CAD/CAM 一体化系统，它是 FMS、CIMS 等现代制造技术的基础。

- 初期投资大，加工成本高。数控机床的价格一般是普通机床的若干倍，且机床备件的价格也高；另外，加工首件需要进行编程、程序调试和试加工，时间较长，因此使零件的加工成本也大大高于普通机床。

1.3.3　数控机床的分类

数控机床的分类有多种方式。

1. 按工艺用途分类

按工艺用途分类，数控机床可分为数控钻床、车床、铣床、磨床和齿轮加工机床等，还有压床、冲床、电火花切割机、火焰切割机和点焊机等也都采用数字控制。加工中心是带有刀库及自动换刀装置的数控机床，它可以在一台机床上实现多种加工。工件只需一次装夹，就可以完成多种加工，这样既节省了工时，又提高了加工精度。加工中心特别适用于箱体类和壳类零件的加工。车削加工中心可以完成所有回转体零件的加工。

2. 按机床数控运动轨迹划分

（1）点位控制数控机床（PTP）：指在刀具运动时，只控制刀具相对于工件位移的准确性，不考虑两点间的路径。这种控制方法用于数控钻床、数控冲床和数控点焊设备，还可以用在数控坐标镗铣床上。

（2）点位直线控制数控机床：就是要求在点位准确控制的基础上，还要保证刀具运动是一条直线，且刀具在运动过程中还要进行切削加工。采用这种控制的机床有数控车床、数控铣床和数控磨床等，一般用于加工矩形和台阶形零件。

（3）轮廓控制数控机床（CP）：轮廓控制（亦称连续控制）是对两个或更多的坐标运

动进行控制（多坐标联动），刀具运动轨迹可为空间曲线。它不仅能保证各点的位置，而且还要控制加工过程中的位移速度，也就是刀具的轨迹。既要保证尺寸的精度，还要保证形状的精度。在运动过程中，同时要向两个坐标轴分配脉冲，使它们能走出所要求的形状来，这就叫插补运算。它是一种软仿形加工，而不是硬（靠模）仿形，并且这种软仿形加工的精度比硬仿形加工的精度高很多。这类机床主要有数控车床、数控铣床、数控线切割机和加工中心等。在模具行业中，对于一些复杂曲面的加工，较多使用这类机床，如三坐标以上的数控铣床或加工中心。

3．按伺服系统控制方式划分

开环控制是无位置反馈的一种控制方法，它采用的控制对象、执行机构多半是步进式电动机或液压转矩放大器。因为没有位置反馈，所以其加工精度及稳定性差，但其结构简单、价格低廉、控制方法简单，对于精度要求不高且功率需求不大的地方，还是比较适用的。

半闭环控制是在丝杠上装有角度测量装置作为间接的位置反馈。因为这种系统未将丝杠螺母副和齿轮传动副等传动装置包含在闭环反馈系统中，因而称之为半闭环控制系统，它不能补偿传动装置的传动误差，但却得以获得稳定的控制特性。这类系统介于开环与闭环之间，精度没有闭环高，调试比闭环方便。

闭环控制系统是对机床移动部件的位置直接用直线位置检测装置进行检测，再把实际测量出的位置反馈到数控装置中去，与输入指令比较是否有差值，然后把这个差值经过放大和变换，最后去驱动工作台向减少误差的方向移动，直到差值符合精度要求为止。这类控制系统，因为把机床工作台纳入了位置控制环，故称为闭环控制系统。该系统可以消除包括工作台传动链在内的运动误差，因而定位精度高、调节速度快。但由于该系统受到进给丝杠的拉压刚度、扭转刚度、摩擦阻尼特性和间隙等非线性因素的影响，给调试工作造成较大的困难。如果各种参数匹配不当，将会引起系统振荡，造成系统不稳定，影响定位精度。由于闭环伺服系统复杂和成本高，故适用于精度要求很高的数控机床，如超精密数控车床和精密数控镗铣床等。

4．按联动坐标轴数划分

（1）两轴联动数控机床。主要用于三轴以上控制的机床，其中任意两轴作插补联动，第三轴作单独的周期进给，常称 2.5 轴联动。如图 1.3.3 所示，在数控铣床上用球头铣刀采用行切法加工三维空间曲面。行切法加工所用的刀具通常是球头铣刀。用这种刀具加工曲面，不易干涉相邻表面，计算比较简单。球头铣刀的刀头半径应选得大一些，有利于降低加工表面粗糙度、增加刀具刚度以及散热等，但刀头半径应小于曲面的最小曲率半径。由于 2.5 轴坐标加工的刀心轨迹为平面曲线，故编程计算较为简单，数控逻辑装置也不复杂，常用于曲率变化不大以及精度要求不高的粗加工。

（2）三轴联动数控机床。X、Y、Z 三轴可同时进行插补联动，在加工曲面时，通常也用行切方法。如图 1.3.4 所示，三轴联动的刀具轨迹可以是平面曲线或空间曲线。三坐标联动加工常用于复杂曲面的精确加工，但编程计算较为复杂，所用的数控装置还必须具备三轴联动功能。

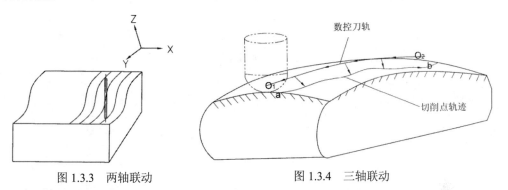

图 1.3.3　两轴联动　　　　　　　　　图 1.3.4　三轴联动

（3）四轴联动数控机床。除了同时控制 X、Y、Z 三个直线坐标轴联动之外，还有工作台或者刀具的转动。图 1.3.5 所示的工件，若在三坐标联动的机床上用球头铣刀按行切法加工时，不但生产效率低，而且表面粗糙度高。若采用圆柱铣刀周边切削，并用四坐标铣床加工，即除三个直角坐标运动外，为保证刀具与工件型面在全长始终贴合，刀具还应绕 O_1（或 O_2）作摆角联动。由于摆角运动，导致直角坐标系（图中 Y）做附加运动，其编程计算较为复杂。

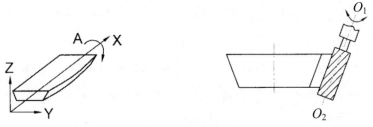

图 1.3.5　四轴联动

（4）五轴联动数控机床。除了同时控制 X、Y、Z 三个直线坐标轴联动以外，还同时控制围绕这些直线坐标轴旋转的 A、B、C 坐标轴中的两个坐标，即同时控制五个坐标轴联动。这时刀具可以被定位在空间的任何位置。

螺旋桨是五轴联动加工的典型零件之一，其叶片形状及加工原理如图 1.3.6 所示。在半径为 R_i 的圆柱面上与叶面的交线 MN 为螺旋线的一部分，螺旋角为 φ_i，叶片的径向叶形线（轴向剖面）的倾角 α 为后倾角。螺旋线联动 MN 用极坐标加工方法并以折线段逼近。逼

近线段 ab 是由 C 坐标旋转 $\Delta \theta$ 与 Z 坐标位移 ΔZ 的合成。当 MN 加工完后，刀具径向位移 ΔX（改变 R_i），再加工相邻的另一条叶形线，依次加工，即可形成整个叶面。由于叶面的曲率半径较大，所以常用端面铣刀加工，可以提高生产率并简化程序。因此，为保证铣刀端面始终与曲面贴合，铣刀还应当相对于 A 坐标和 B 坐标做摆角运动，在摆角运动的同时，还应作直角坐标的附加直线运动，以保证铣刀端面中心始终处于编程值位置上，所以需要 Z、C、X、A、B 五坐标加工。这种加工的编程计算很复杂，程序量较大。

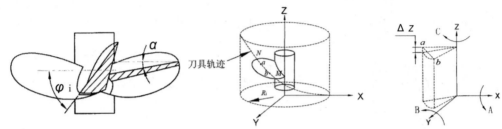

图 1.3.6   五轴联动

1.3.4   数控机床的坐标系

数控机床的坐标系统，包括坐标系、坐标原点和运动方向，对于数控加工及编程，是一个十分重要的概念。每一个数控编程员和操作者，都必须对数控机床的坐标系有一个很清晰的认识。为了使数控系统规范化及简化数控编程，ISO 对数控机床的坐标系统作了若干规定。关于数控机床坐标和运动方向命名的详细内容，可参阅 JB/T 3051—1999 的规定。

机床坐标系是机床上固有的坐标系，是机床加工运动的基本坐标系。它是考察刀具在机床上实际运动位置的基准坐标系。对于具体机床来说，有的是刀具移动工作台不动，有的则是刀具不动而工作台移动。然而不管是刀具移动还是工件移动，机床坐标系永远假定刀具相对于静止的工件而运动。同时，运动的正方向是增大工件和刀具之间距离的方向。为了编程方便，一律规定为工件固定、刀具运动。

标准的坐标系是一个右手直角坐标系，如图 1.3.7 所示。拇指指向为 X 轴正方向，食指指向为 Y 轴正方向，中指指向为 Z 轴正方向。一般情况下，主轴的方向为 Z 坐标，而工作台的两个运动方向分别为 X、Y 坐标。

若有旋转轴时，规定绕 X、Y、Z 轴的旋转轴为 A、B、C 轴，其方向为右旋螺纹方向，如图 1.3.8 所示。旋转轴的原点一般定在水平面上。

图 1.3.9 所示是典型的单立柱立式数控铣床加工运动坐标系示意图。刀具沿与地面垂直的方向上下运动，工作台带动工件在与地面平行的平面内运动。机床坐标系的 Z 轴是刀具

的运动方向，并且刀具向上运动为正方向，即远离工件的方向。当面对机床进行操作时，刀具相对工件的左右运动方向为 X 轴，并且刀具相对工件向右运动（即工作台带动工件向左运动）时为 X 轴的正方向。Y 轴的方向可用右手定则确定。若以 X′、Y′、Z′ 表示工作台相对于刀具的运动坐标轴，而以 X、Y、Z 表示刀具相对于工件的运动坐标轴，则显然有 X′ =-X、Y′ =-Y、Z′ =-Z。

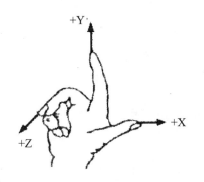

图 1.3.7　右手直角坐标系

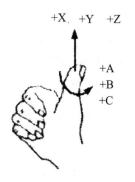

图 1.3.8　旋转坐标系

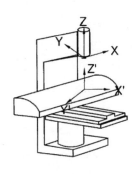

图 1.3.9　机床坐标系示意图

学习拓展：扫一扫右侧二维码，可以免费学习更多视频讲解。

讲解内容：数控加工与编程概述，数控加工的一般流程等。

第2章　Creo 4.0 数控加工入门

本章提要　　Creo 4.0 的 Pro/NC 模块为我们提供了非常方便、实用的数控加工功能。本章将通过一个简单的零件来说明 Creo 4.0 数控加工的一般过程。通过本章的学习，读者能够清楚地了解数控加工的一般流程及操作方法，并理解其中的原理。

2.1　Creo 4.0 数控加工流程

Creo 4.0 能够模拟数控加工的全过程，其一般流程为（图 2.1.1）：

（1）创建制造模型，包括创建或获取设计模型以及工件规划。

（2）设置制造数据，包括选择加工机床、设置夹具和刀具。

（3）操作设置（如进给速度、进给量和机床主轴转速等）。

（4）设置 NC 序列，进行加工仿真。

（5）创建 CL 数据文件。

（6）利用后处理器生成 NC 代码。

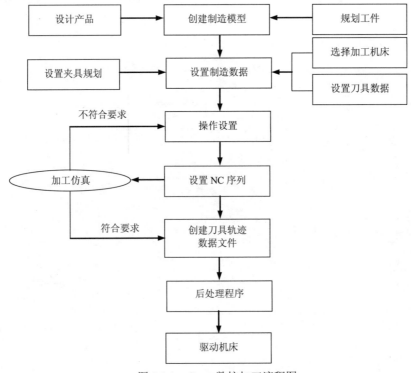

图 2.1.1　Creo 数控加工流程图

2.2　Creo 4.0 数控加工操作界面

首先进行下面的操作，打开指定的文件。

Step1. 选择下拉菜单 文件▼ ➡ 管理会话(M) ▶ ➡ 选择工作目录(W) 更改工作目录. 命令（或单击 主页 功能选项卡中的"选择工作目录"按钮 ），将工作目录设置至 D:\creo4.9\work\ch02.02。

Step2. 选择下拉菜单 文件▼ ➡ 打开(O) 命令，打开文件 volume_milling.asm。

打开文件 volume_milling.asm 后，系统显示图 2.2.1 所示的数控加工操作界面。下面对该工作界面进行简要说明。

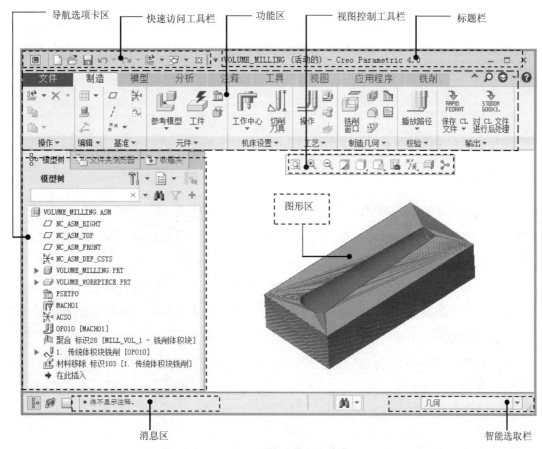

图 2.2.1　Creo 4.0 数控加工操作界面

数控加工操作界面包括导航选项卡区、快速访问工具栏、标题栏、功能区、消息区、视图控制工具栏、图形区和智能选取栏。

1. 导航选项卡区

导航选项卡包括三个页面选项："模型树""文件夹浏览器""收藏夹"。

- "模型树"中列出了活动文件中的所有零件及特征，并以树的形式显示模型结构，根对象（活动零件或组件）显示在模型树的顶部，其从属对象（零件或特征）位于根对象之下。例如：在活动装配文件中，"模型树"列表的顶部是组件，组件下方是每个元件零件的名称；在活动零件文件中，"模型树"列表的顶部是零件，零件下方是每个特征的名称。若打开多个 Creo 模型，则"模型树"只反映活动模型的内容。

- "文件夹浏览器"类似于 Windows 的"资源管理器"，用于浏览文件。

- "收藏夹"用于有效组织和管理个人资源。

2. 快速访问工具栏

快速访问工具栏中包含新建、保存、修改模型和设置 Creo 环境的一些命令。快速访问工具栏为快速进入命令及设置工作环境提供了极大的方便，用户可以根据具体情况定制快速访问工具栏。

3. 标题栏

标题栏显示了软件版本以及当前活动的模型文件名称。

4. 功能区

功能区显示了 Creo 中的所有功能按钮，并以选项卡的形式进行分类。用户可以自己定义各功能选项卡中的按钮，也可以自己创建新的选项卡，将常用的命令按钮放在自定义的功能选项卡中。

注意：用户会看到有些菜单命令和按钮处于非激活状态（呈灰色，即暗色），这是因为它们目前还没有处在发挥功能的环境中，一旦它们进入有关的环境，便会自动激活。

下面对数控加工中常用的功能区选项卡进行简要的介绍。

- 图 2.2.2 所示的"制造"功能选项卡中显示创建制造模型后的相关管理功能，按功能划分为 操作▼ 、 编辑▼ 、 基准▼ 、 元件▼ 、 机床设置▼ 、 工艺▼ 、 制造几何▼ 、 校验▼ 和 输出▼ 等区域。

图 2.2.2　"制造"功能选项卡

- 图 2.2.3 所示的"铣削"功能选项卡中显示创建铣削加工路径后的相关管理功能，

按功能划分为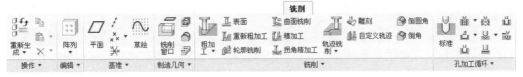

等区域。

图 2.2.3　"铣削"功能选项卡

- 图 2.2.4 所示的"车削"功能选项卡中显示创建车削加工路径后的相关管理功能，按功能划分为 操作 ▼ 、 编辑 ▼ 、 基准 ▼ 、 制造几何 ▼ 、 车削 ▼ 和 孔加工循环 ▼ 等区域。

图 2.2.4　"车削"功能选项卡

- 图 2.2.5 所示的"应用程序"功能选项卡中 制造应用程序 区域显示制造模块中的相关管理功能。

图 2.2.5　"应用程序"功能选项卡

5. 消息区

在用户操作软件的过程中，消息区会即时地显示有关当前操作步骤的提示等消息，以引导用户的操作。消息区有一个可见的边线，将其与图形区分开，若要增加或减少可见消息行的数量，可将鼠标指针置于边线上，按住鼠标左键，然后将其移动到所期望的位置。

消息分为五类，分别以不同的图标提醒。

　提示　　　信息　　　警告　　　出错　　　危险

6. 视图控制工具栏

图 2.2.6 所示的视图控制工具栏是将"视图"功能选项卡中部分常用的命令按钮集成到了一个工具栏中，以便随时调用。

图 2.2.6　视图控制工具栏

7．图形区

Creo 4.0 各种模型的显示区。

8．智能选取栏

智能选取栏也称过滤器，主要用于快速选取某种所需要的要素（如几何、基准等）。

9．菜单管理器区

菜单管理器区位于屏幕的右侧，在进行某些操作时，系统会弹出此菜单，如单击轮廓按钮 时，系统会弹出图 2.2.7 所示的菜单管理器。

图 2.2.7　菜单管理器

2.3　新建一个数控制造模型文件

在 Creo 中进行数控加工时，首先需要新建一个数控制造模型文件，其操作过程如下。

Step1．设置工作目录。选择下拉菜单 文件 ➡ 管理会话(M) ➡ 选择工作目录(W) 更改工作目录 命令，将工作目录设置至 D:\creo4.9\work\ch02.03。

Step2．在工具栏中单击"新建"按钮 ，系统弹出"新建"对话框（图 2.3.1）。

Step3．在"新建"对话框的 类型 选项组中选中 ⊙ 制造 单选项，在 子类型 选项组中选中 ⊙ NC装配 单选项，在 名称 后的文本框中输入文件名 volume_milling，取消选中 □ 使用默认模板 复选框，单击该对话框中的 确定 按钮。

Step4．在系统弹出的图 2.3.2 所示的"新文件选项"对话框的 模板 选项组中选取 mmns_mfg_nc 模板，然后在该对话框中单击 确定 按钮。

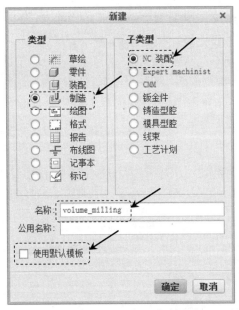

图 2.3.1　"新建"对话框

图 2.3.2　"新文件选项"对话框

2.4　建立制造模型

在 Creo 4.0 中常规的制造模型由一个参考模型和一个装配在一起的工件组成,其中"参考模型"即是在创建 NC 序列时用来作参考的设计模型,工件是指在创建数控加工操作前的待加工的毛坯模型。一般地,在加工过程结束时,工件几何应与设计模型的几何一致。如果不涉及材料的去除,则不必定义工件几何。因此,制造模型的最低配置为一个参考零件。另外根据加工需要,制造模型可以是任何复杂级别的组件,并可包含任意数目独立的参考模型和工件。它还可以包含其他可能属于制造组件的一部分,但对实际材料去除过程没有直接影响的元件(如转台或夹具)。创建制造模型后,一般由以下三个单独的文件组成。

● 制造模型——manufacturename.asm。

● 设计模型——filename.prt。

● 工件(可选)——filename.prt。

使用更为复杂的组件配置时,还会将其他零件和组件文件包括在制造模型中。制造模型配置反映在模型树中。

Stage1.　引入参考模型

Step1. 选取命令。单击 **制造** 功能选项卡 元件 ▼ 区域中的"组装参考模型"按

钮 ![icon] （或单击 ![参考模型] 按钮，然后在弹出的菜单中选择 ![icon] 组装参考模型 命令）。

Step2. 从弹出的"打开"对话框中选取三维零件模型——volume_milling.prt 作为参考零件模型，并将其打开。系统弹出"元件放置"操控板，如图 2.4.1 所示。

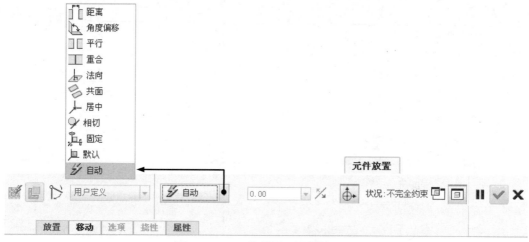

图 2.4.1 "元件放置"操控板

Step3. 在"元件放置"操控板中选择 ![默认] 命令，然后单击 ![✓] 按钮，完成参考模型的放置，放置后如图 2.4.2 所示。

图 2.4.2 放置后的参考模型

说明：此时系统可能会弹出图 2.4.3 所示的"警告"对话框，用户可单击 ![确定] 按钮继续。

图 2.4.3 "警告"对话框

Stage2. 创建工件

手动创建图 2.4.4 所示的工件，操作步骤如下。

注意：工件可以通过创建或者装配的方法来引入，本例介绍手动创建工件的一般步骤，

图 2.4.4 所示为隐藏参考模型后工件的显示状态。

图 2.4.4　手动创建工件

Step1. 选取命令。单击 制造 功能选项卡 元件▼ 区域中的 工件▼ 按钮，然后在弹出的菜单中选择 ▭创建工件 选项。

Step2. 在系统 输入零件 名称 [PRT0001]： 的提示下，输入工件名称 volume_workpiece，然后在提示栏中单击"完成"按钮 ✓。

Step3. 创建工件特征。

（1）在"菜单管理器"中选择 ▼ FEAT CLASS（特征类）菜单中的 Solid（实体）➡ Protrusion（伸出项）命令；在弹出的 ▼ SOLID OPTS（实体选项）菜单中选择 Extrude（拉伸）➡ Solid（实体）➡ Done（完成）命令，此时系统显示"拉伸"操控板。

（2）创建实体拉伸特征。

① 定义拉伸类型。在"拉伸"操控板中确认"实体"类型按钮 ▢ 被按下。

② 定义草绘截面放置属性。在图形区中右击，从弹出的快捷菜单中选择 定义内部草绘… 命令，系统弹出"草绘"对话框，如图 2.4.5 所示。在系统 ➡选择一个平面或曲面以定义草绘平面。的提示下，选取图 2.4.6 所示的参考模型表面 1 为草绘平面，接受图 2.4.6 中默认的箭头方向为草绘视图方向，然后选取图 2.4.6 所示的参考模型表面 2 为参考平面，方位为 上，单击 草绘 按钮进入截面草绘环境。

图 2.4.5　"草绘"对话框

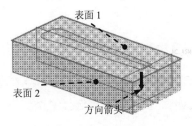

图 2.4.6　定义草绘平面

③ 定义草绘参考。此时系统弹出"参考"对话框，在模型树中选取 NC_ASM_TOP 基

准面和 NC_ASM_FRONT 基准面为草绘参考，单击 关闭(C) 按钮。

④ 绘制截面草图。使用 □ 投影 命令绘制图 2.4.7 所示的截面草图。完成特征截面的绘制后，单击工具栏中的"确定"按钮 ✓。

⑤ 在操控板中选取深度类型为 ⊥ ，然后将模型调整到图 2.4.8 所示的视图方位，选取图中所示的参考模型表面为拉伸终止面。

注意：所选取的参考模型表面是图 2.4.6 所示的表面 1 的对侧表面。

⑥ 预览特征。在操控板中单击"预览"按钮 ∞ ，可浏览所创建的拉伸特征。

⑦ 完成特征。在操控板中单击"完成"按钮 ✓ ，完成工件的创建。

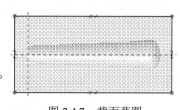

图 2.4.7　截面草图

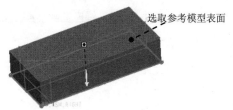

图 2.4.8　选取拉伸终止面

2.5　设　置　操　作

设置操作即建立制造数据库。此数据库包含诸如可用机床、刀具、夹具配置、地址参数或刀具表等项目。此步骤为可选步骤。如果不想预先建立全部数据库，可以直接进入加工过程，然后在需要时再来定义上述任何项目。

进行设置操作的一般步骤如下。

Step1. 选取命令。单击 制造 功能选项卡 工艺▼ 区域中的"操作"按钮 ⏢ ，此时系统弹出图 2.5.1 所示的"操作"操控板（一）。

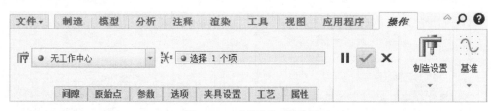

图 2.5.1　"操作"操控板（一）

Step2. 机床设置。选择"操作"操控板（一）中的"制造设置"按钮 ⏢ ，在弹出的菜单中选择 🔲 铣削 命令，系统弹出图 2.5.2 所示的"铣削工作中心"对话框，在 轴数 下拉列表中选择 3 轴 。

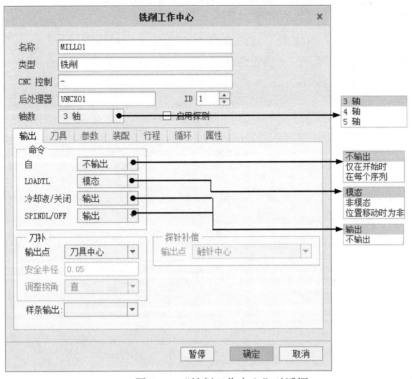

图 2.5.2 "铣削工作中心"对话框

图 2.5.2 所示的"铣削工作中心"对话框中的部分选项说明如下。

- 名称：用于设置机床的名称，可以在读取加工机床信息时，作为一个标识，以区别不同的加工机床设置。

- 类型：显示所选择的机床类型。可选择的机床类型有铣削、车床、铣削-车削和线切割。

- CNC 控制：用于输入 CNC 控制器的名称。

- 后处理器：用于输入后处理器的名称。

- 轴数：用于选择机床的运动轴数。

- 输出选项卡：可以进行后处理器的相关设置、刀具补偿的相关设置。

  ☑ 自 下拉列表：用来指定将 FROM 语句输出到操作 CL 数据文件的方式。

  ☑ LOADTL 下拉列表：用来控制操作 CL 数据文件中 LOADTL 语句的输出状态。

  ☑ 冷却液/关闭 下拉列表：用来控制操作 CL 数据文件中 COOLNT/OFF 语句的输出。

  ☑ 主轴/关闭 下拉列表：用来控制操作 CL 数据文件中 SPINDL/OFF 语句的输出。

  ☑ 输出点 下拉列表：用来设定刀补的输出点类型，包含"刀具中心""刀具边"2 个选项，选择"刀具边"后会激活相应的参数。

Step3. 刀具设置。在"铣削工作中心"对话框中单击 刀具 选项卡，然后单击 刀具...

按钮，系统弹出"刀具设定"对话框（图 2.5.3）。

Step4. 在弹出的"刀具设定"对话框的 常规 选项卡中设置图 2.5.3 所示的刀具参数，设置完毕后依次单击 应用 和 确定 按钮，返回到"铣削工作中心"对话框。

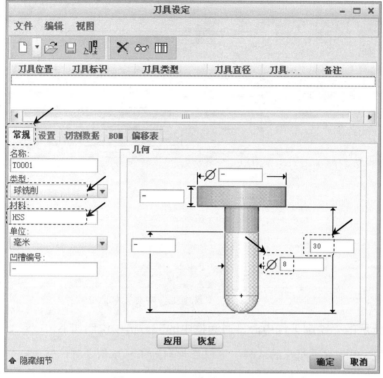

图 2.5.3 "刀具设定"对话框

Step5. 在"铣削工作中心"对话框中单击 确定 按钮，返回到"操作"操控板。

Step6. 机床坐标系设置。在"操作"操控板中单击 基准 按钮，在弹出的菜单中选择 ✷ 命令，系统弹出图 2.5.4 所示的"坐标系"对话框。按住 Ctrl 键，依次选择 NC_ASM_TOP、NC_ASM_FRONT 基准面和图 2.5.5 所示的模型表面作为创建坐标系的三个参考平面，单击 确定 按钮完成坐标系的创建。在"操作"操控板中单击 ▶ 按钮，此时"操作"操控板（二）显示如图 2.5.6 所示。

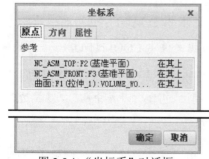

图 2.5.4 "坐标系"对话框

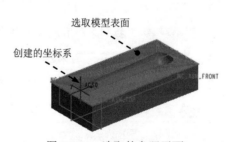

图 2.5.5 选取的参照平面

图 2.5.6　"操作"操控板（二）

Step7. 退刀面的设置。在"操作"操控板中单击 间隙 按钮，系统弹出图 2.5.7 所示的退刀设置界面，然后在 类型 下拉列表中选取 平面 选项，单击 参考 文本框，在模型树中选取坐标系 ACS0 为参考，在 值 文本框中输入数值 10.0，在 公差 文本框中输入数值 0.2，此时在图形区预览退刀面，如图 2.5.8 所示。

Step8. 在"操作"操控板中单击 ✔ 按钮，完成操作的设置。

图 2.5.7　退刀设置界面　　　　　　　　　图 2.5.8　预览退刀面

2.6　创建 NC 序列

在 Creo 的数控加工中，用户通过创建不同的 NC 序列来表示单个刀具路径的特征。创建 NC 序列前必须设置一个制造操作。选择不同的数控加工机床，所对应的 NC 序列设置项目也有所不同。同一种 NC 序列所包含的制造参数不同，系统根据 NC 序列设置生成的刀具路径也会不同。所以，用户需要根据零件图样及工艺技术状况，创建并设置合理的 NC 序列。设置 NC 序列的一般操作步骤如下。

Step1. 单击 铣削 功能选项卡 铣削 ▼ 区域中的"粗加工"按钮，然后在弹出的菜单中选择 体积块粗加工 命令，此时系统弹出图 2.6.1 所示的"体积块铣削"操控板。

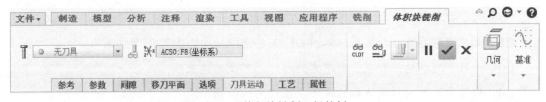

图 2.6.1　"体积块铣削"操控板

Step2. 选取刀具。在"体积块铣削"操控板的 ○ 无刀具 下拉列表中选择上一节创建的 01 : T0001 刀具选项。

Step3. 在"体积块铣削"操控板中单击 参数 选项卡,在 参数 选项卡中设置图 2.6.2 所示的加工参数。

切削进给	450
弧形进给	-
自由进给	-
退刀进给	-
移刀进给量	-
切入进给量	-
公差	0.01
跨距	1
轮廓允许余量	0.5
粗加工允许余量	0.5
底部允许余量	0.5
切割角	0
最大台阶深度	1
扫描类型	类型螺纹
切割类型	顺铣
粗加工选项	粗加工和轮廓
安全距离	3
主轴速度	1200
冷却液选项	开

图 2.6.2 "参数"选项卡

说明:激活某个参数后的文本框,即可输入数值,完成该参数设置。如果该参数的设置内容是可选择的,则会激活下拉列表,选择其中的选项即可完成参数设置。

Step4. 单击 铣削 功能选项卡 制造几何▾ 区域中的"铣削体积块"按钮 ，系统弹出图 2.6.3 所示的"铣削体积块"操控板。单击操控板中的"聚合体积块工具"按钮 ，系统弹出图 2.6.4 所示的"聚合体积块"菜单。选中 ☑Select (选择) 和 ☑Close (封闭) 复选框,然后选择 Done (完成) 命令。

图 2.6.3 "铣削体积块"操控板

图 2.6.4 中各命令的说明如下。

G1: 选取要加工的曲面。

G2: 如果要忽略某些外环或从体积去除某些选取的曲面,可使用该选项。

G3: 如果已选取的平面包含要忽略的内环,可使用该选项。

G4: 如果要自定义封闭体积的方法,可使用该选项。

Step5. 在模型树中将工件模型 ▶ VOLUME_WORKPIECE.PRT 进行隐藏。在系统弹出的图 2.6.5 所示的 ▼GATHER SEL (聚合选择) 菜单中依次选取 Surfaces (曲面) ➡ Done (完成) 命令,系统弹出图 2.6.6 所示的 ▼FEATURE REFS (特征参考) 菜单,然后在图形区中选取图 2.6.7 所示的曲面组 1,

完成后单击 ▼ FEATURE REFS（特征参考）菜单中的 Done Refs（完成参考）命令。

图 2.6.4 "聚合体积块"菜单

图 2.6.5 "聚合选择"菜单

图 2.6.6 "特征参考"菜单

Step6. 在系统弹出的图 2.6.8 所示的 ▼ CLOSURE（封合）菜单中选中 ☑ Cap Plane（顶平面）和 ☑ All Loops（全部环）复选框，然后选择 Done（完成）命令。

Step7. 在系统弹出的"封闭环"菜单中选择 Define（定义）命令，然后在图形区中选取图 2.6.9 所示的模型表面（曲面 2），系统自动返回到 ▼ CLOSURE（封合）菜单中，在 ▼ CLOSURE（封合）菜单中选中 ☑ Cap Plane（顶平面）和 ☑ Sel Loops（选取环）复选框，然后选择 Done（完成）命令。

曲面组 1

图 2.6.7 选取曲面组 1

图 2.6.8 "封合"菜单

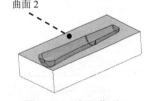

曲面 2

图 2.6.9 选取曲面 2

Step8. 在"封闭环"菜单中选择 Done/Return（完成/返回）命令，返回到 ▼ VOL GATHER（聚合体积块）菜单，选择 Show Volume（显示体积块）命令，可以查看创建的体积块。

Step9. 在 ▼ VOL GATHER（聚合体积块）菜单中选择 Done（完成）命令。

Step10. 在"铣削体积块"操控板中单击"完成"按钮 ☑，完成体积块的创建。

Step11. 在"体积块铣削"操控板中单击 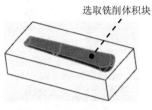 选项卡，在 参考 选项卡中 加工参考: 后的文本框单击将其激活，然后在图形区中选取图 2.6.10 所示的铣削体积块为加工参考。

选取铣削体积块

图 2.6.10　选取加工参考

2.7　演示刀具轨迹

在前面的各项设置完成后，要演示刀具轨迹、生成 CL 数据，以便查看和修改，生成满意的刀具路径。演示刀具轨迹的一般步骤如下。

Step1. 在"体积块铣削"操控板中单击"显示刀具路径"按钮 ，此时系统弹出图 2.7.1 所示的"播放路径"对话框。

图 2.7.1　"播放路径"对话框

图 2.7.1 所示的"播放路径"对话框中的各按钮说明如下。

- ◀ ：重新播放。刀具从当前位置返回以重新显示刀具运动。
- ■ ：停止。停止显示刀具路径。
- ▶ ：前进。刀具从当前位置向前运动。
- ⏮ ：转到上一个 CL 记录。
- ◀◀ ：返回。刀具返回到开始位置。
- ▶▶ ：快进。刀具快进到终止位置。
- ⏭ ：转到下一个 CL 记录。

Step2. 单击“播放路径”对话框中的 ▶ 按钮，观测刀具的行走路线，其刀具行走路线如图 2.7.2 所示。单击 ▶ CL 数据 栏可以打开窗口查看生成的 CL 数据，如图 2.7.3 所示。

Step3. 演示完成后，选择“播放路径”对话框中的 关闭 按钮。

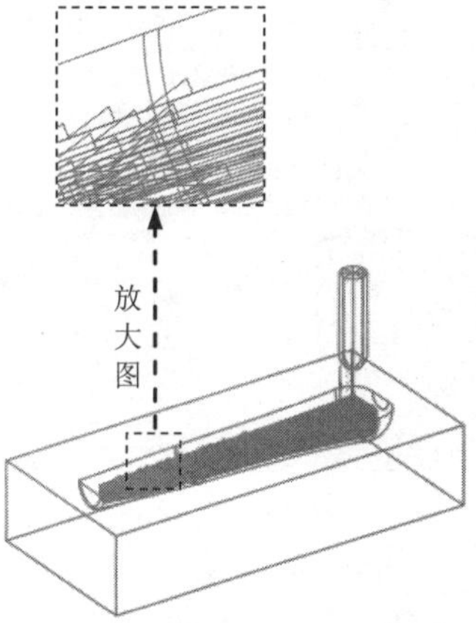

图 2.7.2　刀具行走路线

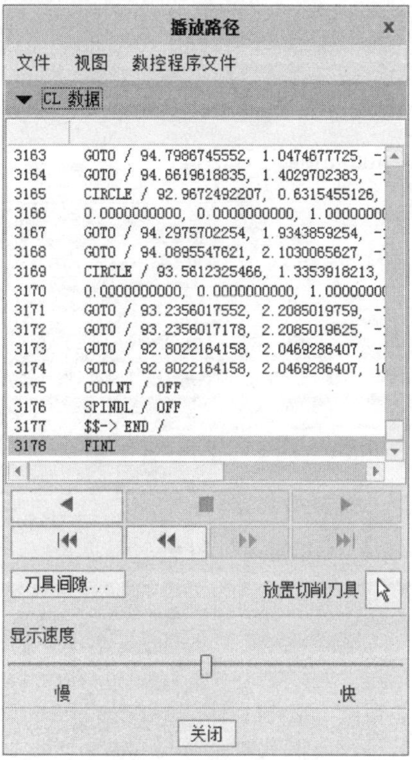

图 2.7.3　查看 CL 数据

2.8 加工仿真

NC 检查是在计算机屏幕上进行对工件材料去除的动态模拟。通过此过程可以很直接地观察到刀具切削工件的实际过程。

注意：要进行 NC 检查，需要将工件模型取消隐藏状态。

加工仿真的一般步骤如下。

Step1. 在“体积块铣削”操控板中单击图 2.8.1 所示的按钮，系统弹出图 2.8.2 所示的“Material Removal”操控板。

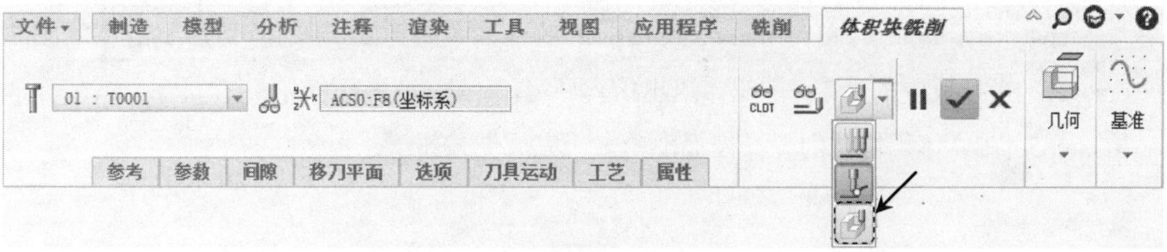

图 2.8.1　“体积块铣削”操控板

图 2.8.2 "Material Removal" 操控板

Step2. 在 "Material Removal" 操控板中单击 按钮，此时系统弹出图 2.8.3 所示的 "Play Simulation" 对话框。

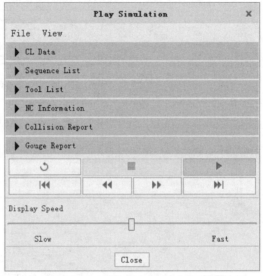

图 2.8.3 "Play Simulation" 对话框

Step3. 在 "Play Simulation" 对话框中单击 按钮，观察刀具切割工件的运行情况，模拟结果如图 2.8.4 所示。

图 2.8.4 模拟结果

Step4. 演示完成后，单击 "Play Simulation" 对话框中的 Close 按钮，然后单击 "Material Removal" 操控板中的 ✖ 按钮，退出仿真环境。

Step5. 在 "体积块铣削" 操控板中单击 "完成" 按钮 ✔。

2.9 切 减 材 料

材料切减属于工件特征,通过创建该特征来表示单独数控加工轨迹中从工件切减的材料。Creo中提供了两种方法来生成材料切减的模拟(图2.9.1)。

- **Automatic（自动）**:系统根据为数控加工轨迹指定的几何参考,自动计算要切减的材料。
- **Construct（构造）**:用户自己创建材料切减特征。

切减材料的一般步骤如下。

Step1. 选取命令。单击 **铣削** 功能选项卡中的 **制造几何 ▾** 按钮,在弹出的菜单中选择 **⬚ 材料移除切削** 命令,系统弹出图2.9.2所示的"NC序列列表"菜单,然后在此菜单中选择 **1: 体积块铣削, 操作: OP010** ,此时系统弹出 **▾ MAT REMOVAL（材料移除）** 菜单,如图2.9.1所示。

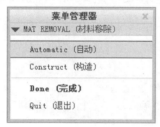

图2.9.1 "材料移除"菜单

图2.9.2 "NC序列列表"菜单

Step2. 在 **▾ MAT REMOVAL（材料移除）** 菜单中选择 **Automatic（自动）** ➡ **Done（完成）** 命令,系统弹出图2.9.3所示的"相交元件"对话框(一)。

Step3. 在"相交元件"对话框中单击 **自动添加** 按钮,此时"相交元件"对话框(二)显示如图2.9.4所示,然后依次单击 **☰** 和 **确定** 按钮,完成材料切减特征的创建。

图2.9.3 "相交元件"对话框(一)

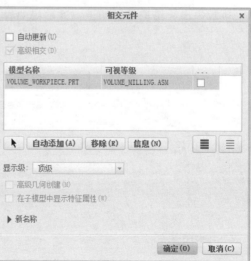

图2.9.4 "相交元件"对话框(二)

2.10　遮蔽体积块

切减材料后的工件被所创建的体积块遮蔽，故在图形中看不到工件的材料被切除了，只有遮蔽体积块后，才能看见加工后工件的形状。遮蔽体积块的一般步骤如下。

Step1. 单击 视图 选项卡 可见性 区域中的"遮蔽"按钮 （图 2.10.1），系统弹出"选择"对话框。

图 2.10.1　"视图"选项卡

Step2. 在图形区中选取图 2.10.2 所示的体积块，然后单击"选择"对话框中的 确定 按钮，完成体积块的遮蔽，结果如图 2.10.3 所示。

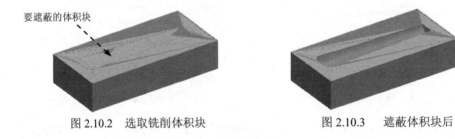

要遮蔽的体积块

图 2.10.2　选取铣削体积块　　　　　图 2.10.3　遮蔽体积块后

Step3. 选择下拉菜单 文件 ▾ ➡ 保存(S) 命令（或单击 按钮），保存文件。

学习拓展：扫一扫右侧二维码，可以免费学习更多视频讲解。

讲解内容：模具基础知识，注塑模向导，模具设计的一般流程等。

第3章 铣削加工

本章提要 本章将通过范例来介绍一些铣削加工方法，其中包括体积块铣削、轮廓铣削、局部铣削、平面铣削、曲面铣削、轨迹铣削、雕刻铣削、腔槽铣削和钻削式加工等。学完本章的内容后，希望读者能够熟练掌握这些铣削加工方法。

3.1 体积块铣削

体积块加工用于铣削一定体积内的材料。通过设置切削实体的体积，给定相应的刀具和加工参数，系统采用等高分层的方法来切除工件的余料，主要用于去除大量的工件材料的粗加工，并保留少量余量给精加工工序。

下面通过图 3.1.1 所示的零件介绍体积块加工的一般过程。

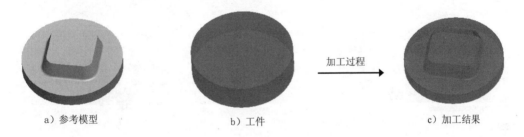

a）参考模型　　　　　　　b）工件　　　　　　　c）加工结果

图 3.1.1　体积块加工过程

Task1. 新建一个数控制造模型文件

Step1. 设置工作目录。选择下拉菜单 文件▼ ➡ 管理会话(M) ▶ ➡ 选择工作目录(T) 更改工作目录. 命令，将工作目录设置至 D:\creo4.9\work\ch03.01。

Step2. 在快速访问工具栏中单击"新建"按钮 □，系统弹出"新建"对话框。

Step3. 在"新建"对话框的 类型 选项组中选中 ◉ 匜 制造 单选项，在 子类型 选项组中选中 ◉ NC装配 单选项，在 名称 文本框中输入文件名称 mill_volume，取消选中 □ 使用默认模板 复选框，单击该对话框中的 确定 按钮。

Step4. 在系统弹出的"新文件选项"对话框的 模板 选项组中选取 mmns_mfg_nc 模板，然后在该对话框中单击 确定 按钮。

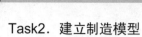
Task2. 建立制造模型

Stage1. 引入参考模型

Step1. 选取命令。单击 **制造** 功能选项卡 元件 ▼ 区域中的"组装参考模型"按钮 （或单击 参考模型 ▼ 按钮，然后在弹出的菜单中选择 组装参考模型 命令），系统弹出"打开"对话框。

Step2. 在"打开"对话框中选取三维零件模型——mill_volume.prt 作为参考零件模型，并将其打开，系统弹出"元件放置"操控板。

Step3. 在"元件放置"操控板中选择 默认 命令，然后单击 ✔ 按钮，完成参考模型的放置，放置后如图 3.1.2 所示。

Stage2. 创建图 3.1.3 所示的工件

Step1. 选取命令。单击 **制造** 功能选项卡 元件 ▼ 区域中的"工件"按钮 （或单击 工件 ▼ 按钮，然后在弹出的菜单中选择 自动工件 命令），系统弹出图 3.1.4 所示的"创建自动工件"操控板。

图 3.1.2　放置后的参考模型

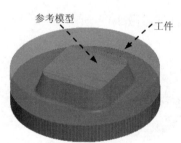

图 3.1.3　创建工件

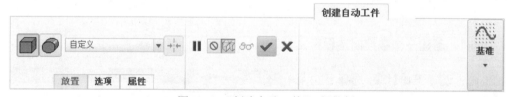

图 3.1.4　"创建自动工件"操控板

Step2. 单击操控板中的 按钮，然后在模型树中选取 NC_ASM_DEF_CSYS 作为放置工件毛坯的原点，此时图形区工件毛坯的显示如图 3.1.5 所示。单击操控板中的 按钮，完成工件的创建。

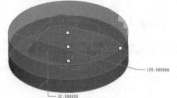

图 3.1.5　预览工件毛坯

Task3. 制造设置

Step1. 选取命令。单击 **制造** 功能选项卡 **工艺 ▾** 区域中的"操作"按钮，此时系统弹出图 3.1.6 所示的"操作"操控板。

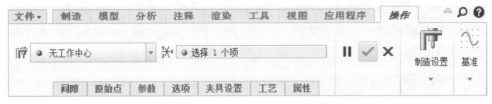

图 3.1.6 "操作"操控板

图 3.1.6 所示的"操作"操控板中的各项说明如下。

- 下拉列表：用于选择已经定义好的机床类型。
- 文本框：用于显示所选择的加工坐标系。
- **Ⅱ** 按钮：单击此按钮，表示暂时停止操作的设置，此时该按钮显示为 ▶ 状态，用户可以进行其他一些必要的操作，然后单击 ▶ 按钮，即可继续进行制造操作的设置。
- ✔ 按钮：用于确认设置参数的创建或编辑，仅在参数设置完成后被激活。
- ✖ 按钮：用于取消设置参数的创建或编辑。
- 按钮：单击此按钮，在弹出的菜单中选择下列的机床类型。
  - ☑ 铣削：主要用于 3~5 轴的铣削及孔加工，可以进行粗铣，曲面轮廓铣削，凹槽、平面、螺纹的加工，雕刻和孔加工的工序设置。
  - ☑ 车床：主要用于 2 轴/4 轴的车削及孔加工，可以进行轮廓车削，端面车削，区域车削，槽、螺纹的加工以及钻孔、镗孔、铰孔和攻螺纹等的加工工序设置。
  - ☑ 铣削-车削：主要用于 2~5 轴的铣削及孔加工，可以进行车削加工、铣削加工和孔加工的工序设置。
  - ☑ 线切割：主要用于 2 轴/4 轴的加工，可以进行仿形切削、锥角加工和 XY-UV 类型加工的工序设置。
- 按钮：单击此按钮，在弹出的菜单中可以选择创建草绘、基准平面、基准点、基准轴、坐标系、曲线和分析等特征。
- **间隙** 按钮：单击此按钮，系统弹出图 3.1.7 所示的"间隙"设置界面，用于设置退刀和刀头 1 的起始参数。

图 3.1.7 所示的"间隙"设置界面中的各项说明如下。

  - ☑ 在 类型 下拉列表中有 5 种退刀方式，不同的退刀方式所激活的设置参数不同，下面分别对其进行简要说明。

◆ 平面 选项：为退刀定义一个平面，用户需要选择一个平面参考并输入必要的距离数值，图 3.1.8 所示为退刀平面的效果。

◆ 圆柱面 选项：为退刀定义一个圆柱面，用户需要选择一个坐标系作为参考并定义轴线方向和半径大小，图 3.1.9 所示为退刀圆柱面的效果。

◆ 球面 选项：为退刀定义一个球面，用户需要选择一个坐标系或点作为参考并输入必要的半径数值，图 3.1.10 所示为退刀球面的效果。

◆ 曲面 选项：为退刀定义一个曲面。

◆ 无 选项：不设定退刀。

图 3.1.7 "间隙"设置界面 　　　　　　图 3.1.8 定义退刀平面

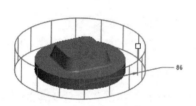
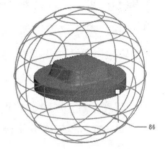

图 3.1.9 定义退刀圆柱面 　　　　　图 3.1.10 定义退刀球面

☑ ☑始终使用操作退刀 复选框：如果选中该复选框，则在每个 NC 序列的结尾处均添加退刀操作，否则仅在刀轴发生变化时才添加退刀操作。系统默认为选中该复选框。

● 原始点 按钮：用来定义加工路径起始点和回零点位置。

图 3.1.11 所示的"原始点"设置界面中的各项说明如下。

☑ 自 文本框：允许用户创建或选取一个基准点，用作起点位置。

☑ 原始点 文本框：允许用户创建或选取一个基准点，用作 HOME 位置。

说明：如果所定义的机床有 2 个刀头，用户可以为第 2 个刀头设置单独的起点和回零点。

● 参数 按钮：单击此按钮，系统弹出图 3.1.12 所示的"参数"设置界面，用于设置输出参数。

● 选项 按钮：单击此按钮，系统弹出图 3.1.13 所示的"选项"设置界面，用于设置毛

坯材料，用户可单击 新建 按钮以创建新的材料。

图 3.1.12 所示的"参数"设置界面中的各项说明如下。

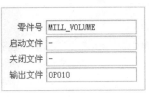

图 3.1.11　"原始点"设置界面　　　图 3.1.12　"参数"设置界面　　　图 3.1.13　"选项"设置界面

- ☑　零件号：定义零件名称，通过使用 PARTNO 命令或 PPRINT 命令输出。

- ☑　启动文件：定义包含在操作 CL 文件开头的文件名称，此文件必须位于当前工作目录，且扩展名为.ncl。

- ☑　关闭文件：定义包含在操作 CL 文件结尾处的文件名称，此文件必须位于当前工作目录，且扩展名为.ncl。

- ☑　输出文件：定义输出文件名称。

- ● 夹具设置 按钮：单击此按钮，系统弹出图 3.1.14 所示的"夹具设置"设置界面，用于设置夹具元件，用户可单击"添加夹具元件"按钮 添加已创建的夹具模型。

- ● 工艺 按钮：单击此按钮，系统弹出图 3.1.15 所示的"工艺"设置界面，用户可单击"重新计算加工时间"按钮 显示制造过程的切削时间。

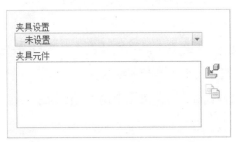

图 3.1.14　"夹具设置"设置界面　　　　图 3.1.15　"工艺"设置界面

- ● 属性 按钮：单击此按钮，系统弹出图 3.1.16 所示的"属性"设置界面，用户可以设置操作的名称和添加必要的备注信息，系统默认的操作名称为 OP010，其后依此类推。

Step2. 设置机床。单击"操作"操控板中的"制造设置"按钮 ，在弹出的菜单中选择 铣削 命令，系统弹出图 3.1.17 所示的"铣削工作中心"对

图 3.1.16　"属性"设置界面

话框，在 轴数 下拉列表中选择 3 轴 选项，然后单击 按钮，完成机床的设置，返回到"操作"操控板。

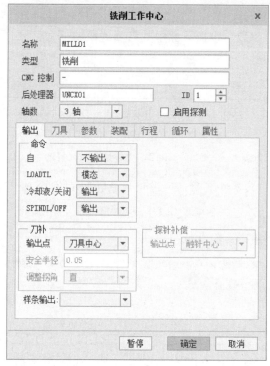

图 3.1.17　"铣削工作中心"对话框

图 3.1.17 所示的"铣削工作中心"对话框中的选项卡说明如下。

- **输出** 选项卡：可以进行后处理器的相关设置、刀具补偿的相关设置，详见本书第 2 章的内容。

- **刀具** 选项卡：用于刀具换刀时间的设置，并进行刀具参数的设置。单击 **刀具...** 按钮，系统弹出"刀具设定"对话框，用于设定刀具的各项参数。

- **参数** 选项卡：用于进给量单位和极限的设置，设置界面如图 3.1.18 所示。

- **装配** 选项卡：用于选择机床的装配模型，指定机床主轴加载的坐标系。

- **行程** 选项卡：用于设置加工机床刀具在各方向（X_，Y_，Z_，）的最大和最小移动量，设置界面如图 3.1.19 所示。

图 3.1.18　"参数"选项卡

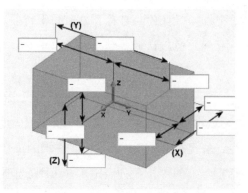

图 3.1.19　"行程"选项卡

- 选项卡：用于在孔加工过程中定制循环。
- 选项卡：用于注释工作机床设置的相关信息。

Step3. 设置机床坐标系。在"操作"操控板中单击 基准 按钮，在弹出的菜单中选择 命令，系统弹出图 3.1.20 所示的"坐标系"对话框。按住<Ctrl>键，依次选择 NC_ASM_FRONT、NC_ASM_RIGHT 和图 3.1.21 所示的曲面 1 作为创建坐标系的三个参考平面，单击 确定 按钮完成坐标系的创建。单击 ▶ 按钮，系统自动选中刚刚创建的坐标系作为加工坐标系。

注意：在选取多个参考面时，需要按住<Ctrl>键。

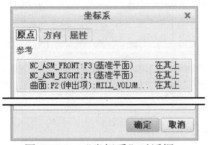

图 3.1.20 "坐标系"对话框

图 3.1.21 创建的坐标系的参考平面

Step4. 退刀面的设置。在"操作"操控板中单击 间隙 按钮，系统弹出"间隙"设置界面，然后在 类型 下拉列表中选取 平面 选项，单击 参考 文本框，在模型树中选取坐标系 ACS1 为参考，在 值 文本框中输入数值 10.0，在 公差 文本框中输入数值 0.5，此时在图形区预览退刀平面，如图 3.1.22 所示。

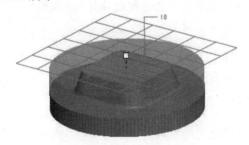

图 3.1.22 定义退刀平面

Step5. 在"操作"操控板中单击 ✔ 按钮，完成操作的设置。

Task4．加工方法设置

Step1. 单击 铣削 功能选项卡 铣削 ▼ 区域中的"粗加工"按钮，然后在弹出的菜单中选择 体积块粗加工 命令，此时系统弹出"体积块铣削"操控板。

Step2. 刀具设置。在"体积块铣削"操控板的 无刀具 ▼ 下拉列表中选择 编辑刀具... 选项，此时系统弹出"刀具设定"对话框，在对话框中设置图 3.1.23 所示的刀具参数，依次单击 应用 和 确定 按钮。

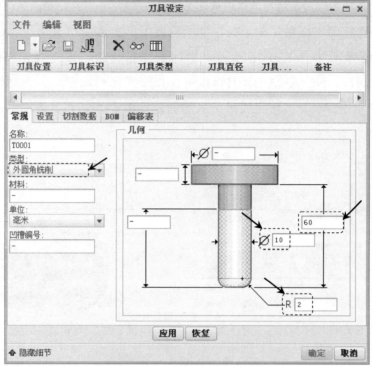

图 3.1.23　"刀具设定"对话框

图 3.1.23 所示的"刀具设定"对话框的部分按钮说明如下。

- 按钮：用于新刀具的创建。

- 按钮：用于从磁盘中打开已存储的刀具参数文件。

- 按钮：用于保存刀具参数文件。单击该按钮，可以将刀具列表框中选定的某个刀具参数保存为*.xml 格式的文件。

- 按钮：用于刀具信息的显示。单击该按钮，在系统弹出的信息窗口中显示刀具的相关信息。

- 按钮：用于删除选定的刀具。单击该按钮，则系统弹出图 3.1.24 所示的"刀具对话框确认"对话框，用户确认是否删除所选刀具。

- 按钮：用于预览所选择或定义的刀具形状及参数。单击该按钮，则系统弹出图 3.1.25 所示的"刀具预览"窗口。

说明：用户可以在"刀具预览"窗口中，利用鼠标滚轮滚动来缩小或放大图形。

- 按钮：用于设置列表框中的刀具参数列。单击该按钮，则系统弹出图 3.1.26 所示的"列设置构建器"对话框，用户可编辑需要显示的刀具参数。

- 应用 按钮：用于应用新的刀具参数。

- 恢复 按钮：用于恢复刀具原来的参数设置，仅在修改刀具参数后被激活。

图 3.1.24 "刀具对话框确认"对话框

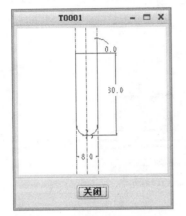

图 3.1.25 "刀具预览"窗口

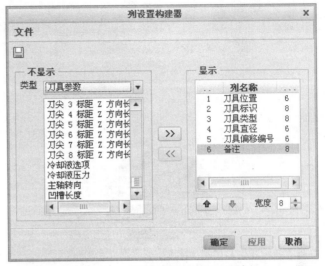

图 3.1.26 "列设置构建器"对话框

Step3. 在"体积块铣削"操控板中单击 参数 选项卡,在 参数 选项卡中设置图3.1.27 所示的加工参数。

图 3.1.27 设置加工参数

Step4. 单击 铣削 功能选项卡 制造几何 ▾ 区域中的"铣削窗口"按钮 ,系统弹出图 3.1.28 所示的"铣削窗口"操控板。在操控板中单击 按钮,选取图 3.1.29 所示的模型表面为窗口平面,单击 按钮,系统弹出"草绘"对话框,选取 NC_ASM_FRONT 基准平面为参考平面,方向设置为下,然后单击 草绘 按钮,系统进入草绘环境。

Step5. 绘制截面草图。进入截面草绘环境后，绘制的截面草图如图 3.1.30 所示。完成特征截面的绘制后，单击工具栏中的"确定"按钮 ✔，然后在"铣削窗口"操控板中单击"确定"按钮 ✔，完成铣削窗口的创建。

图 3.1.28　"铣削窗口"操控板

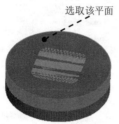

图 3.1.29　选取"窗口"平面

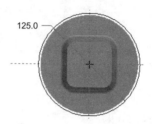

图 3.1.30　截面草图

Step6. 在"体积块铣削"操控板中单击 参考 选项卡，在 参考 选项卡中 加工参考: 后的文本框单击将其激活，然后在图形区中选取上一步创建的铣削窗口为加工参考。

Task5. 演示刀具轨迹

Step1. 在"体积块铣削"操控板中单击"显示刀具路径"按钮 🔧，此时系统弹出"播放路径"对话框。

Step2. 单击"播放路径"对话框中的 ▶ 按钮，观测刀具的行走路线，如图 3.1.31 所示。单击 ▶ CL 数据 查看生成的 CL 数据，如图 3.1.32 所示。

Step3. 演示完成后，单击"播放路径"对话框中的 关闭 按钮。

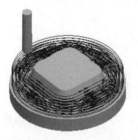

图 3.1.31　刀具的行走路线

Task6. 加工仿真

Step1. 在"体积块铣削"操控板中单击图 3.1.33 所示的按钮 🔘，系统弹出"Material Removal"操控板，单击 🔘 按钮，此时系统弹出"Play Simulation"对话框，单击 ▶ 按钮，观察刀具切割工件的运行情况，模拟结果如图 3.1.34 所示。

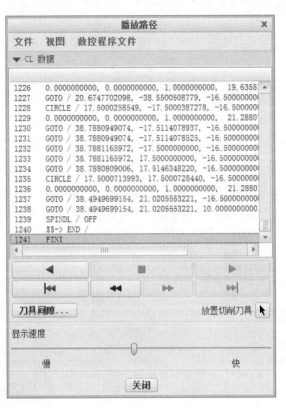

图 3.1.32　查看 CL 数据

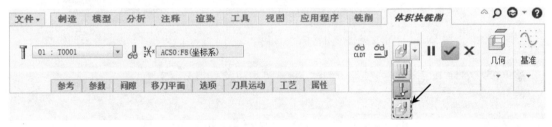

图 3.1.33　"体积块铣削"操控板

图 3.1.34　模拟结果

Step2. 演示完成后，单击"Play Simulation"对话框中的 Close 按钮，然后单击"Material Removal"操控板中的 ✕ 按钮，退出仿真环境。

Step3. 在"体积块铣削"操控板中单击"完成"按钮 ✓。

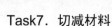

Task7. 切减材料

Step1. 选取命令。单击 铣削 功能选项卡中的 制造几何 ▼ 按钮，在弹出的菜单中选择 □ 材料移除切削 命令，然后在 "菜单管理器" 中选择 ▼ NC 序列列表 ➡ 1: 体积块铣削, 操作: OP010 ➡ ▼ MAT REMOVAL (材料移除) ➡ Automatic (自动) ➡ Done (完成) 命令。

Step2. 系统弹出图 3.1.35 所示的 "相交元件" 对话框。选取工件 "MILL_VOLUME _WRK_01"，然后单击 确定 按钮，完成材料切减，切减后的模型如图 3.1.36 所示。

图 3.1.35 "相交元件" 对话框   图 3.1.36 切减材料后的模型

Step3. 选择下拉菜单 文件 ▼ ➡ 保存(S) 命令，保存文件。

3.2 轮 廓 铣 削

轮廓铣削既可以用于加工垂直表面，也可以用于倾斜表面的加工，所选取的加工表面必须能够形成连续的刀具路径，刀具以等高方式沿着工件分层加工，在加工过程中一般采用立铣刀侧刃进行切削。

3.2.1 直轮廓铣削

下面通过图 3.2.1 所示的零件介绍直轮廓铣削的一般过程。

Task1. 新建一个数控制造模型文件

Step1. 设置工作目录。选择下拉菜单 文件 ▼ ➡ 管理会话(M) ▶ ➡ 选择工作目录(W) 更改工作目录.

命令，将工作目录设置至 D:\creo4.9\work\ch03.02\ex01。

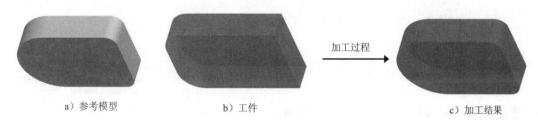

a）参考模型　　　　　　　b）工件　　　　　　　　　　c）加工结果

图 3.2.1　直轮廓铣削

Step2. 在快速访问工具栏中单击"新建"按钮 □，系统弹出"新建"对话框。在"新建"对话框的 类型 选项组中选中 ⊙ 制造 单选项，在 子类型 选项组中选中 ⊙ NC装配 单选项，在 名称 文本框中输入文件名称 profile_milling，取消选中 □ 使用默认模板 复选框，单击该对话框中的 确定 按钮。

Step3. 在系统弹出的"新文件选项"对话框的 模板 选项组中选取 mmns_mfg_nc 模板，然后在该对话框中单击 确定 按钮。

Task2. 建立制造模型

Stage1. 引入参考模型

Step1. 选取命令。单击 制造 功能选项卡 元件 ▾ 区域中的"组装参考模型"按钮 （或单击 参考模型 ▾ 按钮，然后在弹出的菜单中选择 组装参考模型 命令），系统弹出"打开"对话框。

Step2. 在弹出的"打开"对话框中选取三维零件模型——profile_milling.prt 作为参考零件模型，并将其打开，系统弹出"元件放置"操控板。

Step3. 在"元件放置"操控板中选择 默认 选项，然后单击 ✓ 按钮，完成参考模型的放置，如图 3.2.2 所示。

Stage2. 创建工件模型（图 3.2.3）

图 3.2.2　放置后的参考模型

工件（Workpiece）

图 3.2.3　工件模型

Step1. 选取命令。单击 制造 功能选项卡 元件 ▾ 区域中的 工件 ▾ 按钮，然后在弹出的菜单中选择 创建工件 命令。

Step2. 在系统 输入零件 名称 [PRT0001]: 的提示下，输入工件名称 profile_workpiece，再在提示栏中单击"完成"按钮 ✔。

Step3. 创建工件特征。

（1）在"菜单管理器"中选择 ▼ FEAT CLASS （特征类）菜单的 Solid （实体） ➡ Protrusion （伸出项）命令；在弹出的 ▼ SOLID OPTS （实体选项）菜单中选择 Extrude （拉伸） ➡ Solid （实体） ➡ Done （完成）命令，此时系统显示"拉伸"操控板。

（2）创建实体拉伸特征。

① 定义拉伸类型。在"拉伸"操控板中，确认"实体"类型按钮 ▢ 被按下。

② 定义草绘截面放置属性。在图形区中右击，从弹出的快捷菜单中选择 定义内部草绘... 命令，系统弹出"草绘"对话框。在系统 ➡ 选取一个平面或曲面以定义草绘平面. 的提示下，选择图 3.2.4 所示的表面为草绘平面，接受图 3.2.4 中默认的箭头方向为草绘视图方向，然后选取图 3.2.4 所示的基准平面为参考平面，方位为上，单击 草绘 按钮，系统进入截面草绘环境。

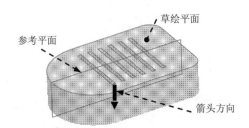

图 3.2.4 定义草绘平面

③ 绘制特征截面草图。进入截面草绘环境后，选取 NC_ASM_TOP 基准面和 NC_ASM_RIGHT 基准面为草绘参考，特征截面草图如图 3.2.5 所示，完成特征截面草图的绘制后，单击工具栏中的"确定"按钮 ✔。

④ 选取深度类型并输入深度值。在操控板中选取深度类型 ⧉，选取图 3.2.6 所示的参考模型表面为拉伸终止面。

⑤ 预览特征。在操控板中单击"预览"按钮 ⮂，可浏览所创建的拉伸特征。

⑥ 完成特征。在操控板中单击"完成"按钮 ✔，则完成特征的创建。

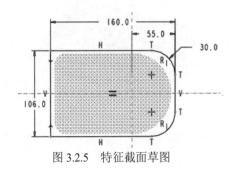

图 3.2.5 特征截面草图

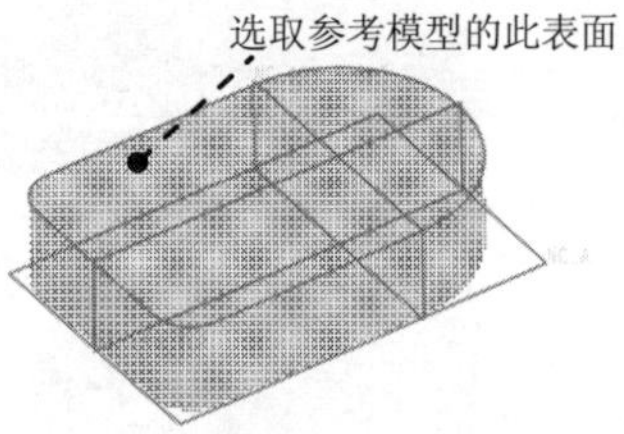

图 3.2.6 选取拉伸终止面

Task3. 制造设置

Step1. 选取命令。单击 制造 功能选项卡 工艺 ▼ 区域中的"操作"按钮 ⊔⊔，此时系统弹出"操作"操控板。

Step2. 机床设置。单击"操作"操控板中的"制造设置"按钮 ⊓，在弹出的菜单中选择 ⊓ 铣削 命令，系统弹出"铣削工作中心"对话框，在 轴数 下拉列表中选择 3 轴 选项。

Step3. 刀具设置。在"铣削工作中心"对话框中单击 刀具 选项卡，然后单击 刀具... 按钮，系统弹出"刀具设定"对话框。

Step4. 在弹出的"刀具设定"对话框中设置刀具几何参数，如图 3.2.7 所示，设置完毕后依次单击 应用 和 确定 按钮，返回到"铣削工作中心"对话框。

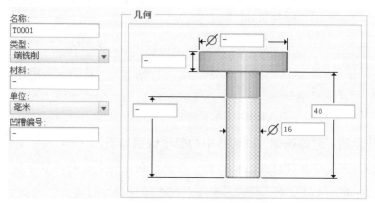

图 3.2.7　设定刀具几何参数

Step5. 在"铣削工作中心"对话框中单击 确定 按钮，完成机床的设置，返回到"操作"操控板。

Step6. 机床坐标系设置。在"操作"操控板中单击 ⚞ 基准 按钮，在弹出的菜单中选择 ⚒ 命令，系统弹出图 3.2.8 所示的"坐标系"对话框。按住<Ctrl>键，依次选择 NC_ASM_TOP、NC_ASM_RIGHT 基准面和图 3.2.9 所示的模型表面作为创建坐标系的三个参考面，单击 确定 按钮完成坐标系的创建，返回到"操作"操控板。单击 ▶ 按钮，系统自动选中刚刚创建的坐标系作为加工坐标系。

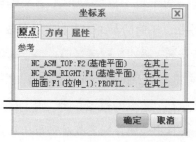

图 3.2.8　"坐标系"对话框

图 3.2.9　选取参考面

注意：选取参考平面时，应注意选取的先后顺序，这样才能确保 Z 轴的方向向上。用户也可在"坐标系"对话框中单击 方向 选项卡，改变 X 轴或者 Y 轴的方向，从而改变 Z 轴的方向，最后单击 确定 按钮，完成坐标系的创建。

Step7. 退刀面的设置。在"操作"操控板中单击 间隙 按钮，系统弹出"间隙"设置界面，然后在 类型 下拉列表中选取 平面 选项，单击 参考 文本框，在模型树中选取坐标系 ACS0 为参考，在 值 文本框中输入数值 10.0。

Step8. 在"操作"操控板中单击 ✓ 按钮，完成操作的设置。

Task4. 创建轮廓铣削

Step1. 单击 铣削 功能选项卡 铣削 ▾ 区域中的 轮廓铣削 按钮，此时系统弹出图 3.2.10 所示的"轮廓铣削"操控板。

图 3.2.10 "轮廓铣削"操控板

图 3.2.10 所示的"轮廓铣削"操控板中的各项说明如下。

- ⌷ 下拉列表：用来选取或编辑刀具。在设定机床时定义的刀具会显示在下拉列表中。如果用户选择 编辑刀具... 选项，则会弹出"刀具设定"对话框。

- ✿ 按钮：仅在选择了某把刀具后被激活，单击此按钮，可以预览所选的刀具。

- ✳ 文本框：用来设定铣削要使用的加工坐标系。单击此文本框，可在图形区或模型树中选取合适的坐标系。

- ☷ 按钮：单击此按钮，可以预览刀具路径的显示模式。

- ⊞ ▾ 下拉列表：选择刀具路径的验证模式，包含三种显示模式。

  ☑ 选择 ⊞ 按钮，将在当前图形窗口中显示刀具路径。

  ☑ 选择 ⬇ 按钮，将在刀具过切参考模型的图形窗口中进行计算和显示刀具路径。

  ☑ 选择 ↻ 按钮，将显示切削刀具从工件上移除材料时的刀具运动。

- ⌑ 下拉列表：用于创建铣削几何，包括 铣削窗口 、 铣削曲面 、 铣削体积块 、 车削轮廓 、 毛坯件边界 和 钻孔组 按钮。不同的加工方式会激活相应的按钮。

- 参考 按钮：单击此按钮，弹出图 3.2.11 所示的"参考"设置界面，用于选取加工的轮廓曲面和刀痕曲面。单击 详细信息 按钮可进行更加详细的设置。

- 参数 按钮：单击此按钮，弹出图 3.2.12 所示的"参数"设置界面，用于设定切削参数。单击"编辑加工参数"按钮 ☝ ，系统将弹出编辑序列参数对话框，用户可以进行更加详细的参数设置。

图 3.2.11 "参考"设置界面

图 3.2.12 "参数"设置界面

-  间隙 按钮：单击此按钮，弹出"间隙"设置界面，用于设定退刀的起终点，可参看 3.1 小节的介绍。

- 检查曲面 按钮：单击此按钮，弹出图 3.2.13 所示的"检查曲面"设置界面，用于选择曲面以检查过切。选中 ☑ 添加参考零件 复选框则定义参考零件的所有实体曲面为检查曲面。

- 选项 按钮：单击此按钮，弹出图 3.2.14 所示的"选项"设置界面，用于刀具适配器、进刀轴和退刀轴的设置。

图 3.2.13 "检查曲面"设置界面

图 3.2.14 "选项"设置界面

Step2. 在"轮廓铣削"操控板的 🔲 下拉列表中选择 01：T0001 选项，单击"暂停"按钮 ▐▐ ，然后在模型树中右击 ▱ PROFILE_WORKPIECE.PRT 节点，在弹出的菜单中选择 隐藏 命令，单击 ▶ 按钮继续进行设置。

说明：隐藏工件是为了方便选取参考模型的侧面。

Step3. 在"轮廓铣削"操控板中单击 参考 按钮，在弹出的"参考"设置界面的 类型 下拉列表中选择 曲面 选项，选取图 3.2.15 所示的所有轮廓面（参考模型的侧面）。

Step4. 在"轮廓铣削"操控板中单击"暂停"按钮 ▐▐ ，然后在模型树中右击 ▱ PROFILE_WORKPIECE.PRT 节点，在弹出的菜单中选择 👁 显示(S) 命令，单击 ▶ 按钮继续进行设置。

说明：取消隐藏工件是为了保证后面实体切削仿真时能得到正确的结果。

Step5. 在"轮廓铣削"操控板中单击 参数 按钮，在弹出的"参数"设置界面中设置图3.2.16 所示的切削参数。

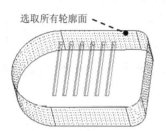

选取所有轮廓面

图 3.2.15　所选取的轮廓面

切削进给	450
弧形进给	-
自由进给	-
退刀进给	-
切入进给量	-
步长深度	4
公差	0.01
轮廓允许余量	0
检查曲面允许余量	-
壁刀痕高度	0
切割类型	顺铣
安全距离	5
主轴速度	100
冷却液选项	开

图 3.2.16　设置切削参数

Task5．演示刀具轨迹

Step1. 在"轮廓铣削"操控板中单击 按钮，系统弹出"播放路径"对话框。

Step2. 单击"播放路径"对话框中的 ▶ 按钮，观察刀具的行走路线，结果如图 3.2.17 所示。演示完成后，单击 关闭 按钮。

Task6．加工仿真

Step1. 在"轮廓铣削"操控板中单击 按钮，系统弹出"Material Removal"操控板，单击 按钮，系统弹出"Play Simulation"对话框，然后单击 ▶ 按钮，仿真结果如图 3.2.18 所示。

Step2. 演示完成后，单击"Play Simulation"对话框中的 Close 按钮，然后单击"Material Removal"操控板中的 X 按钮，退出仿真环境。

Step3. 在"轮廓铣削"操控板中单击 ✓ 按钮完成操作。

图 3.2.17　刀具行走路线

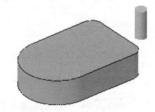

图 3.2.18　仿真结果

Task7．切减材料

Step1. 选取命令。单击 铣削 功能选项卡中的 制造几何▼ 按钮，在弹出的菜单中选择

 命令，系统弹出图 3.2.19 所示的"NC 序列列表"菜单，然后在此菜单中选择 **1: 轮廓铣削 1，操作: OP010**，此时系统弹出 **▼ MAT REMOVAL（材料移除）**菜单，如图 3.2.20 所示。

图 3.2.19 "NC 序列列表"菜单   图 3.2.20 "材料移除"菜单

Step2. 在 **▼ MAT REMOVAL（材料移除）**菜单中选择 **Automatic（自动）** ➡ **Done（完成）**命令，系统弹出"相交元件"对话框。单击 **自动添加** 按钮和 **☰** 按钮，最后单击 **确定** 按钮，切减材料后的模型如图 3.2.21 所示。

图 3.2.21 切减材料后的模型

Step3. 选择下拉菜单 **文件▾** ➡ **保存(S)** 命令，保存文件。

3.2.2 斜轮廓铣削

下面通过图 3.2.22 所示的零件介绍斜轮廓铣削的一般过程。

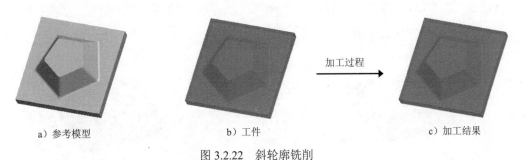

a）参考模型   b）工件   c）加工结果

图 3.2.22 斜轮廓铣削

Task1. 新建一个数控制造模型文件

Step1. 设置工作目录。选择下拉菜单 **文件▾** ➡ **管理会话(M)** ▶ **选择工作目录(W) 更改工作目录。** 命令，将工作目录设置至 D:\creo4.9\work\ch03.02\ex02。

Step2. 在快速访问工具栏中单击"新建"按钮 ▢，系统弹出"新建"对话框。

Step3. 在"新建"对话框中选中 类型 选项组中的 ◉ 🔩 制造 单选项，在 子类型 选项组中选中 ◉ NC装配 单选项，在 名称 文本框中输入文件名称 profile_milling，取消选中 ☐ 使用默认模板 复选框，单击该对话框中的 确定 按钮。

Step4. 在系统弹出的"新文件选项"对话框的 模板 选项组中选取 mmns_mfg_nc 模板，然后在该对话框中单击 确定 按钮。

Task2. 建立制造模型

Stage1. 引入参考模型

Step1. 选取命令。单击 制造 功能选项卡 元件▾ 区域中的"组装参考模型"按钮🔩（或单击 参考模型▾ 按钮，然后在弹出的菜单中选择 🔩 组装参考模型 命令），系统弹出"打开"对话框。

Step2. 在"打开"对话框中选取三维零件模型——profile_milling.prt 作为参考零件模型，并将其打开，系统弹出"元件放置"操控板。

Step3. 在"元件放置"操控板中选择 🔲 默认 选项，然后单击 ✔ 按钮，完成参考模型的放置，放置后如图 3.2.23 所示。

Stage2. 引入工件模型

Step1. 单击 制造 功能选项卡 元件▾ 区域中的 工件▾ 按钮，在弹出的菜单中选择 🔩 组装工件 命令，系统弹出"打开"对话框。

Step2. 在"打开"对话框中选取三维零件模型 profile_milling_workpiece.prt 作为制造模型，并将其打开。

Step3. 在"元件放置"操控板中选择 🔲 默认 选项，然后单击 ✔ 按钮，完成毛坯工件的放置，放置后如图 3.2.24 所示。

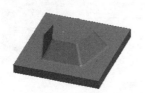

工件（Workpiece）

图 3.2.23　放置后的参考模型　　　　　图 3.2.24　放置后的工件毛坯

Task3. 制造设置

Step1. 选取命令。单击 制造 功能选项卡 工艺▾ 区域中的"操作"按钮 🔩，此时系统弹出"操作"操控板。

Step2. 机床设置。单击"操作"操控板中的"制造设置"按钮 🔩，在弹出的菜单中选

择 🗗 铣削 命令，系统弹出"铣削工作中心"对话框，在 轴数 下拉列表中选择 3 轴 选项。

Step3. 刀具设置。在"铣削工作中心"对话框中单击 刀具 选项卡，然后单击 刀具... 按钮，系统弹出"刀具设定"对话框。

Step4. 在"刀具设定"对话框的 常规 选项卡中设置图 3.2.25 所示的刀具参数，设置完毕后依次单击 应用 和 确定 按钮，返回到"铣削工作中心"对话框。在"铣削工作中心"对话框中单击 ✔ 按钮，返回到"操作"操控板。

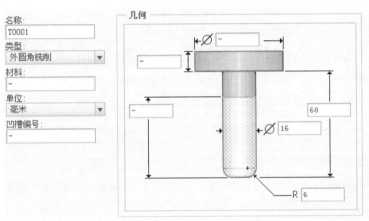

图 3.2.25　设置刀具参数

Step5. 机床坐标系设置。在"操作"操控板中单击 基准 按钮，在弹出的菜单中选择 ⚒ 命令，系统弹出图 3.2.26 所示的"坐标系"对话框。按住<Ctrl>键，依次选择 NC_ASM_RIGHT、NC_ASM_TOP 基准平面和图 3.2.27 所示的曲面 1 作为创建坐标系的三个参考平面，单击 确定 按钮完成坐标系的创建，返回到"操作"操控板。单击 ▶ 按钮，系统自动选中上一步创建的坐标系为加工坐标系。

Step6. 退刀面的设置。在"操作"操控板中单击 间隙 按钮，在"间隙"界面的 类型 下拉列表中选择 平面 选项，单击 参考 文本框，在模型树中选取坐标系 ACS0 为参考，在 值 文本框中输入数值 10.0，在 公差 文本框中输入公差值 0.2，在图形区预览退刀平面，如图 3.2.28 所示。

图 3.2.26　"坐标系"对话框

图 3.2.27　坐标系的建立

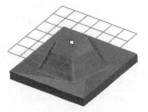

图 3.2.28　预览退刀平面

Step7. 单击"操作"操控板中的 ✔ 按钮，完成操作设置。

Task4. 创建轮廓铣削

Step1. 单击 铣削 功能选项卡 铣削▼ 区域中的 轮廓铣削 按钮，此时系统弹出"轮廓铣削"操控板。

Step2. 在"轮廓铣削"操控板的 ⏧ 下拉列表中选择 01：T0001 选项，单击"暂停"按钮 ⏸ ，然后在模型树中右击 ▶ ⬭PROFILE_MILLING_WORKPIECE.PRT 节点，在弹出的菜单中选择 隐藏 命令，单击 ▶ 按钮继续进行设置。

说明： 隐藏工件是为了方便选取参考模型的侧面。

Step3. 在"轮廓铣削"操控板中单击 参考 按钮，在弹出的"参考"设置界面的 类型 下拉列表中选择 曲面 选项，选取图 3.2.29 所示的所有轮廓面（参考模型的侧面）。

Step4. 在"轮廓铣削"操控板中单击"暂停"按钮 ⏸ ，然后在模型树中右击 ▶ ⬭PROFILE_MILLING_WORKPIECE.PRT 节点，在弹出的菜单中选择 ◉ 显示(S) 命令，单击 ▶ 按钮继续进行设置。

Step5. 在"轮廓铣削"操控板中单击 参数 按钮，在弹出的"参数"设置界面中设置图 3.2.30 所示的切削参数。

说明： 在设置切削参数时，用户可单击 ⬚ 按钮，此时系统弹出"编辑序列参数'轮廓铣削1'"对话框，该对话框的相关操作可参考 3.2 小节的内容。

图 3.2.29　选取轮廓面

切削进给	400
弧形进给	-
自由进给	-
退刀进给	-
切入进给量	-
步长深度	2
公差	0.01
轮廓允许余量	0
检查曲面允许余量	-
壁刀痕高度	0
切割类型	顺铣
安全距离	2
主轴速度	1000
冷却液选项	开

图 3.2.30　设置切削参数

Task5. 演示刀具轨迹

Step1. 在"轮廓铣削"操控板中单击 ⬚ 按钮，系统弹出"播放路径"对话框。

Step2. 单击"播放路径"对话框中的 ▶ 按钮，观察刀具的行走路线，结果如图 3.2.31 所示。演示完成后，单击 关闭 按钮。

Task6. 加工仿真

Step1. 在"轮廓铣削"操控板中单击 按钮，系统弹出"Material Removal"操控板，单击 按钮，系统弹出"Play Simulation"对话框，然后单击 ▶ 按钮，仿真结果如图3.2.32所示。

 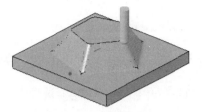

图3.2.31　刀具行走路线　　　　　　　　图3.2.32　仿真结果

Step2. 演示完成后，单击"Play Simulation"对话框中的 Close 按钮，然后单击"Material Removal"操控板中的 ✗ 按钮，退出仿真环境。

Step3. 在"轮廓铣削"操控板中单击 ✔ 按钮完成操作。

Task7. 保存文件

选择下拉菜单 文件 ▾ ➡ 保存(S) 命令，保存文件。

3.3　局　部　铣　削

局部铣削用于体积块铣削、轮廓铣削或另一局部铣削 NC 序列之后，采用较小直径的刀具去除未被完全清除的材料。在选择局部铣削时，有三种不同的加工方式：前一工步、前一刀具和拐角。不同的加工方式适用不同的范围。本节采用前一工步、拐角和前一刀具三种方法对同一模型进行局部铣削，读者可以对比一下，哪种方式比较适合此类情况的局部铣削。

3.3.1　前一工步

下面以图 3.3.1 中的模型为例来说明根据前一工步局部铣削的一般操作步骤。

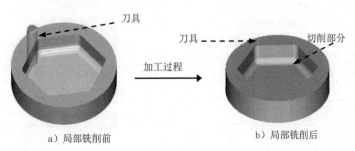

a）局部铣削前　　　　　　　　b）局部铣削后

图3.3.1　前一工步

Task1. 调出制造模型

Step1. 设置工作目录。选择下拉菜单 文件 ▼ ➡ 管理会话(M) ▶ ➡ 选择工作目录(W) 更改工作目录. 命令，将工作目录设置至 D:\creo4.9\work\ch03.03\ex01\for_reader。

Step2. 在快速访问工具栏中单击"打开"按钮 🗁，从弹出的"文件打开"对话框中选取三维零件模型——local_milling.asm 作为制造零件模型，并将其打开。此时图形区中显示图 3.3.2 所示的制造模型。

Task2. 使用"前一工步"类型进行局部铣削

Step1. 单击 铣削 功能选项卡的 铣削 ▼ 区域，在弹出的菜单中选择 局部铣削 ▶ ➡ 📐 前一工步 命令，此时系统弹出图 3.3.3 所示的 ▼ SELECT FEAT (选择特征) 菜单。

Step2. 在系统弹出的 ▼ SELECT FEAT (选择特征) 菜单中选择 NC Sequence (NC 序列) 命令，然后在弹出的 ▼ NC 序列列表 菜单中选择 1: 体积块铣削, 操作: OP010 命令，如图 3.3.4 所示。

图 3.3.2　制造模型　　　图 3.3.3　"选择特征"菜单　　　图 3.3.4　"NC 序列列表"菜单

Step3. 从弹出的 ▼ 选择菜单 菜单中选择 切削运动序号1 命令，如图 3.3.5 所示。在弹出的 ▼ SEQ SETUP (序列设置) 菜单中选中 ☑Tool (刀具) 和 ☑Parameters (参数) 复选框，然后选择 Done (完成) 命令，如图 3.3.6 所示。

图 3.3.5　"选择菜单"菜单

图 3.3.6　"序列设置"菜单

Step4. 在弹出的"刀具设定"对话框中单击"新建"按钮 □，然后设置图 3.3.7 所示的刀具参数，依次单击 应用 和 确定 按钮，完成刀具的设定。

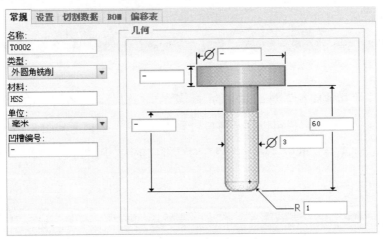

图 3.3.7　设定刀具参数

Step5. 在系统弹出的"编辑序列参数'局部铣削'"对话框中设置 基本 加工参数，如图 3.3.8 所示，选择下拉菜单 文件(F) 中的 另存为... 命令。将文件命名为 milprm01，单击"保存副本"对话框中的 确定 按钮，然后再次单击"编辑序列参数'局部铣削'"对话框中的 确定 按钮，完成参数的设置。

图 3.3.8　"编辑序列参数'局部铣削'"对话框

Task3. 演示刀具轨迹

Step1. 在 ▼ NC SEQUENCE (NC 序列) 菜单中选择 Play Path (播放路径) 命令，此时系统弹出 ▼ PLAY PATH (播放路径) 菜单。

Step2. 在 ▼ PLAY PATH (播放路径) 菜单中选择 Screen Play (屏幕播放) 命令，系统弹出"播放路径"对话框。

Step3. 单击"播放路径"对话框中的 ▶ 按钮，观察刀具的行走路线，如图 3.3.9 所示，单击 ▶ CL 数据 栏可以打开窗口查看生成的 CL 数据，如图 3.3.10 所示。

Step4. 演示完成后，单击"播放路径"对话框中的 关闭 按钮。

Task4. 加工仿真

Step1. 在 ▼ PLAY PATH (播放路径) 菜单中选择 NC Check (NC 检查) 命令。观察刀具切割工件的运行结果，在弹出的"Material Removal"操控板中单击 按钮，系统弹出"Play Simulation"对话框，然后单击 ▶ 按钮，仿真结果如图 3.3.11 所示。

Step2. 演示完成后，单击"Play Simulation"对话框中的 Close 按钮，然后单击"Material Removal"操控板中的 ✕ 按钮，退出仿真环境。

Step3. 在 ▼ NC SEQUENCE (NC 序列) 菜单中选择 Done Seq (完成序列) 命令。

Step4. 选择下拉菜单 文件 ▼ ➡ 保存(S) 命令，保存文件。

图 3.3.9　刀具行走路线

图 3.3.11　NC 仿真结果

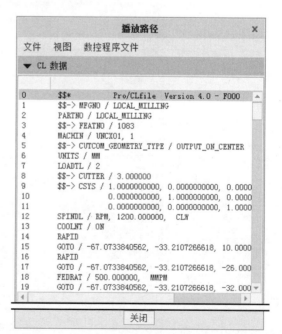

图 3.3.10　查看 CL 数据

3.3.2 拐角

下面以图 3.3.12 中的拐角模型为例来说明拐角局部铣削的一般操作步骤。

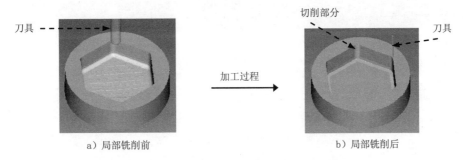

a）局部铣削前　　　　　　　　　　b）局部铣削后

图 3.3.12　拐角模型

Task1. 调出制造模型

Step1. 设置工作目录。选择下拉菜单 文件▾ ➡ 管理会话(M) ▸ ➡ 选择工作目录(W)／更改工作目录。命令，将工作目录设置至 D:\creo4.9\work\ch03.03\ex02\for_reader。

Step2. 在快速访问工具栏中单击"打开"按钮 ☞ ，从弹出的"文件打开"对话框中选取三维零件模型——local_milling.asm 作为制造零件模型，并将其打开。此时在图形区中显示图 3.3.13 所示的制造模型。

图 3.3.13　制造模型

Task2. 加工方法设置

Step1. 单击 铣削 功能选项卡的 铣削▾ 区域，在弹出的菜单中选择 局部铣削 ▸ ➡ ⚙拐角 命令，此时系统弹出 ▾ SEQ SETUP (序列设置) 菜单。

Step2. 在 ▾ SEQ SETUP (序列设置) 菜单中选中图 3.3.14 所示的 4 个复选框，然后选择 Done (完成) 命令，在弹出的"刀具设定"对话框中单击"新建"按钮 ▯ ，设置刀具参数（图 3.3.15），然后单击 应用 和 确定 按钮，完成刀具的设定。

Step3. 在系统弹出的"编辑序列参数'拐角局部铣削'"对话框中设置 基本 加工参数，如图 3.3.16 所示，选择下拉菜单 文件(F) 中的 另存为... 命令。将文件命名为 milprm02，单击"保存副本"对话框中的 确定 按钮，然后再次单击"编辑序列参数'拐角局部铣削'"

对话框中的 **确定** 按钮，完成参数的设置。

Step4. 在系统弹出的 ▼ SURF PICK（曲面拾取）菜单中选择 Model（模型） ➡ Done（完成）命令，如图 3.3.17 所示。

图 3.3.14 "序列设置"菜单

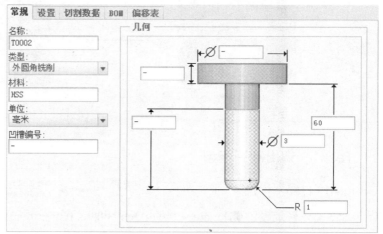

图 3.3.15 "刀具设定"对话框

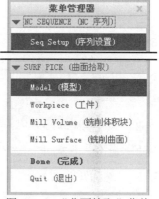

图 3.3.16 "编辑序列参数'拐角局部铣削'"对话框

图 3.3.17 "曲面拾取"菜单

Step5. 在系统 ➪ 选择将用于拐角局部铣削的曲面. 的提示下，选取图 3.3.18 所示的各内表面。完成选取后，在 ▼ SELECT SRFS（选择曲面）菜单中选择 Done/Return（完成/返回）命令。

Step6. 在系统弹出的 ▼ CRNR REGIONS (CRNR区域) 菜单中选择 Define (定义) 命令，依次选择 ▼ SELECT CRNR (选择角) ➡ Surfaces (曲面) ➡ ▼ SELECT SRFS (选择曲面) ➡ Add (添加) ➡ ▼ SEL/SEL ALL (选取/全选) ➡ Select (选择) 命令，如图 3.3.19 所示。

Step7. 选取图 3.3.20 所示的各个拐角表面，完成选取后，单击"选择"对话框中的 确定 按钮，然后选择 ▼ SELECT SRFS (选择曲面) 菜单中的 Show (显示) 命令，可以观察到所选取的各内表面。选择 ▼ SELECT SRFS (选择曲面) 菜单中的 Done/Return (完成/返回) 命令，完成曲面选取。

Step8. 在 ▼ SELECT CRNR (选择角) 菜单中选择 Done/Return (完成/返回) 命令，然后在 ▼ CRNR REGIONS (CRNR区域) 菜单中选择 Done/Return (完成/返回) 命令。

依次选取各内表面

图 3.3.18 选取的面

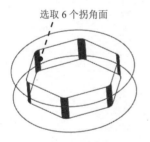

选取 6 个拐角面

图 3.3.20 选取拐角面

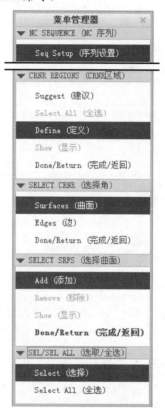

图 3.3.19 "CRNR 区域"菜单

Task3. 演示刀具轨迹

Step1. 在 ▼ NC SEQUENCE (NC 序列) 菜单中选择 Play Path (播放路径) 命令，此时系统弹出 ▼ PLAY PATH (播放路径) 菜单。

Step2. 在 ▼ PLAY PATH (播放路径) 菜单中选择 Screen Play (屏幕播放) 命令，系统弹出"播放路径"对话框。

Step3. 单击"播放路径"对话框中的 ▶ 按钮，观察刀具的行走路线，如图 3.3.21 所示。单击 ▶ CL 数据 栏可以打开窗口查看生成的 CL 数据，如图 3.3.22 所示。

Step4. 演示完成后，单击"播放路径"对话框中的 关闭 按钮。

Task4．加工仿真

Step1. 在 ▼ PLAY PATH (播放路径) 菜单中选择 NC Check (NC 检查) 命令，在弹出的"Material Removal"操控板中单击 按钮，系统弹出"Play Simulation"对话框，然后单击 ▶ 按钮，仿真结果如图 3.3.23 所示。

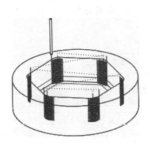

图 3.3.21　刀具路径

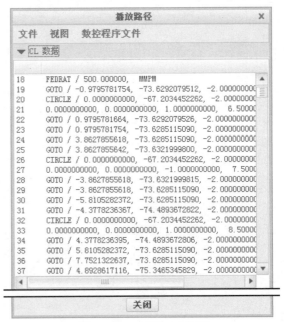

图 3.3.22　查看 CL 数据

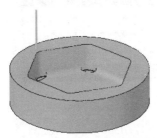

图 3.3.23　NC 仿真结果

Step2. 演示完成后，单击"Play Simulation"对话框中的 Close 按钮，然后单击"Material Removal"操控板中的 ✕ 按钮，退出仿真环境。

Step3. 在 ▼ NC SEQUENCE (NC 序列) 菜单中选择 Done Seq (完成序列) 命令。

Step4. 选择下拉菜单 文件 ▾ ➡ 保存(S) 命令，保存文件。

3.3.3　前一刀具

下面以图 3.3.24 中的模型为例，来说明前一刀具局部铣削的一般操作步骤。

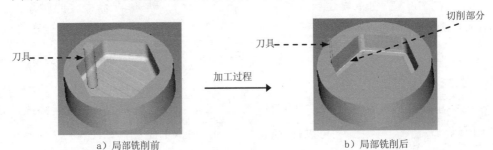

a）局部铣削前　　　　　　加工过程　　　　　　b）局部铣削后

图 3.3.24　前一刀具

Task1. 调出制造模型

Step1. 设置工作目录：选择下拉菜单  命令，将工作目录设置至 D:\creo4.9\work\ch03.03\ex03\for_reader。

Step2. 在快速访问工具栏中单击"打开"按钮 ，从弹出的"文件打开"对话框中选取三维零件模型——local_milling.asm 作为制造零件模型，并将其打开。此时在图形区中显示图 3.3.25 所示的制造模型。

Task2. 使用前一刀具类型对四边进行局部铣削

Step1. 单击 铣削 功能选项卡的 铣削▼ 区域，在弹出的菜单中选择 局部铣削 ▶ 前一刀具 命令，此时系统弹出图 3.3.26 所示的 ▼ SEQ SETUP（序列设置）菜单。

图 3.3.25 制造模型

图 3.3.26 "序列设置"菜单

Step2. 从 ▼ SEQ SETUP（序列设置）菜单中选中 ✓Tool（刀具）、✓Parameters（参数）和 ✓Surfaces（曲面）复选框，然后选择 Done（完成）命令。

Step3. 在弹出的"刀具设定"对话框中单击"新建"按钮 ，然后设置图 3.3.27 所示的刀具参数，依次单击 应用 和 确定 按钮，完成刀具参数的设定。

Step4. 在系统弹出的"编辑序列参数'按先前刀具局部铣削'"对话框中设置基本的加工参数，如图 3.3.28 所示，选择下拉菜单 文件(F) 中的 另存为… 命令。将文件命名为 milprm03，单击"保存副本"对话框中的 确定 按钮，然后再次单击"编辑序列参数'按先前刀具局部铣削'"对话框中的 确定 按钮，完成参数的设置。

Step5. 在系统弹出的 ▼ SURF PICK（曲面拾取）菜单中选择 Model（模型）➡ Done（完成）命令。在系统 ➡ 选择要加工模型的曲面. 的提示下，选取图 3.3.29 所示的各内表面，完成选取后，单击

"选择"对话框中的 确定 按钮，然后选择 ▼ SELECT SRFS (选择曲面) 菜单中的 Show (显示) 命令，可以观察到所选取的各个内表面，选择 Done/Return (完成/返回) 命令，完成曲面选取。

Step6. 在 ▼ NCSEQ SURFS (NC 序列 曲面) 菜单中选择 Done/Return (完成/返回) 命令。

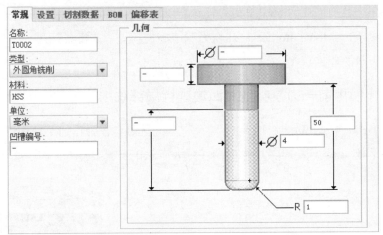

图 3.3.27 设定刀具参数

图 3.3.28 "编辑序列参数'按先前刀具局部铣削'"对话框

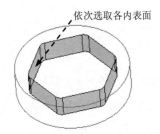

图 3.3.29 所选取的面

Task3. 演示刀具轨迹

Step1. 在弹出的 ▼ NC SEQUENCE (NC 序列) 菜单中选择 Play Path (播放路径) 命令，此时系统弹出 ▼ PLAY PATH (播放路径) 菜单。

Step2. 在 ▼ PLAY PATH (播放路径) 菜单中选择 Screen Play (屏幕播放) 命令，系统弹出"播放路径"对话框。

Step3. 单击"播放路径"对话框中的 [▶] 按钮，观察刀具的行走路线，如图 3.3.30 所示。单击 ▶ CL 数据 栏可以打开窗口查看生成的 CL 数据，如图 3.3.31 所示。

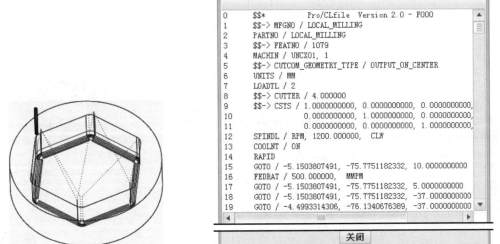

图 3.3.30 刀具路径   图 3.3.31 查看 CL 数据

Step4. 演示完成后，单击"播放路径"对话框中的 关闭 按钮。

Task4. 加工仿真

Step1. 在 ▼ PLAY PATH (播放路径) 菜单中选择 NC Check (NC 检查) 命令，在弹出的"Material Removal"操控板中单击 按钮，系统弹出"Play Simulation"对话框，然后单击 [▶] 按钮，仿真结果如图 3.3.32 所示。

图 3.3.32 NC 仿真结果

Step2. 演示完成后，单击"Play Simulation"对话框中的 Close 按钮，然后单击"Material Removal"操控板中的 X 按钮，退出仿真环境。

Step3. 在 ▼ NC SEQUENCE (NC 序列) 菜单中选择 Done Seq (完成序列) 命令。

Step4. 选择下拉菜单 文件▾ ➡ 保存(S) 命令，保存文件。

3.4 平面铣削

对于大面积的没有任何曲面或凸台的零件表面进行加工时，一般选用平底立铣刀或端铣刀。使用该加工方法，既可以进行粗加工，也可以进行精加工。对于加工余量大又不均匀的表面，采用粗加工，其铣刀直径应较小，以减少切削转矩；对于精加工，其铣刀直径应较大，最好能包容整个待加工面。

下面以图 3.4.1 所示的零件为例介绍平面铣削的一般过程。

a）参考模型   b）工件   c）加工结果

图 3.4.1 平面铣削

Task1. 新建一个数控制造模型文件

Step1. 设置工作目录。选择下拉菜单 文件▼ ━━➤ 管理会话(M) ▶ ━━➤ 选择工作目录(W) 更改工作目录。命令，将工作目录设置至 D:\creo4.9\work\ch03.04。

Step2. 在快速访问工具栏中单击"新建"按钮 ，系统弹出"新建"对话框。

Step3. 在"新建"对话框的 类型 选项组中选中 ◉ 制造 单选项，在 子类型 选项组中选中 ◉ NC装配 单选项，在 名称 文本框中输入文件名称 face_milling，取消选中 □ 使用默认模板 复选框，单击该对话框中的 确定 按钮。

Step4. 在系统弹出的"新文件选项"对话框的 模板 选项组中选取 mmns_mfg_nc 模板，然后在该对话框中单击 确定 按钮。

Task2. 建立制造模型

Stage1. 引入参考模型

Step1. 选取命令。单击 制造 功能选项卡 元件▼ 区域中的"组装参考模型"按钮 （或单击 参考模型▼ 按钮，然后在弹出的菜单中选择 组装参考模型 命令），系统弹出"打开"对话框。

Step2. 在"打开"对话框中选取三维零件模型——face_milling.prt 作为参考零件模型，并将其打开，系统弹出"元件放置"操控板。

Step3. 在"元件放置"操控板中选择 默认 选项，然后单击 ✔ 按钮，完成参考模型的放置，放置后如图 3.4.2 所示。

Stage2. 引入工件

Step1. 选取命令。单击 **制造** 功能选项卡 **元件 ▼** 区域中的 **工件 ▼** 按钮，在弹出的菜单中选择 **组装工件** 命令，系统弹出"打开"对话框。

Step2. 在"打开"对话框中选取三维零件模型——workpiece.prt 作为工件，并将其打开。

Step3. 在"元件放置"操控板中选择 **默认** 选项，然后单击 **✓** 按钮，完成工件的放置，放置后的效果如图 3.4.3 所示。

图 3.4.2 放置后的参考模型

图 3.4.3 放置后的工件模型

Task3. 制造设置

Step1. 选取命令。单击 **制造** 功能选项卡 **工艺 ▼** 区域中的"操作"按钮 ，此时系统弹出"操作"操控板。

Step2. 机床设置。单击"操作"操控板中的"制造设置"按钮 ，在弹出的菜单中选择 **铣削** 命令，系统弹出"铣削工作中心"对话框，在 **轴数** 下拉列表中选择 **3 轴** 选项。

Step3. 在"铣削工作中心"对话框中单击 **参数** 选项卡，设置图 3.4.4 所示的机床参数。

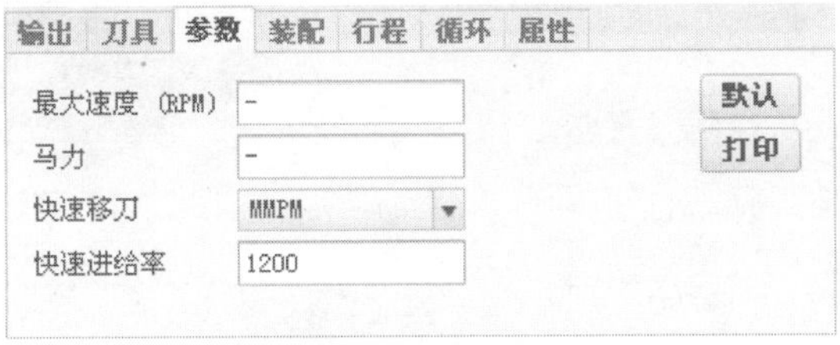

图 3.4.4 设置机床参数

Step4. 刀具设置。在"铣削工作中心"对话框中单击 **刀具** 选项卡，然后单击 **刀具...** 按钮，系统弹出"刀具设定"对话框。

Step5. 在"刀具设定"对话框的 **常规** 选项卡中设置图 3.4.5 所示的刀具参数，设置完毕后依次单击 **应用** 和 **确定** 按钮，返回到"铣削工作中心"对话框。在"铣削工作中心"对话框中单击 **确定** 按钮，返回到"操作"操控板。

Step6. 机床坐标系设置。在"操作"操控板中单击 **基准** 按钮，在弹出的菜单中选择 **※** 命令，系统弹出图 3.4.6 所示的"坐标系"对话框。按住<Ctrl>键，依次选择 NC_ASM_FRONT、NC_ASM_RIGHT 基准面和图 3.4.7 所示的模型表面作为创建坐标系的三个参考平面，最后

单击 确定 按钮完成坐标系的创建。单击 ▶ 按钮，系统自动选中刚刚创建的坐标系作为加工坐标系。

Step7. 退刀面的设置。在"操作"操控板中单击 间隙 按钮，在"间隙"设置界面的 类型 下拉列表中选择 平面 选项，单击 参考 文本框，在模型树中选取坐标系 ACS0 为参考，在 值 文本框中输入数值 10.0，在图形区预览图 3.4.8 所示的退刀面。

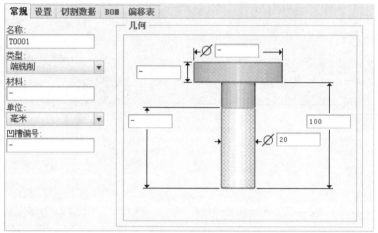

图 3.4.5　设定刀具参数

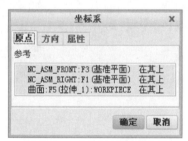

图 3.4.6　"坐标系"对话框

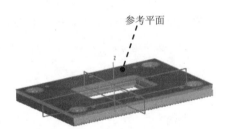

图 3.4.7　创建的坐标系的参考平面

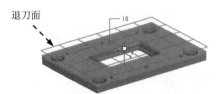

图 3.4.8　创建的退刀面

Step8. 单击"操作"操控板中的 ✔ 按钮，完成操作设置。

Task4．创建平面铣削

Step1. 单击 铣削 功能选项卡 铣削 ▾ 区域中的 表面 按钮，此时系统弹出"表面铣削"操控板。

Step2. 在"表面铣削"操控板的 ⊤ 下拉列表中选择 01：T0001 选项，单击 按钮预览刀具，结果如图 3.4.9 所示，然后再次单击 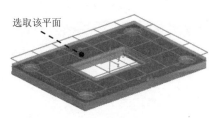 按钮关闭刀具预览。

　　说明：预览刀具时可以缩放图形区或按住鼠标左键进行拖动，以便显示刀具模型。

　　Step3. 在"表面铣削"操控板中单击 参考 按钮，在弹出的"参考"设置界面的 类型 下拉列表中选择 曲面 选项，单击 加工参考: 列表框，选取图 3.4.10 所示的平面（参考模型的顶面）。

图 3.4.9　预览刀具

选取该平面

图 3.4.10　选取加工参考平面

　　Step4. 在"表面铣削"操控板中单击 参数 按钮，在弹出的"参数"设置界面中设置图 3.4.11 所示的切削参数。

切削进给	600
自由进给	-
退刀进给	-
切入进给量	-
步长深度	2
公差	0.01
跨距	15
底部允许余量	-
切割角	0
末端超程	0
起始超程	0
扫描类型	类型 3
切割类型	顺铣
安全距离	10
进刀距离	5
退刀距离	10
主轴速度	1000
冷却液选项	开

图 3.4.11　设置切削参数

Task5. 演示刀具轨迹

　　Step1. 在"表面铣削"操控板中单击 ⊞ 按钮，系统弹出"播放路径"对话框。

　　Step2. 单击"播放路径"对话框中的 ▶ 按钮，观察刀具的行走路线，结果如图 3.4.12 所示。演示完成后，单击 关闭 按钮。

Task6. 进行过切检查

　　Step1. 在"表面铣削"操控板中单击 ⊥ 按钮，系统弹出图 3.4.13 所示的

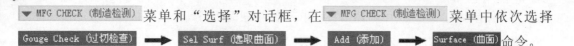

▼ MFG CHECK (制造检测) 菜单和"选择"对话框，在 ▼ MFG CHECK (制造检测) 菜单中依次选择 Gouge Check (过切检查) ➡ Sel Surf (选取曲面) ➡ Add (添加) ➡ Surface (曲面) 命令。

Step2. 选取图 3.4.14 所示参考模型的曲面 1，单击"选择"对话框中的 确定 按钮。

Step3. 曲面选取完成后，依次选择 ▼ SELECT SRFS (选择曲面) 菜单和 ▼ SRF PRT SEL (曲面零件选择) 菜单中的 Done/Return (完成/返回) 命令。

Step4. 在菜单中选择 Run (运行) 命令，系统开始进行过切检查，检查后，系统提示 ⊠没有发现过切。，然后依次选择 ▼ GOUGE CHECK (过切检查) 菜单和 ▼ MFG CHECK (制造检测) 菜单中的 Done/Return (完成/返回) 命令，完成过切检查。

图 3.4.12　刀具行走路线

曲面 1

图 3.4.14　选取过切检查曲面

图 3.4.13　"制造检测"菜单

Task7. 加工仿真

Step1. 在"表面铣削"操控板中单击 🖱 按钮，系统弹出"Material Removal"操控板，单击 ✋ 按钮，系统弹出"Play Simulation"对话框，然后单击 ▶ 按钮，运行结果如图 3.4.15 所示。

Step2. 演示完成后，单击"Play Simulation"对话框中的 Close 按钮，然后单击"Material Removal"操控板中的 ✕ 按钮，退出仿真环境。

Step3. 在"表面铣削"操控板中单击 ✔ 按钮完成操作。

Task8. 材料切减

Step1. 选取命令。单击 铣削 功能选项卡中的 制造几何▼ 按钮，在弹出的菜单中选择

材料移除切削 命令。在弹出的 ▼ NC 序列列表 菜单中选择 1: 表面铣削 1, 操作: OP010 命令，然后依次选择 ▼ MAT REMOVAL（材料移除） ➡ Automatic（自动） ➡ Done（完成）命令。

Step2. 在弹出的"相交元件"对话框中单击 自动添加 按钮和 ▤ 按钮，最后单击 确定 按钮，切减材料后的模型如图 3.4.16 所示。

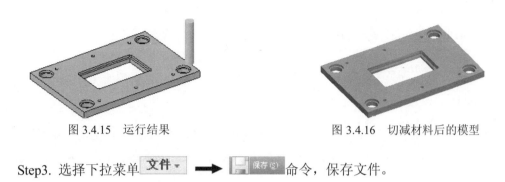

图 3.4.15 运行结果   图 3.4.16 切减材料后的模型

Step3. 选择下拉菜单 文件 ▾ ➡ 保存(S) 命令，保存文件。

3.5 曲面铣削

曲面铣削（Surface Milling）可用来铣削水平或倾斜的曲面，在所选的曲面上，其刀具路径必须是连续的。在设计现代产品的过程中，为了追求美观而流畅的造型或依照人体工程学的设计而采用了多样化的曲面特征设计，因此在加工过程中常会使用铣削曲面加工程序。加工曲面时，经常用球头铣刀进行加工。曲面铣削的走刀方式非常灵活，不同的曲面可以采用不同的走刀方式，即使是同一个曲面也可采用不同的走刀方式。Creo 4.0 的曲面铣削中有三种定义刀具路径的方法，即：直线切削、自曲面等值线切削和投影切削。

下面以图 3.5.1 所示零件为例介绍曲面铣削的加工方法。

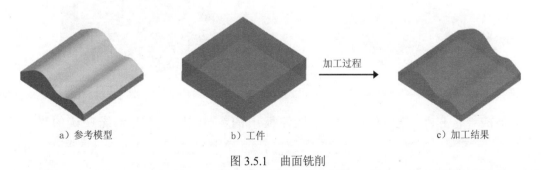

a）参考模型   b）工件   加工过程   c）加工结果

图 3.5.1 曲面铣削

Task1. 新建一个数控制造模型文件

Step1. 设置工作目录。选择下拉菜单 文件 ▾ ➡ 管理会话(M) ▸ ➡ 选择工作目录(T) 更改工作目录。 命令，将工作目录设置至 D:\creo4.9\work\ch03.05。

Step2. 在快速访问工具栏中单击"新建"按钮 ，系统弹出"新建"对话框。

Step3. 在"新建"对话框的 类型 选项组中选中 ◉ 🖳 制造 单选项，在 子类型 选项组中选中 ◉ NC装配 单选项，在 名称 文本框中输入文件名称 SURFACE_MILLING，取消选中 ☐ 使用默认模板 复选框，单击该对话框中的 确定 按钮。

Step4. 在系统弹出的"新文件选项"对话框的 模板 选项组中选取 mmns_mfg_nc 模板，然后在该对话框中单击 确定 按钮。

Task2. 建立制造模型

Stage1. 引入参考模型

Step1. 选取命令。单击 制造 功能选项卡 元件 ▼ 区域中的"组装参考模型"按钮 🖳 （或单击 参考模型 ▼ 按钮，然后在弹出的菜单中选择 🖳 组装参考模型 命令），系统弹出"打开"对话框。

Step2. 在"打开"对话框中选取三维零件模型——surface_milling.prt 作为参考零件模型，并将其打开，系统弹出"元件放置"操控板。

Step3. 在"元件放置"操控板中选择 🖵 默认 选项，然后单击 ✔ 按钮，完成参考模型的放置，放置后如图 3.5.2 所示。

Stage2. 创建图 3.5.3 所示的工件

Step1. 选取命令。单击 制造 功能选项卡 元件 ▼ 区域中的"工件"按钮 🛠 （或单击 工件 ▼ 按钮，然后在弹出的菜单中选择 🛠 自动工件 命令），系统弹出"创建自动工件"操控板。

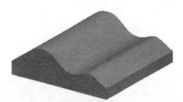

图 3.5.2 放置后的参考模型

图 3.5.3 创建工件

Step2. 单击"创建自动工件"操控板中的 🔲 按钮，采用系统默认的坐标系 ⅄ NC_ASM_DEF_CSYS 为放置工件毛坯的原点，然后单击 选项 按钮，在弹出的设置界面中单击 当前偏移 按钮，在 ⁺ᶻ 文本框中输入数值 3.0 并按下 <Enter> 键，单击操控板中的 ✔ 按钮，完成工件的创建。

Task3. 制造设置

Step1. 单击 制造 功能选项卡 工艺 ▼ 区域中的"操作"按钮 ⛏ ，此时系统弹出"操作"操控板。单击"制造设置"按钮 ，在弹出的菜单中选择 命令，系统弹出"铣削工作中心"对话框，在 下拉列表中选择 选项，

Step2. 刀具设置。在"铣削工作中心"对话框中单击 选项卡，然后单击 按钮，系统弹出"刀具设定"对话框。

Step3. 在弹出的"刀具设定"对话框的 选项卡中设置图 3.5.4 所示的刀具参数，设置完毕后依次单击 和 按钮，返回到"铣削工作中心"对话框。

Step4. 在"铣削工作中心"对话框中单击 按钮，返回到"操作"操控板。

Step5. 机床坐标系的设置。在"操作"操控板中单击 按钮，在弹出的菜单中选择 命令，系统弹出图 3.5.5 所示的"坐标系"对话框。按住<Ctrl>键，依次选取图 3.5.6 所示的曲面 1、曲面 2 和曲面 3 作为创建坐标系的三个参考平面，单击 按钮完成坐标系的创建，返回到"操作"操控板。单击 按钮，系统自动选中刚刚创建的坐标系作为加工坐标系。

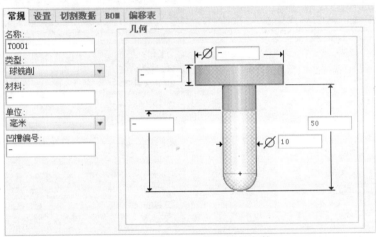

图 3.5.4　设定刀具参数

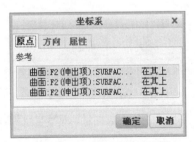

图 3.5.5　"坐标系"对话框

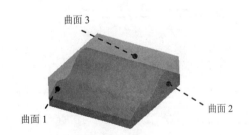

图 3.5.6　选取参考平面

Step6. 退刀面的设置。在"操作"操控板中单击 按钮，在"间隙"设置界面的 下拉列表中选择 选项，单击 文本框，在模型树中选取坐标系 ACS1 为参考，在 文本框中输入数值 10.0。

Step7. 单击"操作"操控板中的 按钮，完成操作设置。

Task4. 创建曲面铣削

Step1. 单击 铣削 功能选项卡 铣削▾ 区域中的 曲面铣削 按钮，此时系统弹出图 3.5.7 所示的"序列设置"菜单。

Step2. 在打开的 ▼ SEQ SETUP（序列设置）菜单中选中图 3.5.7 所示的 4 个复选框，然后选择 Done（完成）命令，在弹出的"刀具设定"对话框中单击 确定 按钮。

Step3. 在系统弹出的"编辑序列参数'曲面铣削'"对话框中设置 基本 加工参数，结果如图 3.5.8 所示。选择下拉菜单 文件(F) 中的 另存为... 命令，接受系统默认的名称，单击"保存副本"对话框中的 确定 按钮，然后单击"编辑序列参数'曲面铣削'"对话框中的 确定 按钮，完成加工参数的设置。

图 3.5.7 "序列设置"菜单

图 3.5.8 "编辑序列参数'曲面铣削'"对话框

Step4. 在系统弹出的 ▼ SURF PICK（曲面拾取）菜单中选择 Model（模型）➡ Done（完成）命令，如图 3.5.9 所示。在图 3.5.10 所示的 ▼ SELECT SRFS（选择曲面）菜单中选择 Add（添加）命令，然后在图形区中选取图 3.5.11 所示的一组曲面。选取完成后，在"选择"对话框中单击 确定 按钮。

Step5. 在 ▼ SELECT SRFS（选择曲面）菜单中选择 Done/Return（完成/返回）命令，此时系统弹出"切削定义"对话框，按图 3.5.12 所示进行设置，完成后单击 确定 按钮。

说明： 在"切削定义"对话框中单击 预览(P) 按钮，在退刀平面上将显示刀具切削路径，如图 3.5.13 所示。

图 3.5.9 "曲面拾取"菜单

图 3.5.10 "选择曲面"菜单

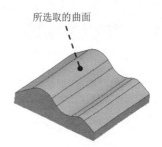

图 3.5.11 选取曲面

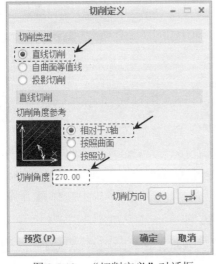

图 3.5.12 "切削定义"对话框

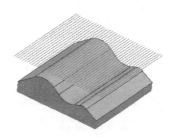

图 3.5.13 退刀平面上的刀具路径

Task5. 演示刀具轨迹

Step1. 在 ▼ NC SEQUENCE (NC 序列) 菜单中选择 Play Path (播放路径) 命令，此时系统弹出 ▼ PLAY PATH (播放路径) 菜单。

Step2. 在 ▼ PLAY PATH (播放路径) 菜单中选择 Screen Play (屏幕播放) 命令，此时系统弹出"播放路径"对话框。

Step3. 单击"播放路径"对话框中的 ▶ 按钮，可以观察刀具的行走路线，如图 3.5.14 所示。

Step4. 演示完成后，单击"播放路径"对话框中的 关闭 按钮。

说明：从图 3.5.14 中可以看出刀具切削工件时，其刀具路径是沿同一方向、沿直线对工件进行分层切削的。

Task6. 加工仿真

Step1. 在 ▼ PLAY PATH（播放路径）菜单中选择 NC Check（NC 检查）命令，系统弹出"Material Removal"操控板，单击 按钮，系统弹出"Play Simulation"对话框，然后单击 ▶ 按钮，检查结果如图3.5.15所示。

Step2. 演示完成后，单击软件右上角的 ✕ 按钮，在弹出的"Save Changes Before Exiting VERICUT?"对话框中单击 Save Checked Files 按钮，关闭仿真软件。

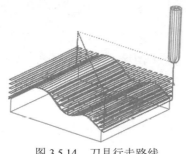

图 3.5.14　刀具行走路线

图 3.5.15　NC 检查结果

Step3. 在 ▼ NC SEQUENCE（NC 序列）菜单中选择 Done Seq（完成序列）命令。

Step4. 选择下拉菜单 文件 ▾ ➡ 保存(S) 命令，保存文件。

Task7. 改变切削定义类型为自曲面等值线

Step1. 在设计树中右击 ⅃ 1. 曲面铣削 [OP010]，在弹出的快捷菜单中选择 ✂ 命令，在弹出的"菜单管理器"中选择 Seq Setup（序列设置）命令。

Step2. 在系统弹出的 ▼ SEQ SETUP（序列设置）菜单中勾选 ☑ Define Cut（定义切削）复选框，然后选择 Done（完成）命令。

Step3. 在弹出的"切削定义"对话框中选中 ◉ 自曲面等值线 单选项，如图3.5.16所示。

Step4. 在"曲面列表"中依次选中各曲面标识，然后单击 ↥↓ 按钮，调整切削方向，最后的调整结果如图3.5.17所示。

Step5. 单击 预览(P) 按钮，在铣削曲面上显示图3.5.18所示的刀具轨迹，确认刀具轨迹后，单击 确定 按钮。

Step6. 在弹出的 ▼ NC SEQUENCE（NC 序列）菜单中选择 Play Path（播放路径）命令，此时系统弹出 ▼ PLAY PATH（播放路径）菜单。

Step7. 在 ▼ PLAY PATH（播放路径）菜单中选择 Screen Play（屏幕播放）命令，此时系统弹出"播放路径"对话框。

Step8. 单击"播放路径"对话框中的 ▶ 按钮，可以观察刀具的行走路线，如图3.5.19所示。

图 3.5.16 "切削定义"对话框

图 3.5.17 切削方向

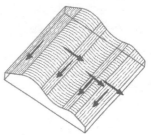

图 3.5.18 刀具轨迹

Step9. 演示完成后，单击"播放路径"对话框中的 关闭 按钮。

Step10. 在 ▼ PLAY PATH（播放路径）菜单中选择 NC Check（NC 检查）命令，系统弹出"Material Removal"操控板，单击 按钮，系统弹出"Play Simulation"对话框，然后单击 ▶ 按钮，观察刀具切削工件的运行情况，结果如图 3.5.20 所示。

Step11. 演示完成后，单击"Play Simulation"对话框中的 Close 按钮，然后单击"Material Removal"操控板中的 ✕ 按钮，退出仿真环境。

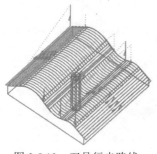

图 3.5.19 刀具行走路线

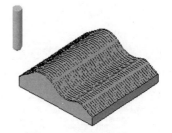

图 3.5.20 运行结果

说明 1：从图 3.5.19 中可以看出，该刀具不是进行分层铣削，而是采用一次走刀完成，而且调整后的相邻曲面的刀具路径是互相垂直的，该方式主要用于精加工。

说明 2：在系统工具栏中单击 按钮，系统弹出图 3.5.21 所示的"编辑序列参数'曲面铣削'"对话框，与"直线切削"相比，参数列表框中少了"粗加工步距深度""切割角""切割类型""铣削选项"四个选项，由此可以证明上面的刀具行走路线是正确的。

Task8. 改变切削定义类型为投影切削

Step1. 在系统弹出的 ▼ NC SEQUENCE (NC 序列) 菜单中选择 Seq Setup (序列设置) 命令，在弹出的 ▼ SEQ SETUP (序列设置) 菜单中选中 ☑ Define Cut (定义切削) 复选框，然后选择 Done (完成) 命令。

Step2. 在弹出的"切削定义"对话框中选中 ◉ 投影切削 单选项，此时对话框显示如图 3.5.22 所示。

Step3. 单击"切削定义"对话框中的 ✚ 按钮，在系统弹出的"菜单管理器"中选中 ☑ Def Contrs (定义轮廓) ➡ Done (完成) 命令，然后在系统弹出的"菜单管理器"中选择 ▼ SEL CONTRS (选取围线) ➡ Select All (全选) 命令，此时在图形区中显示系统自动选取的加工曲面的轮廓线，如图 3.5.23 所示。

图 3.5.21 "编辑序列参数'曲面铣削'"对话框

图 3.5.22 "切削定义"对话框

图 3.5.22 所示的"切削定义"对话框中的部分选项说明如下。

- 边界条件与偏移：用于设置轮廓边界的条件，包含 ◉ 在其上 、◉ 左 和 ◉ 右 3 个单选项。

  - ☑ ◉ 在其上 单选项：用于设置刀具中心在轮廓边界上。

  - ☑ ◉ 左 单选项：用于设置刀具中心在轮廓边界的左侧，效果参看图 3.5.24a 所示。

  - ☑ ◉ 右 单选项：用于设置刀具中心在轮廓边界的右侧，效果参看图 3.5.24b

所示。

● 边界偏移值 文本框：用于设置刀具中心偏离轮廓边界的距离值。

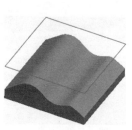

图 3.5.23　显示投影刀路的轮廓线

a）左侧，偏移 10mm

b）右侧，偏移 10mm

图 3.5.24　边界条件与偏移

Step4. 在"切削定义"对话框中单击 预览(P) 按钮，显示图 3.5.25 所示的投影刀具轨迹，确认刀具轨迹后，单击 确定 按钮。

Step5. 在弹出的 ▼ NC SEQUENCE (NC 序列) 菜单中选择 Play Path (播放路径) 命令，此时系统弹出 ▼ PLAY PATH (播放路径) 菜单。

Step6. 在 ▼ PLAY PATH (播放路径) 菜单中选择 Screen Play (屏幕播放) 命令，此时系统弹出"播放路径"对话框。

图 3.5.25　投影刀具轨迹

Step7. 单击"播放路径"对话框中的 ▶ 按钮，可以观察刀具的行走路线，如图 3.5.26 所示。演示完成后，单击"播放路径"对话框中的 关闭 按钮。

Step8. 在 ▼ PLAY PATH (播放路径) 菜单中选择 NC Check (NC 检查) 命令，系统弹出"Material Removal"操控板，单击 按钮，系统弹出"Play Simulation"对话框，然后单击 ▶ 按钮，观察刀具切削工件的运行情况，结果如图 3.5.27 所示。

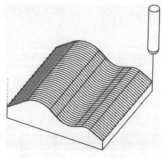

图 3.5.26　刀具行走路线

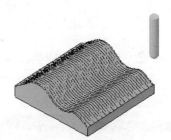

图 3.5.27　运行结果

Step9. 演示完成后，单击"Play Simulation"对话框中的 Close 按钮，然后单击"Material Removal"操控板中的 X 按钮，退出仿真环境。

Step10. 在 NC SEQUENCE (NC 序列) 菜单中选择 Done Seq (完成序列) 命令。

Step11. 选择下拉菜单 文件 ▾ ➡ 保存(S) 命令，保存文件。

3.6 轨 迹 铣 削

使用轨迹铣削，刀具可沿着用户定义的任意轨迹进行扫描，主要用于扫描类特征零件的加工。不同形状的工件所使用的刀具外形将有所不同，刀具的选择要根据所加工的沟槽形状来定义，因此，在指定加工工艺时，一定要考虑到刀具的外形。

下面通过图 3.6.1 所示的零件介绍轨迹铣削的一般过程。

 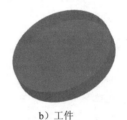

a）参考模型   b）工件

图 3.6.1 轨迹铣削

Task1. 新建一个数控制造模型文件

Step1. 设置工作目录。选择下拉菜单 文件 ▾ ➡ 管理会话(M) ▸ ➡ 选择工作目录(T) 更改工作目录。
命令，将工作目录设置至 D:\creo4.9\work\ch03.06。

Step2. 在快速访问工具栏中单击"新建"按钮 □，系统弹出"新建"对话框。

Step3. 在"新建"对话框的 类型 选项组中选中 ◉ 制造 单选项，在 子类型 选项组中选中 ◉ NC装配 单选项，在 名称 文本框中输入文件名称 trajectory_milling，取消选中 □ 使用默认模板 复选框，单击该对话框中的 确定 按钮。

Step4. 在系统弹出的"新文件选项"对话框的 模板 选项组中选取 mmns_mfg_nc 模板，然后在该对话框中单击 确定 按钮。

Task2. 建立制造模型

Stage1. 引入参考模型

Step1. 选取命令。单击 制造 功能选项卡 元件 ▾ 区域中的"组装参考模型"按钮 （或单击 参考模型 ▾ 按钮，然后在弹出的菜单中选择 组装参考模型 命令），系统弹出"打开"对话框。

Step2. 在"打开"对话框中选取三维零件模型——trajectory_milling.prt 作为参考零件

模型，并将其打开，系统弹出"元件放置"操控板。

Step3. 在"元件放置"操控板中选择 □ 默认 选项，然后单击 ✔ 按钮，完成参考模型的放置，放置后如图 3.6.2 所示。

Stage2. 引入工件模型

Step1. 单击 制造 功能选项卡 元件 ▼ 区域中的 工件 ▼ 按钮，在弹出的菜单中选择 组装工件 命令，系统弹出"打开"对话框。

Step2. 在"打开"对话框中选取三维零件模型——trajectory_workpiece.prt 作为工件模型，并将其打开。

Step3. 在"元件放置"操控板中选择 □ 默认 选项，然后单击 ✔ 按钮，完成毛坯工件的放置，放置后如图 3.6.3 所示。

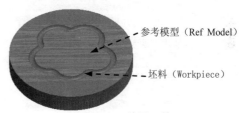

参考模型（Ref Model）

坯料（Workpiece）

图 3.6.2　放置后的参考模型　　　　　　　　图 3.6.3　放置工件

Task3. 制造设置

Step1. 选取命令。单击 制造 功能选项卡 工艺 ▼ 区域中的"操作"按钮 ，此时系统弹出"操作"操控板。

Step2. 机床设置。单击"操作"操控板中的"制造设置"按钮 ，在弹出的菜单中选择 铣削 命令，系统弹出"铣削工作中心"对话框，在 轴数 下拉列表中选择 3 轴 选项。

Step3. 刀具设置。在"铣削工作中心"对话框中单击 刀具 选项卡，然后单击 刀具... 按钮，系统弹出"刀具设定"对话框。

Step4. 在"刀具设定"对话框的 常规 选项卡中设置图 3.6.4 所示的刀具参数，设置完毕后依次单击 应用 和 确定 按钮，返回到"铣削工作中心"对话框。在"铣削工作中心"对话框中单击 确定 按钮，返回到"操作"操控板。

Step5. 机床坐标系设置。在"操作"操控板中单击 基准 按钮，在弹出的菜单中选择 命令，系统弹出图 3.6.5 所示的"坐标系"对话框。按住<Ctrl>键，依次选择 NC_ASM_FRONT、NC_ASM_RIGHT 基准平面和图 3.6.6 所示的曲面 1 作为创建坐标系的三个参考平面，单击 确定 按钮完成坐标系的创建，返回到"操作"操控板。

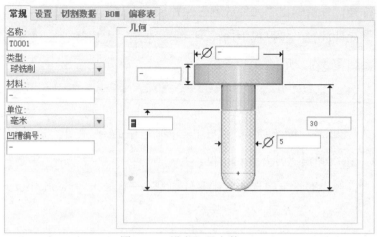

图 3.6.4　设定刀具参数

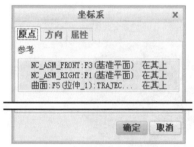

图 3.6.5　"坐标系"对话框

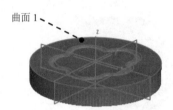

图 3.6.6　坐标系的参考平面

Step6. 退刀面的设置。在"操作"操控板中单击 ▶ 按钮，单击 间隙 按钮，在"间隙"设置界面的 类型 下拉列表中选择 平面 选项，单击 参考 文本框，在模型树中选取坐标系 ACS0 为参考，在 值 文本框中输入数值 10.0。

Step7. 单击"操作"操控板中的 ✔ 按钮，完成操作设置。

Task4．创建轨迹铣削

Step1. 单击 铣削 功能选项卡 铣削 ▾ 区域中的 轨迹铣削 ▾ 按钮，在弹出的菜单中选择 ⊥ 轨迹 命令，此时系统弹出"轨迹"操控板。

Step2. 在"轨迹"操控板的 ⊤ 下拉列表中选择 01：T0001 选项。

Step3. 在"轨迹"操控板中单击 参数 按钮，在弹出的"参数"设置界面中设置图 3.6.7 所示的切削参数。

Step4. 在"轨迹"操控板中单击 刀具运动 按钮，此时系统弹出图 3.6.8 所示的"刀具运动"设置界面。单击 曲线切削 按钮，系统弹出

切削进给	400
弧形进给	-
自由进给	-
退刀进给	-
切入进给量	-
步长深度	0.5
公差	0.01
轮廓允许余量	0
检查曲面允许余量	-
安全距离	3
主轴速度	1600
冷却液选项	开

图 3.6.7　设置切削参数

图 3.6.9 所示的"曲线切削"对话框。

Step5. 在系统 ➡ 选择将要加工的几何 的提示下，选取图 3.6.10 中的曲线，单击曲线上的箭头调整刀具的切削方向，结果如图 3.6.10 所示。

图 3.6.9 "曲线切削"对话框

图 3.6.8 "刀具运动"设置界面

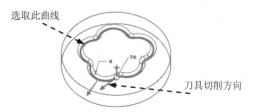

图 3.6.10 选取曲线和切削方向

Step6. 在"曲线切削"对话框中单击 起始高度 文本框，然后选取图 3.6.11 所示的曲面，此时图形区显示如图 3.6.11 所示。

说明：如果在"曲线切削"对话框中勾选 ☑ 螺旋切削 复选框，则系统会生成螺旋式的渐进切削加工的刀具路径，不勾选该复选框，系统生成分层加工的刀具路径。

Step7. 单击 确定 按钮，系统返回到"刀具运动"设置界面。

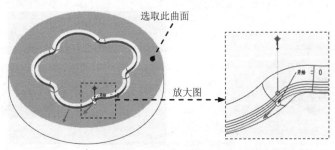

图 3.6.11 设置曲线切削

Task5. 演示刀具轨迹

Step1. 在"轨迹"操控板中单击 按钮，系统弹出"播放路径"对话框。

Step2. 单击"播放路径"对话框中的 按钮，观察刀具的行走路线，结果如图 3.6.12 所示。演示完成后，单击 关闭 按钮。

Task6. 加工仿真

Step1. 在"轨迹"操控板中单击 按钮，系统弹出"Material Removal"操控板，单击 按钮，系统弹出"Play Simulation"对话框，然后单击 按钮，仿真结果如图 3.6.13 所示。

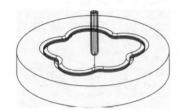

图 3.6.12　刀具行走路线　　　　　　　图 3.6.13　仿真结果

Step2. 演示完成后，单击"Play Simulation"对话框中的 Close 按钮，然后单击"Material Removal"操控板中的 X 按钮，退出仿真环境。

Step3. 在"轨迹"操控板中单击 按钮完成操作。

Step4. 选择下拉菜单 文件▾ ➡ 保存(S) 命令，保存文件。

3.7　雕 刻 铣 削

雕刻铣削是机械加工中常用的加工方法，主要对曲线或凹槽（Groove）修饰特征进行加工。刀具沿着指定的特征运动，主要用平底立铣刀进行加工，刀具直径决定切削宽度，GROOVE_DEPTH 参数决定切削深度。

下面以图 3.7.1 所示的模型为例来说明雕刻铣削的一般操作步骤。

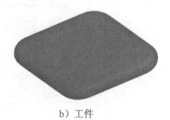

a）参考模型　　　　　　　　　　　　　b）工件

图 3.7.1　雕刻铣削

Task1. 新建一个数控制造模型文件

Step1. 设置工作目录。选择下拉菜单 文件▾ ➡ 管理会话(M) ▸ ➡ 选择工作目录(W) 更改工作目录。

命令，将工作目录设置至 D:\creo4.9\work\ch03.07。

Step2. 在快速访问工具栏中单击"新建"按钮 ，系统弹出"新建"对话框。

Step3. 在"新建"对话框的 类型 选项组中选中 ⊙ 制造 单选项，在 子类型 选项组中选中 ⊙ NC装配 单选项，在 名称 文本框中输入文件名称 engrave_milling，取消选中 ☐ 使用默认模板 复选框，单击该对话框中的 确定 按钮。

Step4. 在系统弹出的"新文件选项"对话框的 模板 选项组中选取 mmns_mfg_nc 模板，然后在该对话框中单击 确定 按钮。

Task2. 建立制造模型

Stage1. 引入参考模型

Step1. 选取命令。单击 制造 功能选项卡 元件 ▾ 区域中的"组装参考模型"按钮 （或单击 参考模 型 ▾ 按钮，然后在弹出的菜单中选择 组装参考模型 命令），系统弹出"打开"对话框。

Step2. 在"打开"对话框中选取三维零件模型——engrave_milling.prt 作为参考零件模型，并将其打开，系统弹出"元件放置"操控板。

Step3. 在"元件放置"操控板中选择 默认 选项，然后单击 按钮，完成参考模型的放置，放置后如图 3.7.2 所示。

Stage2. 引入工件

Step1. 单击 制造 功能选项卡 元件 ▾ 区域中的 工件 ▾ 按钮，在弹出的菜单中选择 组装工件 命令，系统弹出"打开"对话框。

Step2. 在"打开"对话框中选取三维零件模型——engrave_workpiece.prt，将其打开。

Step3. 在系统弹出的"放置"操控板中选择 默认 命令，然后单击 按钮，完成工件毛坯的放置，放置后如图 3.7.3 所示。

图 3.7.2 放置后的参考模型

图 3.7.3 放置工件

Task3. 制造设置

Step1. 选取命令。单击 制造 功能选项卡 工艺 ▾ 区域中的"操作"按钮 ，此时系统弹出"操作"操控板。

Step2. 单击"操作"操控板中的"制造设置"按钮 ，在弹出的菜单中选择 铣削 命令，系统弹出"铣削工作中心"对话框，在 轴数 下拉列表中选择 3 轴 选项。

Step3. 刀具设置。在"铣削工作中心"对话框中单击 刀具 选项卡，然后单击 刀具... 按钮，系统弹出"刀具设定"对话框。

Step4. 在弹出的"刀具设定"对话框的 常规 选项卡中设置图 3.7.4 所示的刀具参数，设置完毕后依次单击 应用 和 确定 按钮，返回到"铣削工作中心"对话框。在"铣削工作中心"对话框中单击 确定 按钮，返回到"操作"操控板。

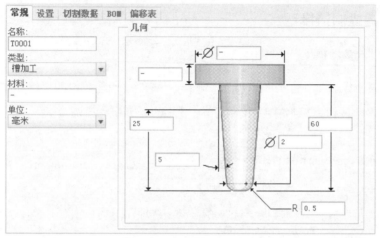

图 3.7.4 设定刀具参数

Step5. 机床坐标系设置。在"操作"操控板中单击 基准 按钮，在弹出的菜单中选择 命令，系统弹出图 3.7.5 所示的"坐标系"对话框。按住<Ctrl>键，依次选择 NC_ASM_RIGHT、NC_ASM_TOP 基准面和图 3.7.6 所示的模型表面作为创建坐标系的三个参考平面，单击 确定 按钮完成坐标系的创建，返回到"操作"操控板。

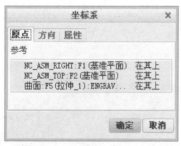

图 3.7.5 "坐标系"对话框

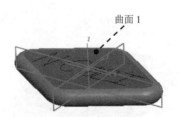

图 3.7.6 创建坐标系

Step6. 退刀面的设置。在"操作"操控板中单击 ▶ 按钮，单击 间隙 按钮，在"间隙"设置界面的 类型 下拉列表中选择 平面 选项，单击 参考 文本框，在模型树中选取坐标系 ACS0 为参考，在 值 文本框中输入数值 10.0。

Step7. 单击"操作"操控板中的 ✔ 按钮，完成操作设置。

Task4．创建雕刻铣削

Step1. 单击 铣削 功能选项卡 铣削▼ 区域中的 雕刻 按钮，此时系统弹出"雕刻"操控板。

Step2. 在"雕刻"操控板的 下拉列表中选择 01：T0001 选项。

Step3. 在"雕刻"操控板中单击 文本框，然后在图形区选取图 3.7.7 所示的曲线。

Step4. 在"雕刻"操控板中单击 参数 按钮，在弹出的"参数"设置界面中设置切削参数，如图 3.7.8 所示。

图 3.7.7　选取曲线

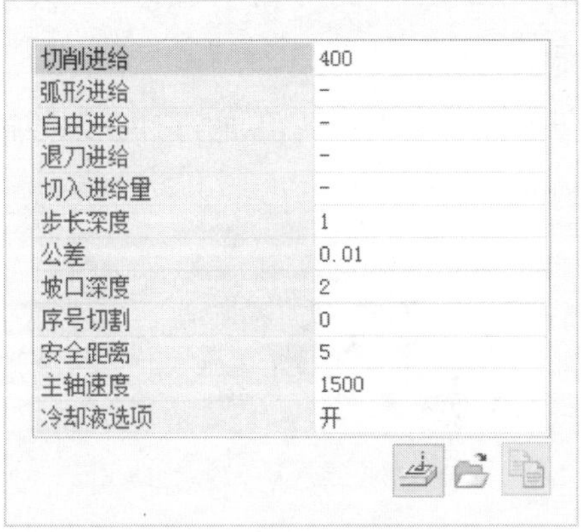

<table>
<tr><td>切削进给</td><td>400</td></tr>
<tr><td>弧形进给</td><td>-</td></tr>
<tr><td>自由进给</td><td>-</td></tr>
<tr><td>退刀进给</td><td>-</td></tr>
<tr><td>切入进给量</td><td>-</td></tr>
<tr><td>步长深度</td><td>1</td></tr>
<tr><td>公差</td><td>0.01</td></tr>
<tr><td>坡口深度</td><td>2</td></tr>
<tr><td>序号切割</td><td>0</td></tr>
<tr><td>安全距离</td><td>5</td></tr>
<tr><td>主轴速度</td><td>1500</td></tr>
<tr><td>冷却液选项</td><td>开</td></tr>
</table>

图 3.7.8　设置切削参数

Task5．演示刀具轨迹

Step1. 在"雕刻"操控板中单击 按钮，系统弹出"播放路径"对话框。

Step2. 单击"播放路径"对话框中的 ▶ 按钮，观察刀具的行走路线，结果如图 3.7.9 所示。演示完成后，单击 关闭 按钮。

Task6．加工仿真

Step1. 在"雕刻"操控板中单击 按钮，系统弹出"Material Removal"操控板，单击 按钮，系统弹出"Play Simulation"对话框，然后单击 ▶ 按钮，仿真结果如图 3.7.10 所示。

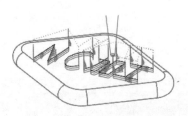

图 3.7.9　刀具行走路线

图 3.7.10　仿真结果

Step2. 演示完成后，单击"Play Simulation"对话框中的 Close 按钮，然后单击"Material Removal"操控板中的 X 按钮，退出仿真环境。

Step3. 在"雕刻"操控板中单击 ✅ 按钮完成操作。

Step4. 选择下拉菜单 文件▼ ➡ 💾 保存(S) 命令，保存文件。

3.8 腔槽加工

腔槽加工也叫做挖槽加工，主要用于各种不同形状的凹槽类特征的精加工，通常在粗加工后进行。加工时用平底立铣刀进行加工，也可以用于加工水平、竖直或倾斜的曲面。

下面通过图 3.8.1 所示的零件介绍腔槽加工的一般过程。

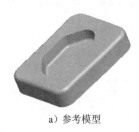
a) 参考模型

b) 工件

图 3.8.1　腔槽加工

Task1．新建一个数控制造模型文件

Step1. 设置工作目录。选择下拉菜单 文件▼ ➡ 管理会话(M) ▶ ➡ 选择工作目录(W) 更改工作目录. 命令，将工作目录设置至 D:\creo4.9\work\ch03.08。

Step2. 在快速访问工具栏中单击"新建"按钮 🗋，系统弹出"新建"对话框。

Step3. 在"新建"对话框的 类型 选项组中选中 ⚫ 📥 制造 单选项，在 子类型 选项组中选中 ⚫ NC装配 单选项，在 名称 文本框中输入文件名称 annular_groove_milling，取消选中 ☐ 使用默认模板 复选框，单击该对话框中的 确定 按钮。

Step4. 在系统弹出的"新文件选项"对话框的 模板 选项组中选取 mmns_mfg_nc 模板，然后在该对话框中单击 确定 按钮。

Task2．建立制造模型

Stage1．引入参考模型

Step1. 选取命令。单击 制造 功能选项卡 元件▼ 区域中的"组装参考模型"按钮 📥 （或单击 参考模型▼ 按钮，然后在弹出的菜单中选择 📥 组装参考模型 命令），系统弹出"打开"对话框。

Step2. 在"打开"对话框中选取三维零件模型 annular_groove_milling.prt 作为参考零件模型，并将其打开，系统弹出"元件放置"操控板。

Step3. 在"元件放置"操控板中选择 □ 默认 选项，然后单击 ✓ 按钮，完成参考模型的放置，放置后如图 3.8.2 所示。

Stage2. 引入工件模型

Step1. 单击 制造 功能选项卡 元件 ▾ 区域中的 工件 按钮，在弹出的菜单中选择 ⬚ 组装工件 命令，系统弹出"打开"对话框。

Step2. 在"打开"对话框中选取三维零件模型 annular_groove_workpiece.prt 作为工件模型，并将其打开。

Step3. 在"元件放置"操控板中选择 □ 默认 选项，然后单击 ✓ 按钮，完成工件毛坯的放置，放置后如图 3.8.3 所示。

图 3.8.2　放置后的参考模型

图 3.8.3　放置工件

Task3. 制造设置

Step1. 选取命令。单击 制造 功能选项卡 工艺 ▾ 区域中的"操作"按钮，此时系统弹出"操作"操控板。

Step2. 单击"操作"操控板中的"制造设置"按钮，在弹出的菜单中选择 铣削 命令，系统弹出"铣削工作中心"对话框，在 轴数 下拉列表中选择 3 轴 选项。

Step3. 刀具设置。在"铣削工作中心"对话框中单击 刀具 选项卡，然后单击 刀具... 按钮，系统弹出"刀具设定"对话框。 在"刀具设定"对话框中设置图 3.8.4 所示的刀具参数，设置完毕后依次单击 应用 和 确定 按钮，返回到"铣削工作中心"对话框。

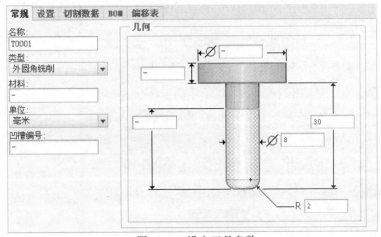

图 3.8.4　设定刀具参数

Step4. 在"铣削工作中心"对话框中单击 确定 按钮，返回到"操作"操控板。

Step5. 机床坐标系设置。在"操作"操控板中单击 基准 按钮，在弹出的菜单中选择 命令，系统弹出图 3.8.5 所示的"坐标系"对话框。然后依次选择 NC_ASM_RIGHT、NC_ASM_TOP 和图 3.8.6 所示的曲面 1 作为创建坐标系的三个参考平面，最后单击 确定 按钮完成坐标系的创建。

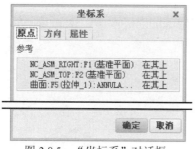

图 3.8.5　"坐标系"对话框

图 3.8.6　坐标系的参考平面

Step6. 退刀面的设置。在"操作"操控板中单击 ▶ 按钮，单击 间隙 按钮，在"间隙"设置界面的 类型 下拉列表中选择 平面 选项，单击 参考 文本框，在模型树中选取坐标系 ACS0 为参考，在 值 文本框中输入数值 5.0。

Step7. 单击"操作"操控板中的 ✔ 按钮，完成操作设置。

Task4．加工方法设置

Step1. 单击 铣削 功能选项卡中的 铣削▼ 区域，在弹出的菜单中选择 腔槽加工 命令，此时系统弹出"序列设置"菜单。

Step2. 在 Seq Setup (序列设置) 菜单中选中图 3.8.7 所示的三个复选框，然后选择 Done (完成) 命令，在弹出的"刀具设定"对话框中单击 确定 按钮。此时系统弹出"编辑序列参数'腔槽铣削'"对话框。

Step3. 在"编辑序列参数'腔槽铣削'"对话框中设置 基本 加工参数，完成设置后的结果如图 3.8.8 所示，选择下拉菜单 文件(F) 中的 另存为... 命令。接受系统默认的名称，单击"保存副本"对话框中的 确定 按钮，然后再次单击"编辑序列参数'腔槽铣削'"对话框中的 确定 按钮，完成参数的设置。

Step4. 在系统弹出的 ▼ SURF PICK (曲面拾取) 菜单中依次选择 Model (模型) ➡ Done (完成) 命令，在系统弹出的 ▼ SELECT SRFS (选择曲面) 菜单中选择 Add (添加) 命令，然后

图 3.8.7　"序列设置"菜单

选取图 3.8.9 所示的凹槽的四周平面以及底面，选取完成后，在"选择"对话框中单击 确定 按钮。最后选择 Done/Return（完成/返回）命令，完成 NC 序列的设置。

注意： 在选取凹槽的四周平面以及其底面时，需要按住 Ctrl 键来选取。

图 3.8.8 "编辑序列参数'腔槽铣削'"对话框

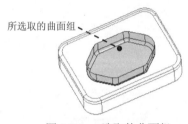

所选取的曲面组

图 3.8.9 选取的曲面组

Task5．演示刀具轨迹

Step1． 在 ▼ NC SEQUENCE（NC 序列）菜单中选择 Play Path（播放路径）命令，此时系统弹出 ▼ PLAY PATH（播放路径）菜单；在 ▼ PLAY PATH（播放路径）菜单中选择 Screen Play（屏幕播放）命令。单击"播放路径"对话框中的 ▶ 按钮，观察刀具的行走路线，如图 3.8.10 所示。

Step2． 演示完成后，单击"播放路径"对话框中的 关闭 按钮。

Task6．加工仿真

Step1． 在 ▼ PLAY PATH（播放路径）菜单中选择 NC Check（NC 检查）命令，系统弹出"Material Removal"操控板，单击 按钮，系统弹出"Play Simulation"对话框，然后单击 ▶ 按钮，观察刀具切割工件的运行情况，仿真结果如图 3.8.11 所示。

Step2． 演示完成后，单击"Play Simulation"对话框中的 Close 按钮，然后单击"Material Removal"操控板中的 ✕ 按钮，退出仿真环境。

Step3． 在 ▼ NC SEQUENCE（NC 序列）菜单中选择 Done Seq（完成序列）命令。

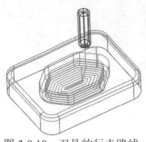

图 3.8.10　刀具的行走路线　　　　　　　图 3.8.11　加工仿真

Task7. 切减材料

Step1. 单击 铣削 功能选项卡中的 制造几何▼ 按钮，在弹出的菜单中选择 材料移除切削 命令，然后在弹出的 ▼ NC 序列列表 菜单中选择 1: 腔槽铣削, 操作: OP010 命令，然后依次选择 ▼ MAT REMOVAL (材料移除) ➡ Automatic (自动) ➡ Done (完成) 命令。

Step2. 在弹出的"相交元件"对话框中单击 自动添加 按钮和 ≣ 按钮，最后单击 确定 按钮，完成材料切减。

Step3. 选择下拉菜单 文件▼ ➡ 保存(S) 命令，保存文件。

3.9　钻削式粗加工

钻削式粗加工是沿 Z 轴重复地切入材料，通常用来加工较深的型腔，同时应在工件上预先钻孔，可用平头立铣刀、圆头铣刀或插刀进行加工。下面以图 3.9.1 所示的模型为例来说明钻削式粗加工的一般操作步骤。

　　a) 参考模型　　　　　　　　b) 工件　　　　　　　　　c) 加工结果

图 3.9.1　钻削式粗加工

Task1. 新建一个数控制造模型文件

Step1. 设置工作目录。选择下拉菜单 文件▼ ➡ 管理会话 (M) ▶ ➡ 选择工作目录 (W) 更改工作目录. 命令，将工作目录设置至 D:\creo4.9\work\ch03.09。

Step2. 在快速访问工具栏中单击"新建"按钮 □，系统弹出"新建"对话框。

Step3. 在"新建"对话框的 类型 选项组中选中 ◉ ⬆ 制造 单选项，在 子类型 选项组中选中 ◉ NC装配 单选项，在 名称 文本框中输入文件名称 rofiling_miling，取消选中

☐ 使用默认模板 复选框，单击该对话框中的 确定 按钮。

Step4. 在系统弹出的"新文件选项"对话框的 模板 选项组中选取 mmns_mfg_nc 模板，然后在该对话框中单击 确定 按钮。

Task2. 建立制造模型

Stage1. 引入参考模型

Step1. 单击 制造 功能选项卡 元件 ▼ 区域中的"组装参考模型"按钮 （或单击 参考模型 ▼ 按钮，然后在弹出的菜单中选择 组装参考模型 命令），系统弹出"打开"对话框。

Step2. 在"打开"对话框中选取三维零件模型——rofiling.prt 作为参考零件模型，并将其打开，系统弹出"元件放置"操控板。

Step3. 在"元件放置"操控板中选择 默认 选项，然后单击 ✓ 按钮，完成参考模型的放置，放置后如图 3.9.2 所示。

Stage2. 引入工件

Step1. 单击 制造 功能选项卡 元件 ▼ 区域中的 工件 ▼ 按钮，在弹出的菜单中选择 组装工件 命令，系统弹出"打开"对话框。

Step2. 在"打开"对话框中选取三维零件模型——rofiling_workpiece.prt，并将其打开。

Step3. 在"元件放置"操控板中选择 默认 选项，然后单击 ✓ 按钮，完成工件的放置，放置后如图 3.9.3 所示。

图 3.9.2 放置后的参考模型

图 3.9.3 放置工件

Task3. 制造设置

Step1. 选取命令。单击 制造 功能选项卡 工艺 ▼ 区域中的"操作"按钮 ，此时系统弹出"操作"操控板。

Step2. 机床设置。单击"操作"操控板中的"制造设置"按钮 ，在弹出的菜单中选择 铣削 命令，系统弹出"铣削工作中心"对话框，在 轴数 下拉列表中选择 3 轴 选项。

Step3. 刀具设置。在"铣削工作中心"对话框中单击 刀具 选项卡，然后单击 刀具... 按钮，系统弹出"刀具设定"对话框。

Step4. 在弹出的"刀具设定"对话框的 常规 选项卡中设置图 3.9.4 所示的刀具参数，

设置完毕后依次单击 应用 和 确定 按钮，在"铣削工作中心"对话框中单击 确定 按钮，返回到"操作"操控板。

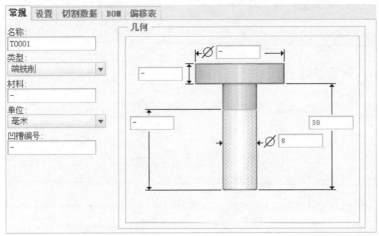

图 3.9.4　设定刀具参数

Step5. 机床坐标系设置。在"操作"操控板中单击 基准 按钮，在弹出的菜单中选择 ✕ 命令，系统弹出图 3.9.5 所示的"坐标系"对话框。然后按住 Ctrl 键，依次选择 NC_ASM_RIGHT、NC_ASM_FRONT 和图 3.9.6 所示的曲面 1 作为创建坐标系的三个参考平面，最后单击 确定 按钮完成坐标系的创建。在"操作"操控板中单击 ▶ 按钮，系统自动选取刚刚创建的坐标系作为加工坐标系。

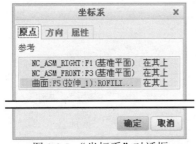

图 3.9.5　"坐标系"对话框

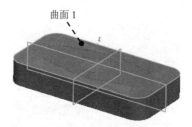

图 3.9.6　创建坐标系

Step6. 退刀面的设置。在"操作"操控板中单击 间隙 按钮，在"间隙"设置界面的 类型 下拉列表中选择 平面 选项，单击 参考 文本框，在模型树中选取坐标系 ACS0 为参考，在 值 文本框中输入数值 10.0。

Step7. 单击"操作"操控板中的 ✓ 按钮，完成操作设置。

Task4. 加工方法设置

Step1. 单击 铣削 功能选项卡中的 铣削 ▾ 区域，在弹出的菜单中选择 钻削式粗加工 命令，此时系统弹出"序列设置"菜单。

Step2. 在 Seq Setup (序列设置) 菜单中选中图 3.9.7 所示的复选框，然后选择 Done (完成) 命令，在弹出的"刀具设定"对话框中单击 确定 按钮。系统弹出"编辑序列参数'陷入铣削'"对话框。

Step3. 在"编辑序列参数'陷入铣削'"对话框中设置 基本 加工参数，结果如图 3.9.8 所示。完成设置后，选择下拉菜单 文件(F) 中的 另存为... 命令。接受系统默认的名称，单击"保存副本"对话框中的 确定 按钮，然后再次单击"编辑序列参数'陷入铣削'"对话框中的 确定 按钮，完成参数的设置。

图 3.9.7 "序列设置"菜单

图 3.9.8 "编辑序列参数'陷入铣削'"对话框

Step4. 在 ▼ SURF PICK (曲面拾取) 菜单中依次选择 Model (模型) ➡ Done (完成) 命令，系统弹出 ▼ SELECT SRFS (选择曲面) 菜单和"选择"菜单，在图形区中选取图 3.9.9 所示的曲面。选取完成后，在"选择"对话框中单击 确定 按钮。

Step5. 在 ▼ SELECT SRFS (选择曲面) 菜单中选择 Done/Return (完成/返回) 命令。

选取凹槽底面

图 3.9.9 选取的曲面

Task5. 演示刀具轨迹

Step1. 在弹出的 ▼ NC SEQUENCE (NC 序列) 菜单中选择 Play Path (播放路径) 命令，此时系统弹出 ▼ PLAY PATH (播放路径) 菜单。

Step2. 在 ▼ PLAY PATH (播放路径) 菜单中选择 Screen Play (屏幕播放) 命令，系统弹出"播放路径"对话框。

Step3. 单击对话框中的 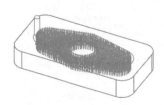 按钮，观测刀具的行走路线，如图 3.9.10 所示。

Step4. 演示完成后，单击"播放路径"对话框中的 `关闭` 按钮。

Task6. 加工仿真

Step1. 在 `▼ PLAY PATH (播放路径)` 菜单中选择 `NC Check (NC 检查)` 命令，系统弹出 "Material Removal"操控板，单击 按钮，系统弹出"Play Simulation"对话框，然后单击  按钮，观察刀具切割工件的运行情况，仿真结果如图 3.9.11 所示。

图 3.9.10　刀具行走路线　　　　　　　图 3.9.11　加工仿真

Step2. 演示完成后，单击"Play Simulation"对话框中的 `Close` 按钮，然后单击"Material Removal" 操控板中的 `✕` 按钮，退出仿真环境。

Step3. 在 `▼ NC SEQUENCE (NC 序列)` 菜单中选择 `Done Seq (完成序列)` 命令。

Step4. 选择下拉菜单 `文件▾` ➡ `保存(S)` 命令，保存文件。

3.10　切割线铣削

切割线铣削可用来铣削复杂形状的曲面，通过指定切割线使得生成的刀具路径与曲面拓扑相适应。下面以图 3.10.1 所示零件为例介绍切割线铣削的加工方法。

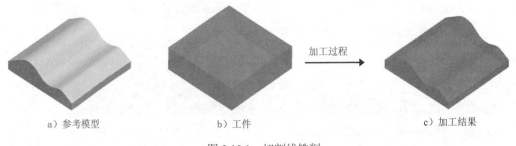

a) 参考模型　　　　　　　　　b) 工件　　　　　　　　　c) 加工结果

图 3.10.1　切割线铣削

Task1. 新建一个数控制造模型文件

Step1. 设置工作目录。选择下拉菜单 `文件▾` ➡ `管理会话(M) ▸` ➡ `选择工作目录(W) 重改工作目录。` 命令，将工作目录设置至 D:\creo4.9\work\ch03.10。

Step2. 在快速访问工具栏中单击"新建"按钮 `□`，系统弹出"新建"对话框。

Step3. 在"新建"对话框的 类型 选项组中选中 ⦿ 📒 制造 单选项，在 子类型 选项组中选中 ⦿ NC装配 单选项，在 名称 文本框中输入文件名称 SURFACE_MILLING，取消选中 ☐ 使用默认模板 复选框，单击该对话框中的 确定 按钮。

Step4. 在系统弹出的"新文件选项"对话框的 模板 选项组中选取 mmns_mfg_nc 模板，然后在该对话框中单击 确定 按钮。

Task2. 建立制造模型

Stage1. 引入参考模型

Step1. 选取命令。单击 制造 功能选项卡 元件 ▾ 区域中的"组装参考模型"按钮 📲 （或单击 参考模型 ▾ 按钮，然后在弹出的菜单中选择 📗 组装参考模型 命令），系统弹出"打开"对话框。

Step2. 在"打开"对话框中选取三维零件模型——surface_milling.prt 作为参考零件模型，并将其打开，系统弹出"元件放置"操控板。

Step3. 在"元件放置"操控板中选择 旦 默认 选项，然后单击 ✓ 按钮，完成参考模型的放置，放置后如图 3.10.2 所示。

Stage2. 创建图 3.10.3 所示的工件

Step1. 选取命令。单击 制造 功能选项卡 元件 ▾ 区域中的 工件 ▾ 按钮，然后在弹出的菜单中选择 🖋 自动工件 命令，系统弹出"创建自动工件"操控板。

图 3.10.2 放置后的参考模型

图 3.10.3 放置工件

Step2. 单击"创建自动工件"操控板中的 ▢ 按钮，在模型树中选取坐标系 ⁂ NC_ASM_DEF_CSYS 为放置毛坯工件的原点，然后单击 选项 按钮，在弹出的设置界面中单击 当前偏移 按钮，在 ⁺Z 文本框中输入数值 3.0 并按下 Enter 键，单击操控板中的 ✓ 按钮，完成工件的创建。

Task3. 制造设置

Step1. 单击 制造 功能选项卡 工艺 ▾ 区域中的"操作"按钮 ⚒，此时系统弹出"操作"操控板。单击"制造设置"按钮 🛠，在弹出的菜单中选择 🖷 铣削 命令，系统弹

出"铣削工作中心"对话框，在 轴数 下拉列表中选择 3 轴 选项，

Step2. 刀具设置。在"铣削工作中心"对话框中单击 刀具 选项卡，然后单击 刀具... 按钮，系统弹出"刀具设定"对话框。

Step3. 在弹出的"刀具设定"对话框的 常规 选项卡中设置图 3.10.4 所示的刀具参数，设置完毕后依次单击 应用 和 确定 按钮，返回到"铣削工作中心"对话框。

Step4. 在"铣削工作中心"对话框中单击 确定 按钮，返回到"操作"操控板。

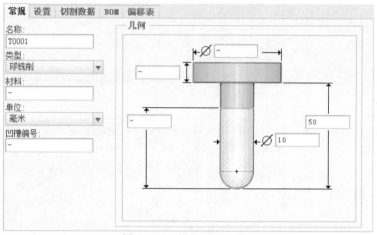

图 3.10.4　设定刀具参数

Step5. 机床坐标系的设置。在"操作"操控板中单击 基准 按钮，在弹出的菜单中选择 ✖ 命令，系统弹出图 3.10.5 所示的"坐标系"对话框。按住<Ctrl>键，依次选取图 3.10.6 所示的曲面 1、曲面 2 和曲面 3 作为创建坐标系的三个参考平面，单击 确定 按钮完成坐标系的创建，返回到"操作"操控板。单击 ▶ 按钮，系统自动选中刚刚创建的坐标系 ACS1 作为加工坐标系。

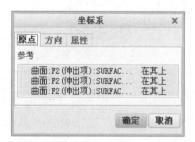

图 3.10.5　"坐标系"对话框

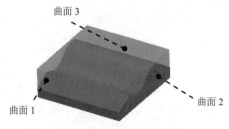

图 3.10.6　选取参考平面

Step6. 退刀面的设置。在"操作"操控板中单击 间隙 按钮，在"间隙"设置界面的 类型 下拉列表中选择 平面 选项，单击 参考 文本框，在模型树中选取坐标系 ACS1 为参考，在 值 文本框中输入数值 10.0。

Step7. 单击"操作"操控板中的 ✔ 按钮，完成操作设置。

Task4. 创建曲面铣削

Step1. 单击 铣削 功能选项卡中的 铣削 ▾ 按钮，在弹出的下拉菜单中选择 切割线铣削 命令，此时系统弹出"切割线铣削"操控板。

Step2. 在"切割线铣削"操控板的 下拉列表中选择 01：T0001 选项。

Step3. 在"切割线铣削"操控板中单击 参考 按钮，在弹出的"参考"设置界面的 类型 下拉列表中选择 曲面 选项，单击 加工参考：列表框，选取图 3.10.7 所示的曲面组（参考模型的顶部所有曲面）。

Step4. 在"切割线铣削"操控板中单击 参数 按钮，在弹出的"参数"设置界面中设置图 3.10.8 所示的切削参数。

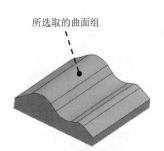

所选取的曲面组

图 3.10.7 选取曲面组

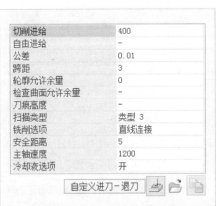

图 3.10.8 设置切削参数

Step5. 在"切割线铣削"操控板中单击 切割线 按钮，系统弹出图 3.10.9 所示的切割线设置界面。

图 3.10.9 切割线设置界面

Step6. 定义切割线 1。

（1）在切割线设置界面中单击列表框中的 切割线 1 选项，然后单击 参考：文本框下方的 细节... 按钮，系统弹出"链"对话框。

（2）在"链"对话框中选中 基于规则 单选项，此时"链"对话框显示如图 3.10.10 所

示，选择规则为 ⊙ 相切 单选项，然后在图形区选取图 3.10.11 所示的边线，结果如图 3.10.11 所示。单击 确定(O) 按钮返回到切割线设置界面。

图 3.10.10   "链"对话框

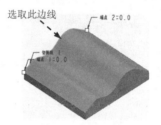

图 3.10.11   选取切割线 1

Step7. 定义切割线 2。

（1）在切割线设置界面中单击列表框中的 ○ 切割线 2 选项，然后单击 参考: 文本框下方的 细节··· 按钮，系统弹出"链"对话框。

（2）在"链"对话框中选中 ⊙ 基于规则 单选项，选择规则为 ⊙ 相切 单选项，然后在图形区选取图 3.10.12 所示的边线，结果如图 3.10.12 所示。单击 确定(O) 按钮返回到切割线设置界面。

Step8. 预览切割线。在切割线设置界面中单击 ∞ 按钮，查看切割线的分布状况，结果如图 3.10.13 所示。

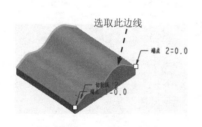

图 3.10.12   选取切割线 2

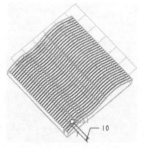

图 3.10.13   预览切割线

Task5. 演示刀具轨迹

Step1. 在"切割线铣削"操控板中单击 按钮，系统弹出"播放路径"对话框。

Step2. 单击"播放路径"对话框中的 ▶ 按钮，观测刀具的行走路线，结果如图 3.10.14 所示。

Step3. 演示完成后，单击"播放路径"对话框中的 [关闭] 按钮。

Task6. 加工仿真

Step1. 在"切割线铣削"操控板中单击 [图] 按钮，系统弹出"Material Removal"操控板，单击 [图] 按钮，系统弹出"Play Simulation"对话框，然后单击 [▶] 按钮，观察刀具切割工件的运行情况，仿真结果如图 3.10.15 所示。

Step2. 演示完成后，单击"Play Simulation"对话框中的 [Close] 按钮，然后单击"Material Removal"操控板中的 [✕] 按钮，退出仿真环境。

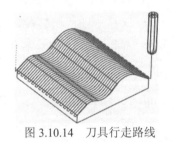

图 3.10.14　刀具行走路线

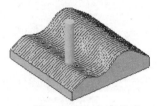

图 3.10.15　加工仿真

Step3. 在"切割线铣削"操控板中单击 [✔] 按钮完成操作。

Step4. 选择下拉菜单 [文件▾] ➡ [保存(S)] 命令，保存文件。

3.11　粗加工铣削

粗加工铣削采用等高分层的方法来切除工件的余料，主要用于去除大量的工件材料，与体积块粗加工相比，基本可以达到同样的加工效果，但在显示坯料移除切削时没有体积块粗加工方便。下面通过图 3.11.1 所示的零件介绍粗加工铣削的一般过程。

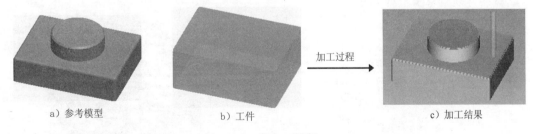

a）参考模型　　　　　　　b）工件　　　　　　　加工过程　　　　　　c）加工结果

图 3.11.1　粗加工铣削

Task1. 新建一个数控制造模型文件

Step1. 设置工作目录。选择下拉菜单 [文件▾] ➡ [管理会话(M) ▸] ➡ [选择工作目录(V) 更改工作目录。] 命令，将工作目录设置至 D:\creo4.9\work\ch03.11。

Step2. 在快速访问工具栏中单击"新建"按钮 [图]，系统弹出"新建"对话框。

Step3. 在"新建"对话框的 类型 选项组中选中 ⦿ 🔧 制造 单选项，在 子类型 选项组中选中 ⦿ NC装配 单选项，在 名称 文本框中输入文件名称 mill_rough，取消选中 ☐ 使用默认模板 复选框，单击该对话框中的 确定 按钮。

Step4. 在系统弹出的"新文件选项"对话框的 模板 选项组中选取 mmns_mfg_nc 模板，然后在该对话框中单击 确定 按钮。

Task2. 建立制造模型

Stage1. 引入参考模型

Step1. 选取命令。单击 制造 功能选项卡 元件 ▾ 区域中的"组装参考模型"按钮 🔧（或单击 参考模型 ▾ 按钮，然后在弹出的菜单中选择 🔧 组装参考模型 命令），系统弹出"打开"对话框。

Step2. 在"打开"对话框中选取三维零件模型——mill_rough.prt 作为参考零件模型，并将其打开，系统弹出"元件放置"操控板。

Step3. 在"元件放置"操控板中选择 🔲 默认 命令，然后单击 ✔ 按钮，完成参考模型的放置，放置后如图 3.11.2 所示。

Stage2. 引入工件模型

Step1. 单击 制造 功能选项卡 元件 ▾ 区域中的 工件 ▾ 按钮，在弹出的菜单中选择 🔧 组装工件 命令，系统弹出"打开"对话框。

Step2. 在"打开"对话框中选取三维零件模型 rough_workpiece.prt 作为制造模型，并将其打开。

Step3. 在"元件放置"操控板中选择 🔲 默认 选项，然后单击 ✔ 按钮，完成毛坯工件的放置，放置后如图 3.11.3 所示。

图 3.11.2　放置后的参考模型

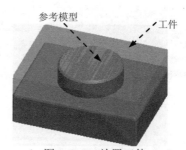

图 3.11.3　放置工件

Task3. 制造设置

Step1. 选取命令。单击 制造 功能选项卡 工艺 ▾ 区域中的"操作"按钮 🔟，此时系统弹出"操作"操控板。

Step2. 设置机床。单击"操作"操控板中的"制造设置"按钮 ，在弹出的菜单中选择 <kbd>铣削</kbd> 命令，系统弹出"铣削工作中心"对话框，在 <kbd>轴数</kbd> 下拉列表中选择 <kbd>3 轴</kbd> 选项，然后单击 <kbd>确定</kbd> 按钮，完成机床的设置，返回到"操作"操控板。

Step3. 设置机床坐标系。在"操作"操控板中单击 <kbd>基准</kbd> 按钮，在弹出的菜单中选择 <kbd>✖</kbd> 命令，系统弹出图 3.11.4 所示的"坐标系"对话框。然后按住<Ctrl>键，依次选择 NC_ASM_FRONT、NC_ASM_RIGHT 和图 3.11.5 所示的曲面 1 作为创建坐标系的三个参考平面，单击 <kbd>确定</kbd> 按钮完成坐标系的创建。单击 ▶ 按钮，系统自动选中刚刚创建的坐标系作为加工坐标系。

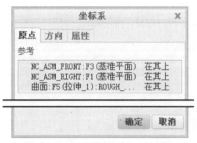

图 3.11.4 "坐标系"对话框

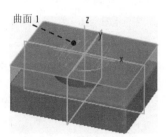

图 3.11.5 创建坐标系

Step4. 退刀面的设置。在"操作"操控板中单击 <kbd>间隙</kbd> 按钮，系统弹出"间隙"设置界面，然后在 <kbd>类型</kbd> 下拉列表中选取 <kbd>平面</kbd> 选项，单击 <kbd>参考</kbd> 文本框，在模型树中选取坐标系 ACS0 为参考，在 <kbd>值</kbd> 文本框中输入数值 30.0，此时在图形区预览退刀平面，如图 3.11.6 所示。

Step5. 在"操作"操控板中单击 ✓ 按钮，完成操作的设置。

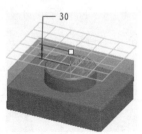

图 3.11.6 预览退刀平面

Task4. 加工方法设置

Step1. 单击 <kbd>铣削</kbd> 功能选项卡 <kbd>铣削 ▾</kbd> 区域中的"粗加工"按钮 ，然后在弹出的菜单中选择 <kbd>粗加工</kbd> 命令，此时系统弹出图 3.11.7 所示的"粗加工"操控板。

Step2. 在"粗加工"操控板的 <kbd>T</kbd> 下拉列表中选择 <kbd>编辑刀具…</kbd> 选项，系统弹出"刀具设定"对话框。

Step3. 在弹出的"刀具设定"对话框中设置图 3.11.8 所示的刀具参数，依次单击 <kbd>应用</kbd>

和 确定 按钮。

图 3.11.7　"粗加工" 操控板

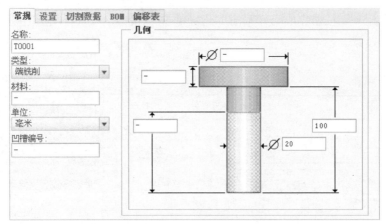

图 3.11.8　设定刀具参数

Step4. 设置加工参考。

（1）在"粗加工"操控板中单击 参考 按钮，在弹出的"参考"设置界面中单击 铣削窗口: 文本框。单击"粗加工"操控板中的"几何"按钮，在弹出的下拉菜单中选择"铣削窗口"命令，系统弹出"铣削窗口"操控板。

（2）系统提示 定义窗口平面，选取图 3.11.9 所示的模型表面为窗口平面。

（3）在"铣削窗口"操控板中单击"链窗口类型"按钮，然后单击 放置 按钮，在弹出的"放置"设置界面中激活 链 文本框，单击 细节... 按钮，系统弹出"链"对话框。

（4）在"链"对话框中选中 基于规则 单选项，其余采用默认参数，然后选取图 3.11.10 所示的边线，单击 确定 按钮，返回到"铣削窗口"操控板。

（5）在"铣削窗口"操控板中单击"确定"按钮，完成铣削窗口的创建。

图 3.11.9　选取窗口平面

图 3.11.10　选取边线

Step5. 在"粗加工"操控板中单击 按钮，完成加工参考的设置。

Step6. 在"粗加工"操控板中单击 参数 按钮，在弹出的"参数"设置界面中设置图
3.11.11 所示的切削参数。

图 3.11.11 设置切削参数

Task5. 演示刀具轨迹

Step1. 在"粗加工"操控板中单击 按钮，系统弹出"播放路径"对话框。

Step2. 单击"播放路径"对话框中的 ▶ 按钮，观测刀具的行走路线，结果如
图 3.11.12 所示。单击 ▶ CL 数据 查看生成的 CL 数据，如图 3.11.13 所示。

Step3. 演示完成后，单击 关闭 按钮。

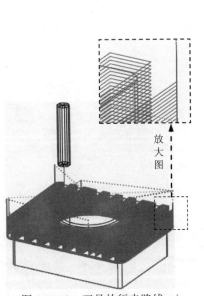

图 3.11.12 刀具的行走路线

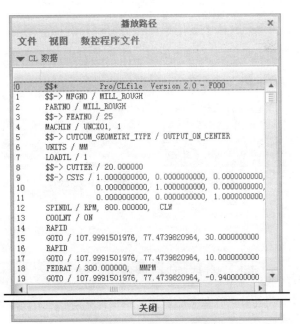

图 3.11.13 查看 CL 数据

Task6. 加工仿真

Step1. 在"粗加工"操控板中单击 按钮，系统弹出"Material Removal"操控板，单击 按钮，系统弹出"Play Simulation"对话框，然后单击 ▶ 按钮，仿真结果如图 3.11.14 所示。

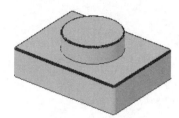

图 3.11.14 仿真结果

Step2. 演示完成后，单击"Play Simulation"对话框中的 Close 按钮，然后单击"Material Removal"操控板中的 ✖ 按钮，退出仿真环境。

Step3. 在"粗加工"操控板中单击 ✔ 按钮完成操作。

Task7. 保存文件

选择下拉菜单 文件▼ ➡ 🖫 保存(S) 命令，保存文件。

3.12 倒 角 铣 削

倒角铣削主要用于加工类似倒角的曲面对象，这些曲面具有相对于 Z 轴的倾角的平面。在加工时可以采用倒角刀、钻孔等刀具，需要注意的是刀具角度与曲面角度必须匹配。下面通过图 3.12.1 所示的零件介绍倒角铣削的一般过程。

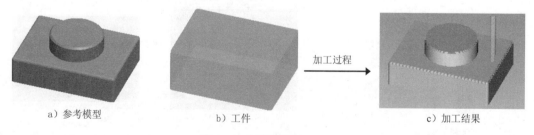

a）参考模型   b）工件   加工过程   c）加工结果

图 3.12.1 倒角铣削

Task1. 打开制造模型文件

Step1. 设置工作目录。选择下拉菜单 文件▼ ➡ 管理会话(M) ▶ ➡ 选择工作目录(W) 更改工作目录。命令，将工作目录设置至 D:\creo4.9\work\ch03.12。

Step2. 在快速访问工具栏中单击"打开"按钮 🗁 ，从弹出的"文件打开"对话框中选取三维零件模型——mill_chamfer.asm 作为制造零件模型，并将其打开。此时图形区中显示图 3.12.2 所示的制造模型。

图 3.12.2 制造模型

Task2. 加工方法设置

Step1. 单击 铣削 功能选项卡 铣削▼ 区域中的 倒角 按钮，此时系统弹出图 3.12.3 所示的"倒角铣削"操控板。

图 3.12.3 "倒角铣削"操控板

Step2. 在"倒角铣削"操控板的 下拉列表中选择 编辑刀具 选项，系统弹出"刀具设定"对话框。

Step3. 在弹出的"刀具设定"对话框中单击"新建"按钮 ，然后设置图 3.12.4 所示的刀具参数，依次单击 应用 和 确定 按钮。

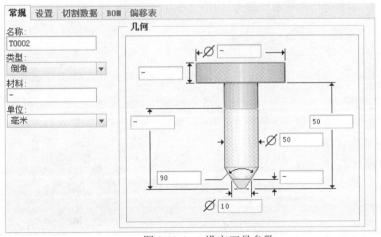

图 3.12.4 设定刀具参数

Step4. 设置加工参考。在"倒角铣削"操控板中单击 参考 按钮，在弹出的"参考"设置界面中单击 加工参考 文本框。然后在系统提示 选择将要加工的几何 下，选取图 3.12.5 所示的模型表面。

Step5. 在"倒角铣削"操控板中单击 参数 按钮，在弹出的"参数"设置界面中设置图 3.12.6 所示的切削参数。

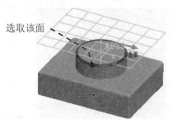

选取该面

图 3.12.5 选取加工曲面

切削进给	150
自由进给	-
公差	0.01
安全距离	10
主轴速度	600
冷却液选项	开

图 3.12.6 设置切削参数

Step6. 在弹出的"参数"设置界面中单击 按钮，系统弹出"编辑序列参数'倒角铣削 1'"对话框。在此对话框中单击 全部 按钮，在 类别 下拉列表中选择 进刀/退刀运动 选项，设置图 3.12.7 所示的切削参数，然后单击 确定 按钮，返回到"倒角铣削"操控板。

Task3. 演示刀具轨迹

Step1. 在"倒角铣削"操控板中单击 按钮，系统弹出"播放路径"对话框。

Step2. 单击"播放路径"对话框中的 ▶ 按钮，观测刀具的行走路线，结果如图 3.12.8 所示。演示完成后，单击 关闭 按钮。

Step3. 在"倒角铣削"操控板中单击 ✔ 按钮完成操作。

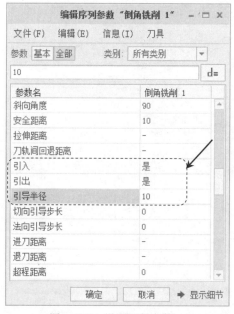

图 3.12.7 设置切削参数

图 3.12.8 刀具的行走路线

Task4. 加工仿真

Step1. 在设计树中选中 ⬚OP010 [MILL01] 选项，右击，在弹出的快捷菜单中选择⬚命令，系统弹出"Material Removal"操控板，单击⬚按钮，系统弹出"Play Simulation"对话框，然后单击 ▶ 按钮，仿真结果如图 3.12.9 所示。

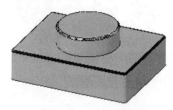

图 3.12.9　加工仿真

Step2. 演示完成后，单击"Play Simulation"对话框中的 Close 按钮，然后单击"Material Removal"操控板中的 ✕ 按钮，退出仿真环境。

Task5. 保存文件

选择下拉菜单 文件▾ ➡ 💾 保存(S) 命令，保存文件。

3.13　倒圆角铣削

倒圆角铣削主要用于加工类似倒圆角的曲面对象，如圆柱曲面、环形曲面和圆角曲面。在加工时应该采用与曲面半径相同的拐角倒圆角刀具。下面通过图 3.13.1 所示的零件介绍倒圆角铣削的一般过程。

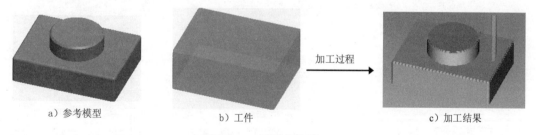

a）参考模型　　　　　　　　b）工件　　　　　　　　　加工过程　　→　　c）加工结果

图 3.13.1　倒圆角铣削

Task1. 打开制造模型文件

Step1. 设置工作目录。选择下拉菜单 文件▾ ➡ 管理会话(M) ▶ ➡ 🗁 选择工作目录(W) 更改工作目录... 命令，将工作目录设置至 D:\creo4.9\work\ch03.13。

Step2. 在快速访问工具栏中单击"打开"按钮🗁，从弹出的"文件打开"对话框中选取三维零件模型——mill_blend.asm 作为制造零件模型，并将其打开。此时图形区中显示图

3.13.2 所示的制造模型。

图 3.13.2 制造模型

Task2. 加工方法设置

Step1. 单击 铣削 功能选项卡 铣削 ▼ 区域中的 倒圆角 按钮，此时系统弹出图 3.13.3 所示的"倒圆角铣削"操控板。

图 3.13.3 "倒圆角铣削"操控板

Step2. 在"倒圆角铣削"操控板的 下拉列表中选择 编辑刀具... 选项，系统弹出"刀具设定"对话框。

Step3. 在弹出的"刀具设定"对话框中单击"新建"按钮 ，然后设置图 3.13.4 所示的刀具参数，依次单击 应用 和 确定 按钮。

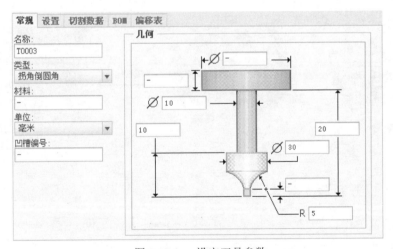

图 3.13.4 设定刀具参数

Step4. 设置加工参考。在"倒圆角铣削"操控板中单击 参考 按钮，在弹出的"参考"设置界面中单击 加工参考 文本框。然后在系统提示 选择将要加工的几何 下，选取图 3.13.5 所示的模型表面。

Step5. 在"倒圆角铣削"操控板中单击 参数 按钮，在弹出的"参数"设置界面中设置图 3.13.6 所示的切削参数。

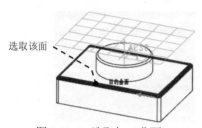

选取该面

图 3.13.5 选取加工曲面

切削进给	150
自由进给	-
公差	0.01
安全距离	10
主轴速度	800
冷却液选项	开

图 3.13.6 设置切削参数

Step6. 在系统弹出的"参数"设置界面中单击 按钮，系统弹出"编辑序列参数'倒圆角铣削 1'"对话框。在此对话框中单击 全部 按钮，在 类别: 下拉列表中选择 进刀/退刀运动 选项，设置图 3.13.7 所示的切削参数，然后单击 确定 按钮，返回到"倒圆角铣削"操控板。

Task3. 演示刀具轨迹

Step1. 在"倒圆角铣削"操控板中单击 按钮，系统弹出"播放路径"对话框。

Step2. 单击"播放路径"对话框中的 ▶ 按钮，观测刀具的行走路线，结果如图 3.13.8 所示。演示完成后，单击 关闭 按钮。

Step3. 在"倒圆角铣削"操控板中单击 ✓ 按钮完成操作。

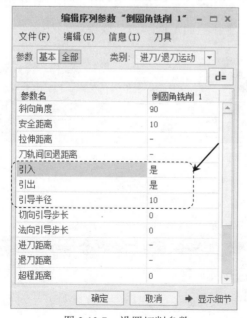

图 3.13.7 设置切削参数

图 3.13.8 刀具的行走路线

Task4. 加工仿真

Step1. 在设计树中选中 ⬚DP010 [MILL01]选项，右击，在弹出的快捷菜单中选择🔧命令，系统弹出"Material Removal"操控板，单击🔧按钮，系统弹出"Play Simulation"对话框，然后单击 ▶ 按钮，仿真结果如图 3.13.9 所示。

Step2. 演示完成后，单击"Play Simulation"对话框中的 Close 按钮，然后单击"Material Removal"操控板中的 ✕ 按钮，退出仿真环境。

图 3.13.9　加工仿真

Task5. 保存文件

选择下拉菜单 文件 ▾ ➡ 💾 保存(S) 命令，保存文件。

3.14　重新粗加工铣削

重新粗加工铣削用于粗加工铣削之后，使用直径较小的刀具加工前一加工工序中留下的多余材料，如小的拐角部位、凹坑曲面等。需要注意的是，该加工必须建立在粗加工操作之后。下面通过图 3.14.1 所示的零件介绍重新粗加工铣削的一般过程。

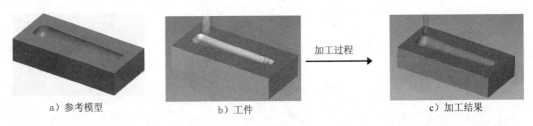

a) 参考模型　　　　　　b) 工件　　　　　　加工过程　　　　　　c) 加工结果

图 3.14.1　重新粗加工铣削

Task1. 打开制造模型文件

Step1. 设置工作目录。选择下拉菜单 文件 ▾ ➡ 管理会话(M) ▶ ➡ 📁 选择工作目录(W) 更改工作目录. 命令，将工作目录设置至 D:\creo4.9\work\ch03.14。

Step2. 在快速访问工具栏中单击"打开"按钮🗁，从弹出的"文件打开"对话框中选取三维零件模型——re_rough_mill.asm 作为制造零件模型，并将其打开。此时图形区中显

示图 3.14.2 所示的制造模型。

说明：此制造模型已经包含了一个粗加工铣削加工步骤。

图 3.14.2　制造模型

Task2. 加工方法设置

Step1. 单击 铣削 功能选项卡 铣削▼ 区域中的 重新粗加工 按钮，此时系统弹出图 3.14.3 所示的"重新粗加工"操控板。

图 3.14.3　"重新粗加工"操控板

Step2. 在"重新粗加工"操控板的 下拉列表中选择 编辑刀具… 选项，系统弹出"刀具设定"对话框。

Step3. 在弹出的"刀具设定"对话框中单击"新建"按钮，然后设置图 3.14.4 所示的刀具参数，依次单击 应用 和 确定 按钮。

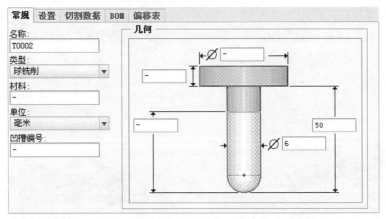

图 3.14.4　设定刀具参数

Step4. 设置步骤参考。在"重新粗加工"操控板的 下拉列表中选择 1. 粗加工 1 选项。在"重新粗加工"操控板中单击 参考 按钮，在弹出的"参考"设置界面中查看 铣削窗口：，文本框显示为 F10(铣削窗口_1)。

Step5. 在"重新粗加工"操控板中单击 参数 按钮，在弹出的"参数"设置界面中设置图 3.14.5 所示的切削参数。

图 3.14.5　设置切削参数

Task3．演示刀具轨迹

Step1. 在"重新粗加工"操控板中单击 按钮，系统弹出"播放路径"对话框。

Step2. 单击"播放路径"对话框中的 ▶ 按钮，观测刀具的行走路线，结果如图 3.14.6 所示。演示完成后，单击 关闭 按钮。

Step3. 在"重新粗加工"操控板中单击 ✓ 按钮完成操作。

Task4．加工仿真

Step1. 在设计树中选中 DP010 [MILL01] 选项，右击，在弹出的快捷菜单中选择 命令，系统弹出"Material Removal"操控板，单击 按钮，系统弹出"Play Simulation"对话框，然后单击 ▶ 按钮，仿真结果如图 3.14.7 所示。

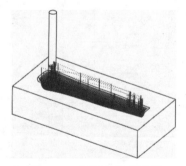

图 3.14.6　刀具的行走路线

图 3.14.7　加工仿真

Step2. 演示完成后，单击"Play Simulation"对话框中的 Close 按钮，然后单击"Material Removal"操控板中的 X 按钮，退出仿真环境。

Task5. 保存文件

选择下拉菜单 文件▾ ➡️ 🖫 保存(S) 命令，保存文件。

3.15 精加工铣削

精加工铣削用于粗加工铣削之后，使用直径较小的刀具加工参照模型中的细节部分，通过设定 SLOPE_ANGLE 参数，从而将所有被加工曲面分成两个区域，即陡峭区域和平坦区域，然后对其分别采用相关的制造参数进行加工。下面通过图 3.15.1 所示的零件介绍精加工铣削的一般过程。

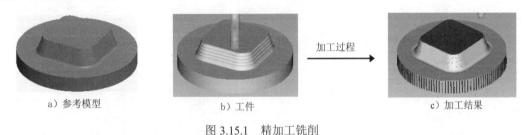

a）参考模型   b）工件   c）加工结果

加工过程

图 3.15.1　精加工铣削

Task1. 打开制造模型文件

Step1. 设置工作目录。选择下拉菜单 文件▾ ➡️ 管理合话(M) ▶ ➡️ 选择工作目录(W) 更改工作目录。 命令，将工作目录设置至 D:\creo4.9\work\ch03.15。

Step2. 在快速访问工具栏中单击"打开"按钮 🗁，从弹出的"文件打开"对话框中选取三维零件模型——finish_mill.asm 作为制造零件模型，并将其打开。此时图形区中显示图 3.15.2 所示的制造模型。

说明：此制造模型已经包含了一个体积块铣削加工步骤。

图 3.15.2　制造模型

Task2. 加工方法设置

Step1. 单击 铣削 功能选项卡 铣削▾ 区域中的 📐 精加工 按钮，此时系统弹出图 3.15.3 所示的"精加工"操控板。

Step2. 在"精加工"操控板的 🗂 下拉列表中选择 🗂 编辑刀具... 选项，系统弹出"刀具设定"对话框。

Creo4.0
数控加工教程

图 3.15.3　"精加工"操控板

Step3. 在弹出的"刀具设定"对话框中单击"新建"按钮，然后设置图 3.15.4 所示的刀具参数，依次单击 应用 和 确定 按钮。

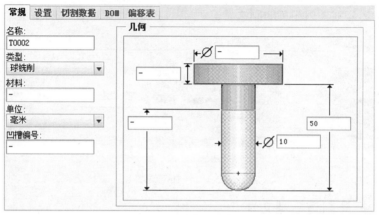

图 3.15.4　设定刀具参数

Step4. 设置加工参考。在"精加工"操控板中单击 参考 按钮，在弹出的"参考"设置界面中单击 铣削窗口: 文本框，然后在模型树中选择 铣削窗口 1 [窗口] 选项。

Step5. 在"精加工"操控板中单击 参数 按钮，在弹出的"参数"设置界面中设置图 3.15.5 所示的切削参数。

切削进给	500
弧形进给	-
自由进给	-
退刀进给	-
切入进给量	-
倾斜角度	45
跨距	0.25
精加工允许余量	0
刀痕高度	-
切割角	0
内公差	0.025
外公差	0.025
铣削选项	直线连接
加工选项	轮廓切削
安全距离	10
主轴速度	1800
冷却液选项	开

图 3.15.5　"参数"设置界面

图 3.15.5 所示的"参数"设置界面的部分选项说明如下。

- 加工选项 下拉列表：用于选择加工区域的切削类型组合，其余各项的加工效果分别如图 3.15.6、图 3.15.7 和图 3.15.8 所示。

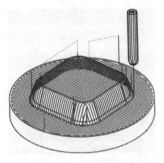
图 3.15.6 带有横切的直切

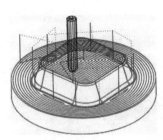
图 3.15.7 浅切口

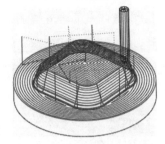
图 3.15.8 组合切口

Task3. 演示刀具轨迹

Step1. 在"精加工"操控板中单击 按钮，系统弹出"播放路径"对话框。

Step2. 单击"播放路径"对话框中的 ▶ 按钮，观测刀具的行走路线，结果如图 3.15.9 所示。演示完成后，单击 关闭 按钮。

Step3. 在"精加工"操控板中，单击 ✓ 按钮完成操作。

Task4. 加工仿真

Step1. 在设计树中选中 OP010 [MILL01] 选项，右击，在弹出的快捷菜单中选择 命令，系统弹出"Material Removal"操控板，单击 按钮，系统弹出"Play Simulation"对话框，然后单击 ▶ 按钮，仿真结果如图 3.15.10 所示。

Step2. 演示完成后，单击"Play Simulation"对话框中的 Close 按钮，然后单击"Material Removal"操控板中的 X 按钮，退出仿真环境。

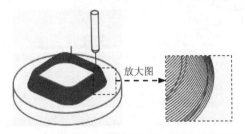
图 3.15.9 刀具的行走路线
放大图

图 3.15.10 加工仿真

Task5. 保存文件

选择下拉菜单 文件 ➡ 保存(S) 命令，保存文件。

3.16　拐角精加工铣削

拐角精加工铣削用于使用直径较小的刀具加工参照模型中的细节部分，通过设定参考刀具参数，从而区分被加工的曲面范围，并通过设置陡峭角度参数以便区分陡峭区域和平坦区域，然后对其分别采用相关的制造参数进行加工。下面通过图 3.16.1 所示的零件介绍拐角精加工铣削的一般过程。

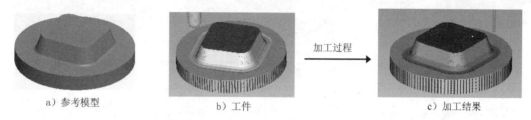

　a）参考模型　　　　　　　　b）工件　　　　　　　　　c）加工结果

图 3.16.1　拐角精加工铣削

Task1.　打开制造模型文件

Step1. 设置工作目录。选择下拉菜单 **文件▾** ➡ **管理会话(M)▸** ➡ **选择工作目录(W)　更改工作目录.** 命令，将工作目录设置至 D:\creo4.9\work\ch03.16。

Step2. 在快速访问工具栏中单击"打开"按钮📂，从弹出的"文件打开"对话框中选取三维零件模型——corner_finish.asm 作为制造零件模型，并将其打开。此时图形区中显示图 3.16.2 所示的制造模型。

说明： 此制造模型已经包含了一个体积块铣削和一个精加工铣削加工步骤。

图 3.16.2　制造模型

Task2.　加工方法设置

Step1. 单击 **铣削** 功能选项卡 **铣削▾** 区域中的 **⊥拐角精加工** 按钮，此时系统弹出图 3.16.3 所示的"拐角精加工"操控板。

图 3.16.3　"拐角精加工"操控板

Step2. 在"拐角精加工"操控板的 下拉列表中选择 编辑刀具... 选项，系统弹出"刀具设定"对话框。

Step3. 在弹出的"刀具设定"对话框中单击"新建"按钮 ，然后设置图 3.16.4 所示的刀具参数，依次单击 应用 和 确定 按钮。

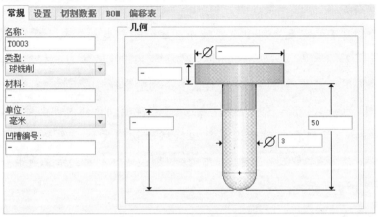

图 3.16.4　设定刀具参数

Step4. 设置加工参考。在"拐角精加工"操控板中单击 参考 按钮，在"参考"设置界面的 参考切削刀具 下拉列表中选择 T0002 选项，单击 铣削窗口: 文本框，然后在设计树中选择 铣削窗口 1 [窗口]选项。

Step5. 在"拐角精加工"操控板中单击 参数 按钮，在弹出的"参数"设置界面中设置图 3.16.5 所示的切削参数。

图 3.16.5　"参数"设置界面

图 3.16.5 所示的"参数"设置界面的部分选项说明如下。

- 倾斜_角度 文本框：用于设置陡峭区域的起始角度，大于该角度的加工区域为陡切口，否则为浅切口。

- 加工选项 下拉列表：用于选择加工区域的切削类型组合，包括 浅切口 、 组合切口 和 陡切口 等选项。

- 陡区域扫描 下拉列表：用于设置陡峭区域的切削类型，包括 笔式切削 、 多个切削 、 螺旋切削 和 Z 级切削 等选项。其中，笔式切削 用于生成单刀的铅笔式切削刀具路径；多个切削 用于在陡峭区域生成平行的多条切削路径；螺旋切削 用于生成螺旋线式的逐渐下降的切削刀具路径；Z 级切削 用于在陡峭拐角的内部生成 Z 级的切口。

- 浅区域扫描 下拉列表：用于设置平坦区域的切削类型，包括 笔式切削 、 多个切削 、 螺旋切削 和 STITCH_CUTS 等选项。其中 螺旋切削 、 STITCH_CUTS 的加工效果分别如图 3.16.6 和图 3.16.7 所示。

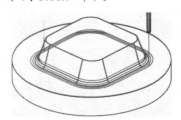

图 3.16.6　浅区域的螺旋切削

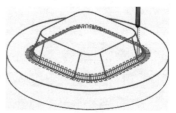

图 3.16.7　浅区域的 STITCH_CUTS

Task3．演示刀具轨迹

Step1. 在"拐角精加工"操控板中单击 按钮，系统弹出"播放路径"对话框。

Step2. 单击"播放路径"对话框中的 按钮，观测刀具的行走路线，结果如图 3.16.8 所示。演示完成后，单击 关闭 按钮。

Step3. 在"拐角精加工"操控板中单击 按钮完成操作。

Task4．加工仿真

Step1. 在设计树中选中 OP010 [MILL01] 选项，右击，在弹出的快捷菜单中选择 命令，系统弹出"Material Removal"操控板，单击 按钮，系统弹出"Play Simulation"对话框，然后单击 按钮，仿真结果如图 3.16.9 所示。

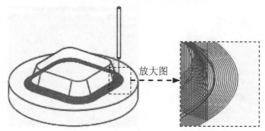

图 3.16.8　刀具的行走路线

图 3.16.9　加工仿真

Step2. 演示完成后，单击"Play Simulation"对话框中的 Close 按钮，然后单击"Material Removal"操控板中的 X 按钮，退出仿真环境。

Task5. 保存文件

选择下拉菜单 文件 ➡ 保存(S) 命令，保存文件。

3.17 铅笔追踪铣削

铅笔追踪铣削是用来清除曲面拐角边的余料，沿拐角创建的单一走刀的刀具路径，系统只允许使用球头铣刀，并通过设置陡峭角度参数以便区分垂直区域和水平区域，然后对其分别采用相关的加工参数进行加工。下面通过图 3.17.1 所示的零件介绍铅笔追踪铣削的一般过程。

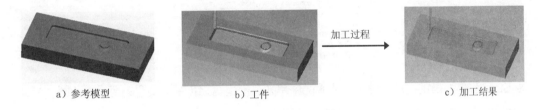

a）参考模型　　　　　　　　b）工件　　　　　　加工过程　　　　c）加工结果

图 3.17.1 铅笔追踪铣削

Task1. 打开制造模型文件

Step1. 设置工作目录。选择下拉菜单 文件 ➡ 管理会话(M) ▶ ➡ 选择工作目录(D) 更改工作目录。 命令，将工作目录设置至 D:\creo4.9\work\ch03.17。

Step2. 在快速访问工具栏中单击"打开"按钮 🗁，从弹出的"文件打开"对话框中选取三维零件模型——pencil_milling.asm 作为制造零件模型，并将其打开。此时图形区中显示图 3.17.2 所示的制造模型。

说明：此制造模型已经包含了一个体积块铣削和一个精加工铣削加工步骤。

图 3.17.2 制造模型

Task2. 加工方法设置

Step1. 单击 铣削 功能选项卡的 铣削 ▼ 区域，在弹出的菜单中选择 ⭡ 铅笔追踪 命令，此时系统弹出 ▼ SEQ SETUP （序列设置）菜单。

Step2. 在 ▼ SEQ SETUP （序列设置）菜单中选中图 3.17.3 所示的 3 个复选框，然后选择 Done （完成）命令。

图 3.17.3　"序列设置"菜单

Step3. 在弹出的"刀具设定"对话框中单击"新建"按钮 □，设置刀具参数（图 3.17.4），然后单击 应用 和 确定 按钮，完成刀具的设定。

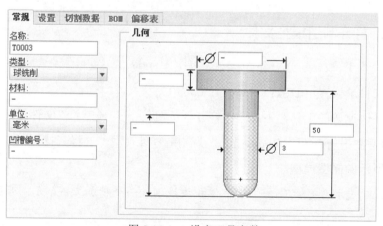

图 3.17.4　设定刀具参数

Step4. 在系统弹出的"编辑序列参数'铅笔追踪'"对话框中设置 基本 加工参数，如图 3.17.5 所示。单击 全部 按钮，在 类别: 下拉列表中选择 切削运动 选项，此时该对话框显示如图 3.17.6 所示。在 加工_次序 列表框中选择 浅区域居先 选项，单击 确定 按钮，完成参数的设置。

Step5. 在系统弹出的 ▼ DEFINE WIND （定义窗口）菜单中选择 Select Wind （选择窗口）命令，然后

在模型树中选取 铣削窗口 1 [窗口] 选项。

Task3. 演示刀具轨迹

Step1. 在 ▼ NC SEQUENCE (NC 序列) 菜单中选择 Play Path (播放路径) 命令，此时系统弹出 ▼ PLAY PATH (播放路径) 菜单。

图 3.17.5 "编辑序列参数'铅笔追踪'" 对话框（一）

图 3.17.6 "编辑序列参数'铅笔追踪'" 对话框（二）

Step2. 在 ▼ PLAY PATH (播放路径) 菜单中选择 Screen Play (屏幕播放) 命令，系统弹出"播放路径"对话框。

Step3. 单击"播放路径"对话框中的 ▶ 按钮，观察刀具的行走路线，如图 3.17.7 所示。

Step4. 演示完成后，单击"播放路径"对话框中的 关闭 按钮。

Step5. 在 ▼ NC SEQUENCE (NC 序列) 菜单中选择 Done Seq (完成序列) 命令。

Task4. 加工仿真

Step1. 在设计树中选中 OP010 [MILL01] 选项，右击，在弹出的快捷菜单中选择 命令，系统弹出"Material Removal"操控板，单击 按钮，系统弹出"Play Simulation"对话框，然后单击 ▶ 按钮，仿真结果如图 3.17.8 所示。

Step2. 演示完成后，单击"Play Simulation"对话框中的 Close 按钮，然后单击"Material Removal"操控板中的 X 按钮，退出仿真环境。

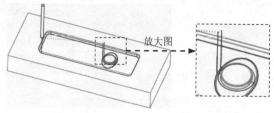

图 3.17.7　刀具的行走路线

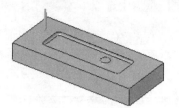

图 3.17.8　加工仿真

Task5. 保存文件

选择下拉菜单 文件 ➡ 保存(S) 命令，保存文件。

学习拓展：扫一扫右侧二维码，可以免费学习更多视频讲解。

讲解内容：产品设计的背景知识，曲面的基本概念，常用的曲面设的方法及流程等。

第**4**章 孔 加 工

本章提要 本章将通过范例来介绍一些孔加工方法，其中包括钻孔、镗孔和铰孔等。在学过本章之后，希望读者能够熟练掌握一些孔类加工方法。

4.1 孔 系 加 工

孔加工用于各类零件的孔系特征加工，主要包括钻孔、镗孔、铰孔和攻螺纹等加工方法。在进行加工时，对不同的孔所制定的加工工艺不同，所用的刀具也将有所不同，故在加工时一定要选用合适的刀具。

4.1.1 单一孔系加工

下面通过图 4.1.1 所示的零件介绍单一孔系加工的一般过程。

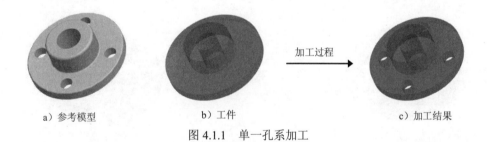

a）参考模型　　　　　　b）工件　　　　　　　　c）加工结果

图 4.1.1　单一孔系加工

Task1. 新建一个数控制造模型文件

Step1. 设置工作目录。选择下拉菜单 文件 ▾ ➡ 管理会话(M) ▸ ➡ 选择工作目录(W) 更改工作目录。命令，将工作目录设置至 D:\creo4.9\work\ch04.01\ex01。

Step2. 在快速访问工具栏中单击"新建"按钮 □，系统弹出"新建"对话框。

Step3. 在"新建"对话框的 类型 选项组中选中 ◉ 凹 制造 单选项，在 子类型 选项组中选中 ◉ NC装配 单选项，在 名称 文本框中输入文件名称 HOLE_MILLING，取消选中 □ 使用默认模板 复选框，单击该对话框中的 确定 按钮。

Step4. 在系统弹出的"新文件选项"对话框的 模板 选项组中选取 mmns_mfg_nc 模板，然后在该对话框中单击 确定 按钮。

Task2. 建立制造模型

Stage1. 引入参考模型

Step1. 选取命令。单击 **制造** 功能选项卡 元件 ▼ 区域中的 "组装参考模型" 按钮 （或单击 参考模型 ▼ 按钮，然后在弹出的菜单中选择 组装参考模型 命令），系统弹出 "打开" 对话框。

Step2. 在 "打开" 对话框中选取三维零件模型——HOLE_MILLING.PRT 作为参考模型，并将其打开，系统弹出 "元件放置" 操控板。

Step3. 在 "元件放置" 操控板中选择 默认 选项，然后单击 ✓ 按钮，完成参考模型的放置，放置后如图 4.1.2 所示。

Stage2. 引入工件模型

Step1. 单击 **制造** 功能选项卡 元件 ▼ 区域中的 工件 ▼ 按钮，在弹出的菜单中选择 组装工件 命令，系统弹出 "打开" 对话框。

Step2. 在 "打开" 对话框中选取三维零件模型——HOLE_MILLING_WORKPIECE.PRT 作为参考工件模型，并将其打开。

Step3. 在 "元件放置" 操控板中选择 默认 选项，然后单击 ✓ 按钮，完成毛坯工件的放置，放置后如图 4.1.3 所示。

图 4.1.2　放置后的参考模型

图 4.1.3　放置工件

Task3. 制造设置

Step1. 选取命令。单击 **制造** 功能选项卡 工艺 ▼ 区域中的 "操作" 按钮，此时系统弹出 "操作" 操控板。

Step2. 机床设置。单击 "操作" 操控板中的 "制造设置" 按钮，在弹出的菜单中选择 铣削 命令，系统弹出 "铣削工作中心" 对话框，在 轴数 下拉列表中选择 3 轴 选项。

Step3. 刀具设置。在 "铣削工作中心" 对话框中单击 刀具 选项卡，然后单击 刀具... 按钮，系统弹出 "刀具设定" 对话框。

Step4. 在弹出的 "刀具设定" 对话框的 常规 选项卡中设置图 4.1.4 所示的刀具参数，设置完毕后依次单击 应用 和 确定 按钮，在 "铣削工作中心" 对话框中单击 确定 按钮，返回到"操作"操控板。

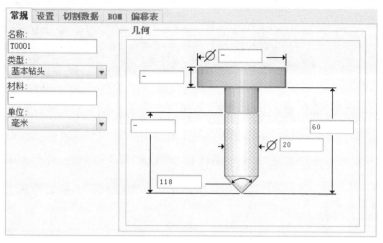

图 4.1.4　设定刀具参数

Step5. 机床坐标系设置。在"操作"操控板中单击 基准 按钮，在弹出的菜单中选择 ✳ 命令，系统弹出图 4.1.5 所示的"坐标系"对话框。按住〈Ctrl〉键，依次选择 NC_ASM_RIGHT、NC_ASM_FRONT 基准面和图 4.1.6 所示的曲面 1 作为创建坐标系的三个参考平面，单击 确定 按钮完成坐标系的创建，返回到"操作"操控板。单击 ▶ 按钮，系统自动选取刚刚创建的坐标系作为加工坐标系。

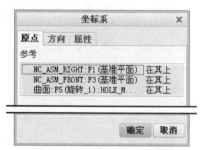

图 4.1.5　"坐标系"对话框

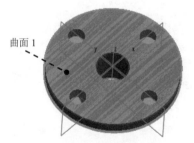

图 4.1.6　坐标系的建立

Step6. 退刀面的设置。在"操作"操控板中单击 间隙 按钮，在"间隙"设置界面的 类型 下拉列表中选择 平面 选项，单击 参考 文本框，在模型树中选取坐标系 ACS0 为参考，在 值 文本框中输入数值 10.0。

Step7. 单击"操作"操控板中的 ✔ 按钮，完成操作设置。

Task4. 加工方法设置

Step1. 单击 铣削 功能选项卡的 孔加工循环 ▾ 区域中的"标准"按钮 ∪，此时系统弹出图 4.1.7 所示的"钻孔"操控板。

Step2. 在"钻孔"操控板的 T 下拉列表中选择 01：T0001 选项。

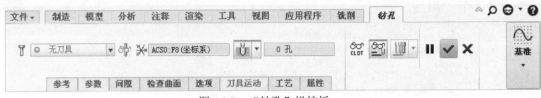

图 4.1.7　"钻孔"操控板

Step3. 在"钻孔"操控板中单击 参考 按钮，系统弹出图 4.1.8 所示的"参考"设置界面（一）。单击 细节... 按钮，系统弹出图 4.1.9 所示的"孔"对话框。

Step4. 在"孔"对话框的 孔 选项卡中选择 规则：直径 选项，在 可用：列表中选择 20，然后单击 >> 按钮，将其加入到 选定 列表中，然后单击 确定 按钮，系统转到"参考"设置界面（二），如图 4.1.10 所示。

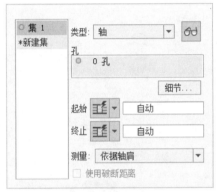

图 4.1.8　"参考"设置界面（一）

图 4.1.10　"参考"设置界面（二）

图 4.1.9　"孔"对话框

Step5. 在"参考"设置界面中单击 起始 下拉列表右侧的 按钮，在弹出的菜单中选择 命令，然后选取图 4.1.11a 所示的曲面 1 作为起始曲面，单击 终止 下拉列表右侧的 按钮，在弹出的菜单中选择 命令，然后选取图 4.1.11b 所示的曲面 2 作为终止曲面。

Step6. 在"钻孔"操控板中单击 参数 按钮，在弹出的"参数"设置界面中设置图 4.1.12 所示的切削参数。

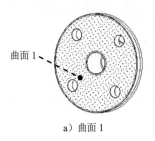

曲面1

a）曲面1

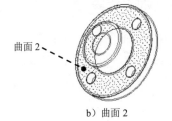

曲面2

b）曲面2

图 4.1.11 选取的曲面

切削进给	500
自由进给	–
公差	0.01
破断线距离	4
扫描类型	最短
安全距离	10
拉伸距离	
主轴速度	1200
冷却液选项	开

图 4.1.12 设置孔加工切削参数

Task5．演示刀具轨迹

Step1. 在"钻孔"操控板中单击 按钮，系统弹出"播放路径"对话框。

Step2. 单击"播放路径"对话框中的 按钮，观测刀具的行走路线，结果如图 4.1.13 所示。单击 ▶ CL 数据 栏可以打开窗口查看生成的 CL 数据，如图 4.1.14 所示。

Step3. 演示完成后，单击"播放路径"对话框中的 关闭 按钮。

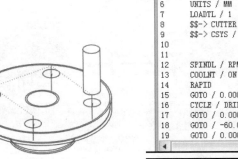

图 4.1.13 刀具行走路线

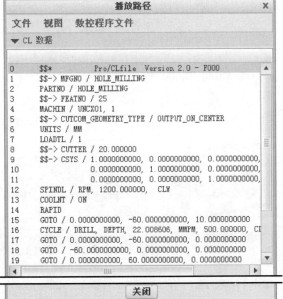

图 4.1.14 查看 CL 数据

125

Task6. 加工仿真

Step1. 在"钻孔"操控板中单击 按钮，系统弹出"Material Removal"操控板，单击 按钮，系统弹出"Play Simulation"对话框，然后单击 按钮，仿真结果如图 4.1.15 所示。

图 4.1.15 加工仿真

Step2. 演示完成后，单击"Play Simulation"对话框中的 `Close` 按钮，然后单击"Material Removal"操控板中的 `✕` 按钮，退出仿真环境。

Step3. 在"钻孔"操控板中单击 按钮完成操作。

Task7. 切减材料

Step1. 选取命令。单击 `铣削` 功能选项卡中的 `制造几何▾` 按钮，在弹出的菜单中选择 `材料移除切削` 命令。

Step2. 在弹出的 `▼ NC 序列列表` 菜单中选择 `1: 钻孔 1, 操作: OP010` 命令，然后依次选择 `▼ MAT REMOVAL (材料移除)` ➡ `Automatic (自动)` ➡ `Done (完成)` 命令。

Step3. 在弹出的"相交元件"对话框中依次单击 `自动添加` 按钮和 按钮，然后单击 `确定` 按钮，完成材料切减。

Step4. 选择下拉菜单 `文件▾` ➡ `保存(S)` 命令，保存文件。

4.1.2 多种孔系加工

下面通过图 4.1.16 所示的零件介绍多种孔系加工的一般过程。

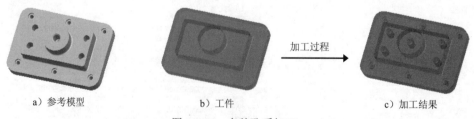

a) 参考模型   b) 工件   加工过程   c) 加工结果

图 4.1.16 多种孔系加工

Task1. 新建一个数控制造模型文件

Step1. 设置工作目录。选择下拉菜单 `文件▾` ➡ `管理会话(M) ▸` ➡ `选择工作目录(Y) 更改工作目录。`

命令，将工作目录设置至 D:\creo4.9\work\ch04.01\ex02。

Step2. 在快速访问工具栏中单击"新建"按钮 🗋，系统弹出"新建"对话框。

Step3. 在"新建"对话框的 类型 选项组中选中 ⦿ 🔩 制造 单选项，在 子类型 选项组中选中 ⦿ NC装配 单选项，在 名称 文本框中输入文件名称 hole_milling2，取消选中 ☐ 使用默认模板 复选框，单击该对话框中的 确定 按钮。

Step4. 在系统弹出的"新文件选项"对话框的 模板 选项组中选择 mmns_mfg_nc 模板，然后在该对话框中单击 确定 按钮。

Task2. 建立制造模型

Stage1. 引入参考模型

Step1. 选取命令。单击 制造 功能选项卡 元件 ▾ 区域中的"组装参考模型"按钮 🔧（或单击 参考模型 ▾ 按钮，然后在弹出的菜单中选择 🔧组装参考模型 命令），系统弹出"打开"对话框。

Step2. 在"打开"对话框中选取三维零件模型——hole_milling.prt 作为参考模型，并将其打开，系统弹出"元件放置"操控板。

Step3. 在"元件放置"操控板中选择 🔲 默认 选项，然后单击 ✔ 按钮，完成参考模型的放置，放置后如图 4.1.17 所示。

Stage2. 引入工件模型

Step1. 单击 制造 功能选项卡 元件 ▾ 区域中的 工件 ▾ 按钮，在弹出的菜单中选择 🔧组装工件 命令，系统弹出"打开"对话框。

Step2. 在"打开"对话框中选取三维零件模型——hole_milling_workpiece.prt 作为工件模型，并将其打开。

Step3. 在"元件放置"操控板中选择 🔲 默认 选项，然后单击 ✔ 按钮，完成毛坯工件的放置，放置后如图 4.1.18 所示。

图 4.1.17 放置后的参考模型

图 4.1.18 放置工件

Task3. 制造设置

Step1. 选取命令。单击 制造 功能选项卡 机床设置 ▾ 区域中的 工作中心 ▾ 按钮，在弹出的菜单

中选择 铣削 命令，系统弹出"铣削工作中心"对话框。

Step2. 在"铣削工作中心"对话框的 轴数 下拉列表中选择 3 轴 选项，单击 确定 按钮，完成机床设置。

Step3. 单击 制造 功能选项卡 工艺▼ 区域中的"操作"按钮，此时系统弹出"操作"操控板。

Step4. 机床坐标系设置。在"操作"操控板中单击 基准 按钮，在弹出的菜单中选择 命令，系统弹出图 4.1.19 所示的"坐标系"对话框。按住 Ctrl 键，依次选择 NC_ASM_RIGHT、NC_ASM_TOP 基准面和图 4.1.20 所示的模型表面作为创建坐标系的三个参考平面，单击 确定 按钮完成坐标系的创建，返回到"操作"操控板。单击 ▶ 按钮，此时系统自动选择了新创建的坐标系作为加工坐标系。

图 4.1.19 "坐标系"对话框

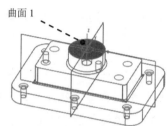

图 4.1.20 坐标系的建立

Step5. 退刀面的设置。在"操作"操控板中单击 间隙 按钮，在"间隙"设置界面的 类型 下拉列表中选择 平面 选项，单击 参考 文本框，在模型树中选取坐标系 ACS0 为参考，在 值 文本框中输入数值 10.0。

Step6. 单击"操作"操控板中的 ✔ 按钮，完成操作设置。

Task4. 创建钻孔组

Step1. 选取命令。单击 制造 功能选项卡 制造几何▼ 区域中的 钻孔组 按钮，系统弹出"钻孔组"对话框。

Step2. 在"钻孔组"对话框中单击 定义 选项卡，单击 各个轴 选项，在图形区选取图 4.1.21 所示的孔圆柱面，此时"钻孔组"对话框（一）显示如图 4.1.22 所示。

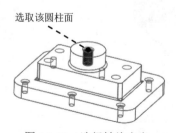

图 4.1.21 选择轴线参考

Step3. 在"钻孔组"对话框中单击 **确定** 按钮,完成钻孔组 1 的创建。

Step4. 再次单击 **制造** 功能选项卡 制造几何▾ 区域中的 ✍钻孔组 按钮,系统弹出"钻孔组"对话框。在"钻孔组"对话框中选择 规则: 曲面 选项,在图形区选取图 4.1.23 所示的参考模型表面,单击 ᠪᠪ 按钮,此时在图形区显示孔的轴线,如图 4.1.24 所示。

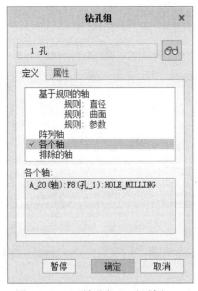

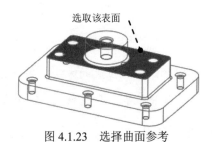

图 4.1.23   选择曲面参考

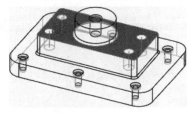

图 4.1.22   "钻孔组"对话框(一)

图 4.1.24   预览孔轴线(一)

注意:这里选择的曲面是参考模型的表面。为了便于选取,可在模型树中右击 HOLE_MILLING_WORKPIECE2.PRT 节点,在弹出的菜单中选择 ◇ 隐藏(H) 命令,将其暂时隐藏,待选择完成后再选择 ◉ 显示(S) 命令将其恢复显示状态。如果工件模型处于隐藏状态,将无法进行实体切削仿真。

Step5. 在"钻孔组"对话框中单击 **确定** 按钮,完成钻孔组 2 的创建。

Step6. 再次单击 **制造** 功能选项卡 制造几何▾ 区域中的 ✍钻孔组 按钮,系统弹出"钻孔组"对话框。在"钻孔组"对话框中选择 规则: 直径 选项,在 可用: 列表框中选择 11.000000 选项,单击 ≫ 按钮将其添加到 选定: 列表框中,此时"钻孔组"对话框(二)显示如图 4.1.25 所示,单击 ᠪᠪ 按钮,此时在图形区显示孔的轴线,如图 4.1.26 所示。

Step7. 在"钻孔组"对话框中单击 **确定** 按钮,完成钻孔组 3 的创建。

图 4.1.25   "钻孔组"对话框(二)

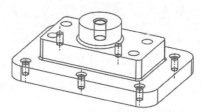

图 4.1.26　预览孔轴线（二）

说明：通过创建多个钻孔组，可以避免在后面的孔加工中的重复选取操作。本例中演示了三种不同的选取孔位置的方法。用户也可以选择 规则：参数 选项，通过创建组合的参数条件，从而快速地选取符合条件的所有孔进行加工。

Task5．钻孔

Stage1．加工方法设置

Step1．单击 铣削 功能选项卡的 孔加工循环 ▾ 区域中的"标准"按钮 ，此时系统弹出"钻孔"操控板。

Step2．在"钻孔"操控板的 下拉列表中选择 编辑刀具… 选项，系统弹出"刀具设定"对话框。

Step3．在"刀具设定"对话框的 常规 选项卡中设置图 4.1.27 所示的刀具参数，设置完毕后依次单击 应用 和 确定 按钮，返回到"钻孔"操控板。

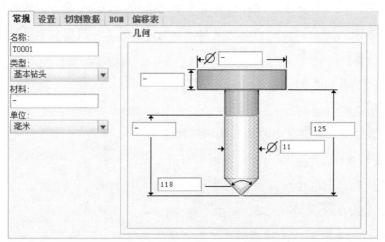

图 4.1.27　设定刀具参数

Step4．在"钻孔"操控板中单击 参考 按钮，在弹出的"参考"设置界面中单击 孔 列表框，然后按住〈Ctrl〉键，在模型树中依次选取钻孔组 DRILL_GROUP_1、DRILL_GROUP_2、和 DRILL_GROUP_3 节点，此时"参考"设置界面显示如图 4.1.28 所示，图形区显示如图 4.1.29 所示。

图 4.1.28 "参考"设置界面

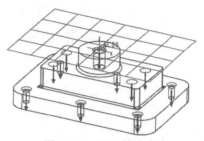

图 4.1.29 显示钻孔参考

Step5. 在"钻孔"操控板中单击 参数 按钮，在弹出的"参数"设置界面中设置图 4.1.30 所示的切削参数。

图 4.1.30 设置孔加工切削参数

Stage2. 演示刀具轨迹

Step1. 在"钻孔"操控板中单击 按钮，系统弹出"播放路径"对话框。

Step2. 单击"播放路径"对话框中的 ▶ 按钮，观测刀具的行走路线，如图 4.1.31 所示。单击 ▶ CL 数据 栏可以打开窗口查看生成的 CL 数据，如图 4.1.32 所示。

Step3. 演示完成后，单击"播放路径"对话框中的 关闭 按钮。

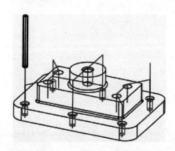

图 4.1.31 刀具的行走路线

Stage3. 加工仿真

Step1. 在"钻孔"操控板中单击 按钮，系统弹出"Material Removal"操控板，单击按钮，系统弹出"Play Simulation"对话框，然后单击  按钮，仿真结果如图 4.1.33 所示。

Step2. 演示完成后，单击"Play Simulation"对话框中的 Close 按钮，然后单击"Material Removal"操控板中的 ✖ 按钮，退出仿真环境。

Step3. 在"钻孔"操控板中单击 ✔ 按钮完成操作。

图 4.1.32　查看 CL 数据

图 4.1.33　加工仿真

Stage4. 切减材料

Step1. 单击 铣削 功能选项卡中的 制造几何▼ 按钮，在弹出的菜单中选择 🗇 材料移除切削 命令，在弹出的 ▼ NC 序列列表 菜单中选择 1: 钻孔 1, 操作: OP010 命令，然后依次选择 ▼ MAT REMOVAL（材料移除）➡ Automatic（自动）➡ Done（完成）命令。

Step2. 在弹出的"相交元件"对话框中单击 自动添加 按钮和 ☰ 按钮，然后单击 确定 按钮，完成材料切减。

Task6. 钻沉头孔并扩孔

Stage1. 加工方法设置

Step1. 单击 铣削 功能选项卡的 孔加工循环▼ 区域中的 ⏚镗孔 按钮，此时系统弹出"镗孔"操控板。

Step2. 在"镗孔"操控板的 🔟 下拉列表中选择 🛈 编辑刀具… 选项，系统弹出"刀具设定"对话框。

Step3. 在弹出的"刀具设定"对话框中单击 按钮，在 常规 选项卡中设置图 4.1.34 所示的刀具参数，设置完毕后依次单击 应用 和 确定 按钮，返回到"镗孔"操控板。

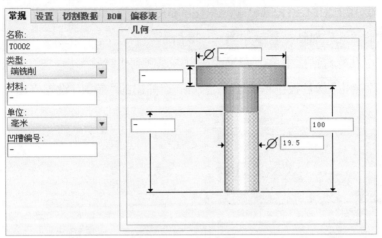

图 4.1.34 设定刀具参数

Step4. 在"镗孔"操控板中单击 参考 按钮，在弹出的"参考"设置界面中单击 孔 列表框，然后在模型树中选取钻孔组 DRILL_GROUP_3 节点，此时图形区显示如图 4.1.35 所示。

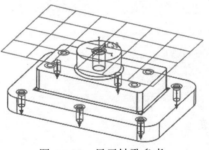

图 4.1.35 显示钻孔参考

Step5. 在"参考"设置界面中单击 起始 下拉列表右侧的 按钮，在弹出的菜单中选择 命令，然后选取图 4.1.36 所示的曲面 1 作为起始曲面，单击 终止 下拉列表右侧的 按钮，在弹出的菜单中选择 命令，然后在其后的文本框中输入数值 5.0，此时"参考"设置界面显示如图 4.1.37 所示。

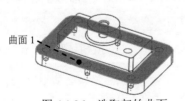

图 4.1.36 选取起始曲面

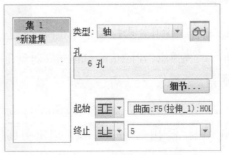

图 4.1.37 "参考"设置界面

Step6. 在"参考"设置界面中单击左侧列表中的 *新建集 选项，进入"集 2"的创建。
单击 细节... 按钮，然后在弹出的"孔"对话框中单击 孔 选项卡，选择 规则: 钻孔组 选项，
在 可用: 列表框选中 DRILL_GROUP_1、DRILL_GROUP_2，单击 >> 按钮，将其添加到 选定:
列表框中，此时"孔"对话框显示如图 4.1.38 所示。

Step7. 在"孔"对话框中单击 确定 按钮，返回到"镗孔"操控板。

Step8. 在"镗孔"操控板中单击 参数 按钮，在弹出的"参数"设置界面中设置图 4.1.39
所示的切削参数。

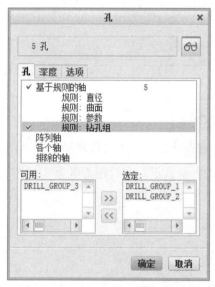

图 4.1.38　"孔"对话框

图 4.1.39　设置孔加工切削参数

Stage2. 演示刀具轨迹

Step1. 在"镗孔"操控板中单击 按钮，系统弹出"播放路径"对话框。

Step2. 单击"播放路径"对话框中的 ▶ 按钮，观测刀具的行走路线，如图
4.1.40 所示。

Step3. 演示完成后，单击"播放路径"对话框中的 关闭 按钮。

Stage3. 加工仿真

Step1. 在"镗孔"操控板中单击 按钮，系统弹出"Material Removal"操控板，单击
按钮，系统弹出"Play Simulation"对话框，然后单击 ▶ 按钮，仿真结果如图
4.1.41 所示。

Step2. 演示完成后，单击"Play Simulation"对话框中的 Close 按钮，然后单击"Material
Removal"操控板中的 X 按钮，退出仿真环境。

Step3. 在"镗孔"操控板中单击 ✓ 按钮完成操作。

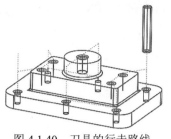

图 4.1.40　刀具的行走路线

图 4.1.41　加工仿真

Stage4．切减材料

Step1．单击 铣削 功能选项卡中的 制造几何▼ 按钮，在弹出的菜单中选择 📥材料移除切削 命令，在弹出的 ▼NC 序列列表 菜单中选择 2: 镗孔 1, 操作: OP010 命令，然后依次选择 ▼MAT REMOVAL (材料移除) ➡ Automatic (自动) ➡ Done (完成) 命令。

Step2．在弹出的"相交元件"对话框中单击 自动添加 按钮和 ☰ 按钮，然后单击 确定 按钮，完成材料切减。

Task7．铰孔

Stage1．加工方法设置

Step1．单击 铣削 功能选项卡的 孔加工循环▼ 区域中的 ⨆铰孔 按钮，此时系统弹出"铰孔"操控板。

Step2．在"铰孔"操控板的 ⟙ 下拉列表中选择 ⬦ 编辑刀具… 选项，系统弹出"刀具设定"对话框。

Step3．在弹出的"刀具设定"对话框中单击 ⬜ 按钮，在 常规 选项卡中设置图 4.1.42 所示的刀具参数，设置完毕后依次单击 应用 和 确定 按钮，返回到"铰孔"操控板。

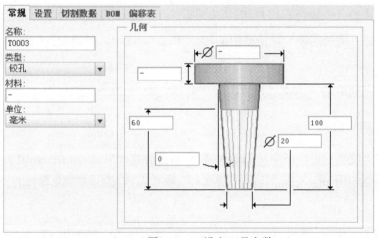

图 4.1.42　设定刀具参数

Step4．在"铰孔"操控板中单击 参考 按钮，在弹出的"参考"设置界面中单击 孔 列

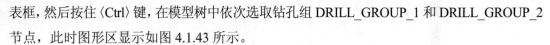

表框，然后按住〈Ctrl〉键，在模型树中依次选取钻孔组 DRILL_GROUP_1 和 DRILL_GROUP_2 节点，此时图形区显示如图 4.1.43 所示。

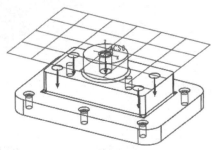

图 4.1.43　显示钻孔参考

Step5. 在"参考"设置界面中单击 ^{终止} 下拉列表右侧的 [▼] 按钮，在弹出的菜单中选择 ⬆ 命令，然后在其后的文本框中输入数值 33.0，此时"参考"设置界面显示如图 4.1.44 所示。

Step6. 在"铰孔"操控板中单击 参数 按钮，在弹出的"参数"设置界面中设置图 4.1.45 所示的切削参数。

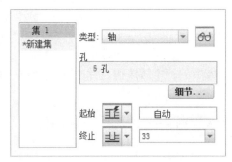

图 4.1.44　"参考"设置界面

图 4.1.45　设置孔加工切削参数

Stage2. 演示刀具轨迹

Step1. 在"铰孔"操控板中单击 按钮，系统弹出"播放路径"对话框。

Step2. 单击"播放路径"对话框中的 ▶ 按钮，观测刀具的行走路线，结果如图 4.1.46 所示。

Step3. 演示完成后，单击"播放路径"对话框中的 关闭 按钮。

Stage3. 加工仿真

Step1. 在"铰孔"操控板中单击 按钮，系统弹出"Material Removal"操控板，单击 按钮，系统弹出"Play Simulation"对话框，然后单击 ▶ 按钮，仿真结果如图 4.1.47 所示。

Step2. 演示完成后，单击"Play Simulation"对话框中的 Close 按钮，然后单击"Material Removal"操控板中的 ✖ 按钮，退出仿真环境。

136

Step3. 在"铰孔"操控板中单击 ✓ 按钮完成操作。

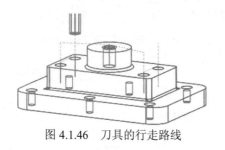 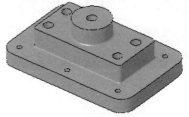

图 4.1.46　刀具的行走路线　　　　　　图 4.1.47　加工仿真

Stage4. 切减材料

Step1. 单击 铣削 功能选项卡中的 制造几何 ▼ 按钮，在弹出的菜单中选择 □ 材料移除切削 命令，在弹出的 ▼ NC 序列列表 菜单中选择 3: 铰孔 1, 操作: OP010 命令，然后依次选择 ▼ MAT REMOVAL (材料移除) ➡ Automatic (自动) ➡ Done (完成) 命令。

Step2. 在弹出的"相交元件"对话框中单击 自动添加 按钮和 ☰ 按钮，然后单击 确定 按钮，完成材料切减。

Task8. 钻埋头孔

Stage1. 加工方法设置

Step1. 单击 铣削 功能选项卡的 孔加工循环 ▼ 区域中的"沉头孔"按钮 ⤵，此时系统弹出"沉头孔加工"操控板。

Step2. 在"沉头孔加工"操控板的 🗡 下拉列表中选择 □ 编辑刀具... 选项，系统弹出"刀具设定"对话框。

Step3. 在弹出的"刀具设定"对话框中单击 □ 按钮，在 常规 选项卡中设置图 4.1.48 所示的刀具参数，设置完毕后依次单击 应用 和 确定 按钮，返回到"沉头孔加工"操控板。

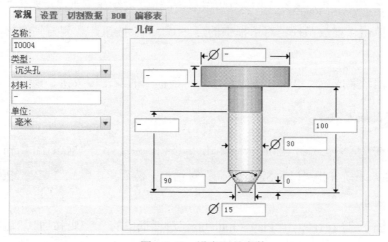

图 4.1.48　设定刀具参数

Step4. 在"沉头孔加工"操控板中单击 参考 按钮，在弹出的"参考"设置界面中单击 孔 列表框，然后在模型树中选取钻孔组 DRILL_GROUP_1 节点，单击 起始: 文本框，在图形区选取图 4.1.49 所示的参考模型表面，在 沉头孔 ∅ 文本框中输入数值 26，此时"参考"设置界面显示如图 4.1.50 所示。

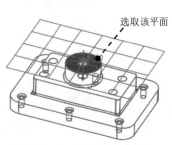

选取该平面

图 4.1.49 选取起始曲面

图 4.1.50 "参考"设置界面

Step5. 在"沉头孔加工"操控板中单击 参数 按钮，在弹出的"参数"设置界面中设置图 4.1.51 所示的切削参数。

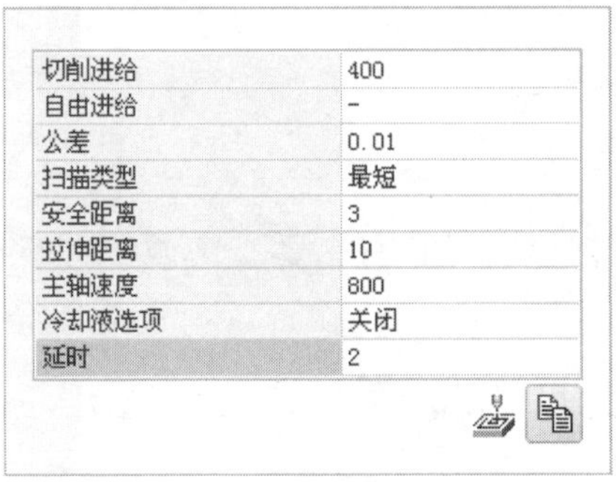

切削进给	400
自由进给	-
公差	0.01
扫描类型	最短
安全距离	3
拉伸距离	10
主轴速度	800
冷却液选项	关闭
延时	2

图 4.1.51 设置孔加工切削参数

Stage2. 演示刀具轨迹

Step1. 在"沉头孔加工"操控板中单击 按钮，系统弹出"播放路径"对话框。

Step2. 单击"播放路径"对话框中的 ▶ 按钮，观测刀具的行走路线，如图 4.1.52 所示。

Step3. 演示完成后，单击"播放路径"对话框中的 关闭 按钮。

Stage3. 加工仿真

Step1. 在"沉头孔加工"操控板中单击 按钮，系统弹出"Material Removal"操控板，单击 按钮，系统弹出"Play Simulation"对话框，然后单击 ▶ 按钮，仿真结果如图 4.1.53 所示。

Step2. 演示完成后，单击"Play Simulation"对话框中的 Close 按钮，然后单击"Material Removal"操控板中的 X 按钮，退出仿真环境。

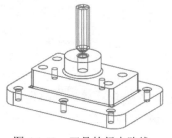

图 4.1.52　刀具的行走路线　　　　　　　图 4.1.53　加工仿真

Step3. 在"沉头孔加工"操控板中单击 ☑ 按钮完成操作。

Stage4. 切减材料

Step1. 单击 铣削 功能选项卡中的 制造几何 ▼ 按钮，在弹出的菜单中选择 ▣ 材料移除切削 命令，在弹出的 ▼ NC 序列列表 菜单中选择 4: 沉头孔加工 1，操作: OP010 命令，然后依次选择 ▼ MAT REMOVAL (材料移除) ➡ Automatic (自动) ➡ Done (完成) 命令。

Step2. 在弹出的"相交元件"对话框中单击 自动添加 按钮和 ▤ 按钮，然后单击 确定 按钮，完成材料切减。

Step3. 选择下拉菜单 文件 ▼ ➡ ▤ 保存(S) 命令，保存文件。

4.2　螺 纹 铣 削

使用螺纹（螺旋）铣削可在圆柱表面上切削内外螺纹。创建"螺纹"铣削 NC 序列时，必须注意：使用"螺纹铣削"（THREAD_MILL）类型的刀具，而不使用常规铣削刀具。在设置参数时，指定"螺纹进给"（THREAD_FEED）、"螺纹进给单位"（THREAD_FEED_UNITS）及"螺纹直径"（THREAD_DIAMETER）（可选）。 定义螺纹所包括的内容有：指定采用外螺纹或内螺纹，指定螺纹外径或内径，选取创建螺纹的圆柱表面，指定加工和进刀/退刀参数。

4.2.1　内螺纹铣削

下面通过图 4.2.1 所示的零件介绍内螺纹铣削的一般过程。

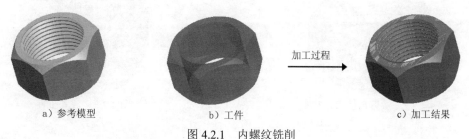

a）参考模型　　　　　b）工件　　　　　c）加工结果

图 4.2.1　内螺纹铣削

Task1. 新建一个数控制造模型文件

Step1. 设置工作目录。选择下拉菜单 文件▼ ➡ 管理会话(M) ▶ ➡ 选择工作目录(W) 更改工作目录. 命令，将工作目录设置至 D:\creo4.9\work\ch04.02\ex01。

Step2. 在快速访问工具栏中单击"新建"按钮 🗋，系统弹出"新建"对话框。

Step3. 在"新建"对话框的 类型 选项组中选中 ⦿ 🖳 制造 单选项，在 子类型 选项组中选中 ⦿ NC装配 单选项，在 名称 文本框中输入文件名称 NUT_MILLING，取消选中 ☐ 使用默认模板 复选框，单击该对话框中的 确定 按钮。

Step4. 在系统弹出的"新文件选项"对话框的 模板 选项组中选取 mmns_mfg_nc 模板，然后在该对话框中单击 确定 按钮。

Task2. 建立制造模型

Stage1. 引入参考模型

Step1. 单击 制造 功能选项卡 元件▼ 区域中的"组装参考模型"按钮 ☜ （或单击 参考模型▼ 按钮，然后在弹出的菜单中选择 ☜ 组装参考模型 命令），系统弹出"打开"对话框。

Step2. 在"打开"对话框中选取三维零件模型——nut.prt 作为参考模型，并将其打开，系统弹出"元件放置"操控板。

Step3. 在"元件放置"操控板中选择 ㄩ 默认 选项，然后单击 ✔ 按钮，完成参考模型的放置，放置后如图 4.2.2 所示。

Stage2. 引入工件

Step1. 选取命令。单击 制造 功能选项卡 元件▼ 区域中的 工件▼ 按钮，在弹出的菜单中选择 ☜ 组装工件 命令，系统弹出"打开"对话框。

Step2. 在"打开"对话框中选取三维零件模型——nut_workpiece.prt 作为工件模型，并将其打开。

Step3. 在"元件放置"操控板中选择 ㄩ 默认 选项，然后单击 ✔ 按钮，完成毛坯工件的放置，放置后如图 4.2.3 所示。

图 4.2.2 放置后的参考模型

图 4.2.3 放置工件

Task3. 制造设置

Step1. 选取命令。单击 制造 功能选项卡 工艺▾ 区域中的"操作"按钮 ，此时系统弹出"操作"操控板。

Step2. 机床设置。单击"操作"操控板中的"制造设置"按钮 ，在弹出的菜单中选择 铣削 命令，系统弹出"铣削工作中心"对话框，在 轴数 下拉列表中选择 3 轴 选项，在"铣削工作中心"对话框中单击 确定 按钮，返回到"操作"操控板。

Step3. 机床坐标系设置。在"操作"操控板中单击 基准 按钮，在弹出的菜单中选择 命令，系统弹出图 4.2.4 所示的"坐标系"对话框。按住 Ctrl 键，依次选择 NC_ASM_RIGHT、NC_ASM_TOP 基准面和图 4.2.5 所示的曲面 1 作为创建坐标系的三个参考平面，单击 确定 按钮完成坐标系的创建，返回到"操作"操控板。单击 ▶ 按钮，系统自动选中上一步创建的坐标系作为加工坐标系。

图 4.2.4 "坐标系"对话框

图 4.2.5 所需选取的参考平面

Step4. 退刀面的设置。在"操作"操控板中单击 间隙 按钮，在"间隙"设置界面的 类型 下拉列表中选择 平面 选项，单击 参考 文本框，在模型树中选取坐标系 ACS0 为参考，在 值 文本框中输入数值 10.0。

Step5. 单击"操作"操控板中的 ✔ 按钮，完成操作设置。

Task4. 加工方法设置

Step1. 单击 铣削 功能选项卡中的 铣削▾ 区域，在弹出的菜单中选择 螺纹铣削 命令，此时系统弹出图 4.2.6 所示的"螺纹铣削"操控板。

图 4.2.6 "螺纹铣削"操控板

Step2. 在"螺纹铣削"操控板的 下拉列表中选择 编辑刀具... 选项，系统弹出"刀具设定"对话框。

Step3. 在弹出的"刀具设定"对话框的 常规 选项卡中设置图 4.2.7 所示的刀具参数，设置完毕后依次单击 应用 和 确定 按钮，返回到"螺纹铣削"操控板。

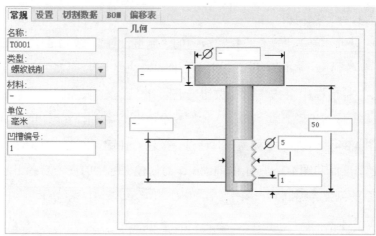

图 4.2.7 "刀具设定"对话框

Step4. 在"螺纹铣削"操控板中确认 ✱ 文本框显示为"ACS0：F8（坐标系）"。

Step5. 在"螺纹铣削"操控板的 ⊞▾ 下拉列表中选择 ⊞（内部）选项，单击 参考 按钮，在弹出的"参考"设置界面中单击 螺纹: 列表框，然后选取图 4.2.8 所示的圆柱面。

Step6. 在"参考"设置界面中单击 起始: 下拉列表右侧的 ▾ 按钮，在弹出的菜单中选择 ⊞ 命令，然后选取图 4.2.9 所示的曲面 1 作为起始曲面，单击 终止: 下拉列表右侧的 ▾ 按钮，在弹出的菜单中选择 ⊞ 命令，然后选取图 4.2.10 所示的曲面 2 作为终止曲面。

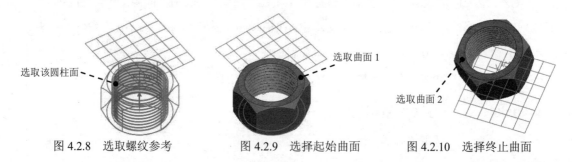

图 4.2.8 选取螺纹参考   图 4.2.9 选择起始曲面   图 4.2.10 选择终止曲面

Step7. 在"螺纹铣削"操控板中单击 参数 按钮，在弹出的"参数"设置界面中设置图 4.2.11 所示的切削参数。

Step8. 在"参数"设置界面中单击 ⟱ 按钮，系统弹出"编辑序列参数'螺纹铣削 1'"对话框，单击 全部 按钮，设置图 4.2.12 所示的参数，保持其余参数为默认值，单击 确定 按钮，返回到"螺纹铣削"操控板。

Task5. 演示刀具轨迹

Step1. 在"螺纹铣削"操控板中单击 ▥ 按钮，系统弹出"播放路径"对话框。

参数名	螺纹铣削 1
起始角度	0
末端超程	3
起始超程	3
扫描类型	最短
切割类型	顺铣
切割方向	右手
斜向角度	90
引导半径	2
切向引导步长	0
法向引导步长	0
进刀距离	1
退刀距离	2
进刀类型	螺旋面
退刀类型	螺旋面
入口角	90

切削进给	800
弧形进给	400
自由进给	–
退刀进给	–
螺纹进给量	1
螺纹进给单位	MMPR
切入进给量	0
公差	0.01
轮廓允许余量	0
切割类型	顺铣
切割方向	右手
入口角	90
主轴速度	1000
主轴转向	逆时针
冷却液选项	开
螺纹直径	14

图 4.2.11　设置孔加工切削参数　　　　图 4.2.12　"编辑序列参数'螺纹铣削 1'"对话框

Step2. 单击"播放路径"对话框中的 ▶ 按钮，观测刀具的行走路线，如图 4.2.13 所示。

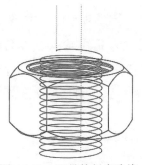

图 4.2.13　刀具的行走路线

Step3. 演示完成后，单击"播放路径"对话框中的 关闭 按钮。

Task6. 加工仿真

Step1. 在"螺纹铣削"操控板中单击 按钮，系统弹出 "Material Removal"操控板，单击 按钮，系统弹出"Play Simulation"对话框，然后单击 ▶ 按钮，仿真结果如 图 4.2.14 所示。

Step2. 演示完成后，单击"Play Simulation"对话框中的 Close 按钮，然后单击"Material Removal"操控板中的 ✕

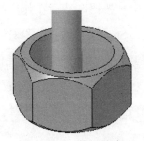

图 4.2.14　加工仿真

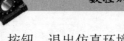

按钮，退出仿真环境。

Step3. 在"螺纹铣削"操控板中单击✔按钮完成操作。

Step4. 选择下拉菜单 **文件▾** ➡ 🖫 保存(S) 命令，保存文件。

4.2.2　外螺纹铣削

本例通过图 4.2.15 所示的零件模型来介绍外螺纹铣削的一般过程。

a）参考模型　　　　　　　　b）工件　　　　　　　　c）加工结果

图 4.2.15　外螺纹铣削

Task1. 新建一个数控制造模型文件

Step1. 设置工作目录。选择下拉菜单 **文件▾** ➡ 管理会话(M) ▸ ➡ 选择工作目录(T) 更改工作目录。命令，将工作目录设置至 D:\creo4.9\work\ch04.02\ex02。

Step2. 在快速访问工具栏中单击"新建"按钮 □，系统弹出"新建"对话框。

Step3. 在"新建"对话框的 类型 选项组中选中 ● 🖳 制造 单选项，在 子类型 选项组中选中 ● NC装配 单选项，在 名称 文本框中输入文件名称 SCREW_MILLING，取消选中 □ 使用默认模板 复选框，单击该对话框中的 确定 按钮。

Step4. 在系统弹出的"新文件选项"对话框的 模板 选项组中选取 mmns_mfg_nc 模板，然后在该对话框中单击 确定 按钮。

Task2. 建立制造模型

Stage1. 引入参考模型

Step1. 单击 制造 功能选项卡 元件▾ 区域中的"组装参考模型"按钮 🖳（或单击 参考模型▾ 按钮，然后在弹出的菜单中选择 🖳 组装参考模型 命令），系统弹出"打开"对话框。

Step2. 在"打开"对话框中选取三维零件模型——screw_milling.prt 作为参考模型，并将其打开，系统弹出"元件放置"操控板。

Step3. 在"元件放置"操控板中选择 □ 默认 选项，然后单击✔按钮，此时系统弹出"警告"对话框，单击此对话框中的 确定 按钮，完成参考模型的放置，放置后如图 4.2.16 所示。

Stage2. 引入工件

Step1. 单击 制造 功能选项卡 元件▾ 区域中的 工件▾ 按钮，在弹出的菜单中选择 组装工件 命令，系统弹出"打开"对话框。

Step2. 在"打开"对话框中选取三维零件模型——screw_workpiece.prt，并将其打开。

Step3. 在"元件放置"操控板中选择 默认 选项，然后单击 ✓ 按钮，完成毛坯工件的放置，放置后如图4.2.17所示。

图 4.2.16　放置后的参考模型

图 4.2.17　放置工件

Task3. 制造设置

Step1. 选取命令。单击 制造 功能选项卡 工艺▾ 区域中的"操作"按钮 ，此时系统弹出"操作"操控板。

Step2. 机床设置。单击"操作"操控板中的"制造设置"按钮 ，在弹出的菜单中选择 铣削 命令，系统弹出"铣削工作中心"对话框，在 轴数 下拉列表中选择 3轴 选项。

Step3. 刀具设置。在"铣削工作中心"对话框中单击 刀具 选项卡，然后单击 刀具… 按钮，系统弹出"刀具设定"对话框。

Step4. 在弹出的"刀具设定"对话框的 常规 选项卡中设置图4.2.18所示的刀具参数，设置完毕后依次单击 应用 和 确定 按钮，在"铣削工作中心"对话框中单击 确定 按钮，返回到"操作"操控板。

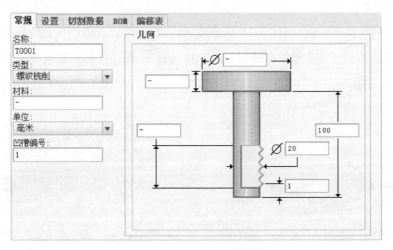

图 4.2.18　设定刀具参数

Step5. 机床坐标系设置。在"操作"操控板中单击 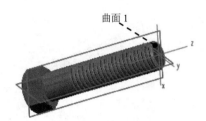 按钮，在弹出的菜单中选择 ✳ 命令，系统弹出图 4.2.19 所示的"坐标系"对话框。按住 Ctrl 键，依次选择 NC_ASM_FRONT、NC_ASM_RIGHT 基准面和图 4.2.20 所示的模型表面作为创建坐标系的三个参考平面，单击 确定 按钮完成坐标系的创建，返回到"操作"操控板。单击 ▶ 按钮，系统自动选中刚刚创建的坐标系作为加工坐标系。

图 4.2.19　"坐标系"对话框　　　　图 4.2.20　创建坐标系

Step6. 退刀面的设置。在"操作"操控板中单击 间隙 按钮，在"间隙"设置界面的 类型 下拉列表中选择 平面 选项，单击 参考 文本框，在模型树中选取坐标系 ACS0 为参考，在 值 文本框中输入数值 10.0。

Step7. 单击"操作"操控板中的 ✔ 按钮，完成操作设置。

Task4. 加工方法设置

Step1. 单击 铣削 功能选项卡中的 铣削▾ 区域，在弹出的菜单中选择 螺纹铣削 命令，此时系统弹出"螺纹铣削"操控板。

Step2. 在"螺纹铣削"操控板的 下拉列表中选择 01：T0001 选项。

Step3. 在"螺纹铣削"操控板的确认 ✳ 文本框显示为"ACS0：F8（坐标系）"。

Step4. 在"螺纹铣削"操控板中 ▾ 下拉列表中选择 （外部）选项，然后单击 参考 按钮，在弹出的"参考"设置界面中单击 螺纹 列表框，然后选取图 4.2.21 所示的轴线；单击 起始 下拉列表右侧的 ▾ 按钮，在弹出的菜单中选择 选项，然后选取图 4.2.22 所示的曲面 1 作为起始曲面，单击 终止 下拉列表右侧的 ▾ 按钮，在弹出的菜单中选择 选项，然后在其后的文本框中输入数值 45.0。

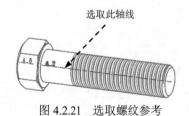

图 4.2.21　选取螺纹参考　　　　　图 4.2.22　定义起始面

Step5. 在"螺纹铣削"操控板中单击 参数 按钮，在弹出的"参数"设置界面中设置图

4.2.23 所示的切削参数。

Step6. 在"参数"设置界面中单击  按钮，系统弹出"编辑序列参数'螺纹铣削 1'"对话框，单击 全部 按钮，设置图 4.2.24 所示的参数，保持其余参数为默认值，单击 确定 按钮，返回到"螺纹铣削"操控板。

图 4.2.23　设置螺纹铣削切削参数

图 4.2.24　"编辑序列参数'螺纹铣削 1'"对话框

Task5. 演示刀具轨迹

Step1. 在"螺纹铣削"操控板中单击 按钮，系统弹出"播放路径"对话框。

Step2. 单击"播放路径"对话框中的 按钮，观测刀具的行走路线，如图 4.2.25 所示。

Step3. 演示完成后，单击"播放路径"对话框中的 关闭 按钮。

Task6. 观察仿真加工

Step1. 在"螺纹铣削"操控板中单击 按钮，系统弹出"Material Removal"操控板，单击 按钮，系统弹出"Play Simulation"对话框，然后单击 按钮，仿真结果如图 4.2.26 所示。

Step2. 演示完成后，单击"Play Simulation"对话框中的 Close 按钮，然后单击"Material Removal"操控板中的 X 按钮，退出仿真环境。

Step3. 在"螺纹铣削"操控板中单击 按钮完成操作。

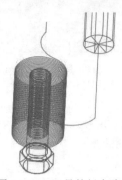

图 4.2.25　刀具的行走路线

图 4.2.26　加工仿真

Step4. 选择下拉菜单 **文件▾** ➡ 🖫 保存(S) 命令，保存文件。

4.3　攻 螺 纹 加 工

攻螺纹加工是常见的孔加工类型，在进行攻螺纹加工时，应注意刀具和进给速率的设定。下面通过图 4.3.1 所示的零件介绍单一孔系攻螺纹加工的一般过程。

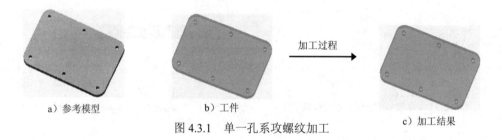

a）参考模型　　　　　　b）工件　　　　　　　　c）加工结果

图 4.3.1　单一孔系攻螺纹加工

Task1. 打开制造模型文件

Step1. 设置工作目录。选择下拉菜单 **文件▾** ➡ 管理会话(M) ▸ ➡ 选择工作目录(V) 更改工作目录。命令，将工作目录设置至 D:\creo4.9\work\ch04.03。

Step2. 在快速访问工具栏中单击"打开"按钮 📂，从弹出的"文件打开"对话框中选取三维零件模型——hole_tap.asm 作为制造零件模型，并将其打开。此时图形区中显示图 4.3.2 所示的制造模型。

说明： 此制造模型已经包含了一个钻孔加工步骤。

图 4.3.2　制造模型

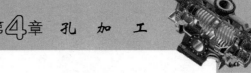

Task2. 加工方法设置

Step1. 单击 铣削 功能选项卡 孔加工循环 ▼ 区域中的 攻丝 按钮，此时系统弹出图 4.3.3 所示的"攻丝"操控板。

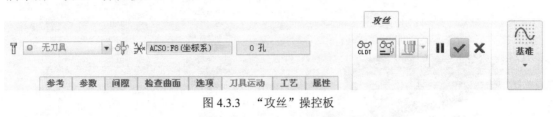

图 4.3.3 "攻丝"操控板

Step2. 在"攻丝"操控板的 下拉列表中选择 编辑刀具... 选项，系统弹出"刀具设定"对话框。

Step3. 在弹出的"刀具设定"对话框的 常规 选项卡中设置图 4.3.4 所示的刀具参数，设置完毕后依次单击 应用 和 确定 按钮。

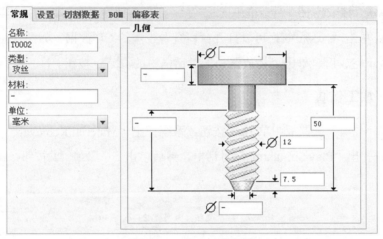

图 4.3.4 设定刀具参数

Step4. 在"攻丝"操控板中单击 参考 按钮，在弹出的"参考"设置界面中激活 孔 列表框，在图形区选取任一孔的圆柱面，结果如图 4.3.5 所示。

Step5. 在"参考"设置界面中单击 起始 下拉列表右侧的 ▼ 按钮，在弹出的菜单中选择 工丝 命令；单击 终止 下拉列表右侧的 ▼ 按钮，在弹出的菜单中选择 非丝 命令。

Step6. 在"攻丝"操控板中单击 参数 按钮，在弹出的"参数"设置界面中设置图 4.3.6 所示的切削参数。

图 4.3.6 所示的"参数"设置界面的部分选项说明如下。

● 攻丝类型 下拉列表：用于选择攻丝夹头的类型，其中 固定 选项表示攻丝夹头为刚性结构，此时进给速度由螺距和主轴速度来确定；浮动 选项表示攻丝夹头为弹性结构，此时允许使用浮动攻丝因子来修改进给速度。

图4.3.5　选取加工参考

图4.3.6　设置切削参数

Task3．演示刀具轨迹

Step1. 在"攻丝"操控板中单击 按钮，系统弹出"播放路径"对话框。

Step2. 单击"播放路径"对话框中的 按钮，观测刀具的行走路线，结果如图4.3.7所示。单击 ▶ CL 数据 栏可以打开窗口查看生成的 CL 数据，如图4.3.8所示。

Step3. 演示完成后，单击"播放路径"对话框中的 关闭 按钮。

Task4．加工仿真

Step1. 在"攻丝"操控板中单击 按钮，系统弹出"Material Removal"操控板，单击 按钮，系统弹出"Play Simulation"对话框，然后单击 按钮，仿真结果如图4.3.9所示。

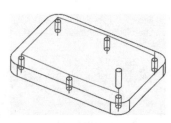

图4.3.7　刀具的行走路线

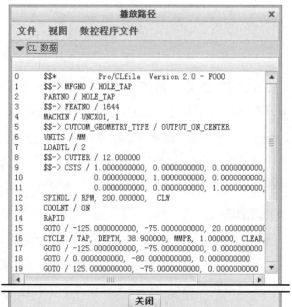

图4.3.8　查看 CL 数据

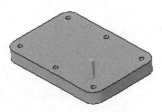

图4.3.9　加工仿真

Step2. 演示完成后，单击"Play Simulation"对话框中的 Close 按钮，然后单击"Material Removal"操控板中的 ✕ 按钮，退出仿真环境。

Step3. 在"攻丝"操控板中单击 ✔ 按钮完成操作。

Task5. 切减材料

Step1. 选取命令。单击 铣削 功能选项卡中的 制造几何 ▾ 按钮，在弹出的菜单中选择 材料移除切削 命令。

Step2. 在弹出的 ▼ NC 序列列表 菜单中选择 2: 攻丝 1, 操作: OP010 命令，然后依次选择 ▼ MAT REMOVAL (材料移除) ➡ Automatic (自动) ➡ Done (完成) 命令。

Step3. 在弹出的"相交元件"对话框中依次单击 自动添加 按钮和 ▤ 按钮，然后单击 确定 按钮，完成材料切减。

Step4. 选择下拉菜单 文件 ▾ ➡ 🖫 保存(S) 命令，保存文件。

学习拓展：扫一扫右侧二维码，可以免费学习更多视频讲解。

讲解内容：拉伸特征、旋转特征详解。

第 **5** 章 车 削 加 工

本章将通过一个典型范例来介绍车削加工的方法，其中包括区域车削、轮廓车削、凹槽车削和螺纹车削。在学过本章之后，希望读者能够熟练掌握一些车削加工方法。

5.1 区 域 车 削

区域车削用于加工用户指定区域的材料。在加工时，刀具按照补偿深度增量逐层切除材料，其走刀方式十分灵活。下面以图 5.1.1 所示的模型为例介绍区域车削的加工过程。

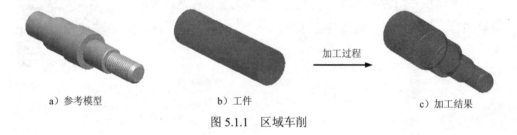

a）参考模型　　　　　　　b）工件　　　　加工过程　　　　c）加工结果

图 5.1.1　区域车削

Task1. 新建一个数控制造模型文件

Step1. 设置工作目录。选择下拉菜单 文件▾ ➡ 管理会话(M)▸ ➡ 选择工作目录(T) 更改工作目录 命令，将工作目录设置至 D:\creo4.9\work\ch05.01。

Step2. 在快速访问工具栏中单击"新建"按钮 ⬚，系统弹出"新建"对话框。

Step3. 在"新建"对话框的 类型 选项组中选中 ◉ 🔩 制造 单选项，在 子类型 选项组中选中 ◉ NC装配 单选项，在 名称 文本框中输入文件名称 area_turning，取消选中 ☐ 使用默认模板 复选框，单击该对话框中的 确定 按钮。

Step4. 在系统弹出的"新文件选项"对话框的 模板 选项组中选择 mmns_mfg_nc 模板，然后在该对话框中单击 确定 按钮。

Task2. 建立制造模型

Stage1. 引入参考模型

Step1. 选取命令。单击 制造 功能选项卡 元件▾ 区域中的"组装参考模型"按

钮 🖼 （或单击 🖼 按钮，然后在弹出的菜单中选择 🖼 组装参考模型 命令），系统弹出"打开"对话框。

Step2. 在"打开"对话框中选取三维零件模型——tsm.prt 作为参考零件模型，并将其打开，系统弹出"元件放置"操控板。

Step3. 在"元件放置"操控板中选择 🖼 默认 选项，然后单击 ✓ 按钮，完成参考模型的放置，放置后如图 5.1.2 所示。

Stage2. 创建工件

Step1. 选取命令。单击 制造 功能选项卡 元件 ▼ 区域中的"工件"按钮 🖼 （或单击 🖼 按钮，然后在弹出的菜单中选择 🖼 自动工件 命令），系统弹出"创建自动工件"操控板。

Step2. 单击操控板中的 🖼 按钮，然后在模型树中选取 ✗ NC_ASM_DEF_CSYS 作为放置毛坯工件的原点，然后单击操控板中的 选项 按钮，在 总直径 文本框中输入数值 35.0，然后按 Enter 键，单击操控板中的 ✓ 按钮，完成工件的创建，如图 5.1.3 所示。

图 5.1.2　放置后的参考模型

图 5.1.3　工件模型

Task3. 制造设置

Step1. 选取命令。单击 制造 功能选项卡 工艺 ▼ 区域中的"操作"按钮 🖼，此时系统弹出"操作"操控板。

Step2. 机床设置。单击"操作"操控板中的"制造设置"按钮 🖼，在弹出的菜单中选择 🖼 车床 命令，系统弹出"车床工作中心"对话框，在 转塔数 下拉列表中选择 1 选项，如图 5.1.4 所示。

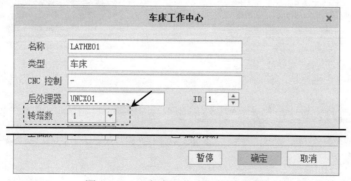

图 5.1.4　"车床工作中心"对话框

Step3. 刀具设置。在"车床工作中心"对话框中单击 刀具 选项卡，然后单击 转塔 1

按钮，系统弹出"刀具设定"对话框。

　　Step4. 在弹出的"刀具设定"对话框的 常规 选项卡中设置图 5.1.5 所示的刀具参数，设置完毕后依次单击 应用 和 确定 按钮，返回到"车床工作中心"对话框。

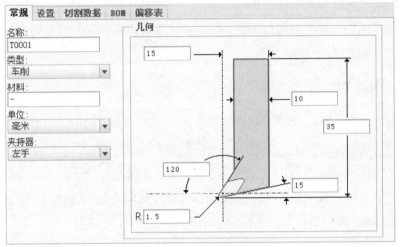

图 5.1.5　设定刀具参数

　　Step5. 在"车床工作中心"对话框中单击 确定 按钮，返回到"操作"操控板。

　　Step6. 机床坐标系的设置。在"操作"操控板中单击 基准 按钮，在弹出的菜单中选择 命令，系统弹出图 5.1.6 所示的"坐标系"对话框。按住 Ctrl 键，依次选择 NC_ASM_RIGHT、NC_ASM_FRONT 基准面和图 5.1.7 所示的模型表面作为创建坐标系的三个参考平面，单击 确定 按钮完成坐标系的创建，返回到"操作"操控板。单击 ▶ 按钮，此时系统自动选取新创建的坐标系作为加工坐标系。

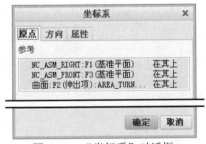

图 5.1.6　"坐标系"对话框

图 5.1.7　创建坐标系

　　Step7. 退刀面的设置。在"操作"操控板中单击 间隙 按钮，在"间隙"设置界面的 类型 下拉列表中选择 平面 选项，单击 参考 文本框，在模型树中选取坐标系 ACS1 为参考，在 值 文本框中输入数值 20.0。

　　Step8. 单击"操作"操控板中的 ✔ 按钮，完成操作设置。

Task4. 加工方法设置

Step1. 单击 车削 功能选项卡 制造几何 ▾ 区域中的"车削轮廓"按钮 ，此时系统弹出图 5.1.8 所示的"车削轮廓"操控板。

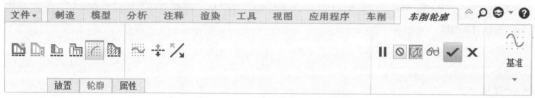

图 5.1.8 "车削轮廓"操控板

Step2. 在"车削轮廓"操控板中单击 按钮，然后在模型树中选取坐标系 ACS1 作为放置参考；单击 按钮，系统弹出"草绘"对话框，选取 NC_ASM_TOP 基准平面为草绘参考，方向选为 左 ，单击 草绘 按钮，进入草绘环境；绘制图 5.1.9 所示的截面草图。

说明：绘制截面草图时可将工件模型隐藏，截面草图都是沿着模型的轮廓线。

图 5.1.9 截面草图

Step3. 完成草绘后，单击"草绘"操控板中的"确定"按钮 ，返回到"车削轮廓"操控板，单击轮廓线上的箭头调整其方向，结果如图 5.1.10 所示。单击"车削轮廓"操控板中的 按钮，可以预览车削轮廓，如图 5.1.11 所示（已隐藏制造模型），然后单击 按钮，完成车削轮廓的创建。

图 5.1.10 选择方向   图 5.1.11 预览车削轮廓

Step4. 单击 车削 功能选项卡 车削 ▾ 区域中的"区域车削"按钮 ，此时系统弹出图 5.1.12 所示的"区域车削"操控板。

图 5.1.12 "区域车削"操控板

Step5. 在"区域车削"操控板的 下拉列表中选择 01 : T0001 选项。

Step6. 在"区域车削"操控板中单击 参数 按钮，在弹出的"参数"设置界面中设置图 5.1.13 所示的车削参数。

Step7. 在"区域车削"操控板中单击 刀具运动 按钮，在弹出的"刀具运动"设置界面中单击 区域车削 按钮（图 5.1.14）。

图 5.1.13　设置车削参数

图 5.1.14　"刀具运动"设置界面

Step8. 选取轮廓。此时系统弹出"区域车削"对话框，在模型树中选取前面创建的 车削轮廓 1 [车削轮廓]节点，此时对话框显示如图 5.1.15 所示，图形区显示如图 5.1.16 所示。

Step9. 定义延伸方向。在"区域车削"对话框的 开始延伸 下拉列表中选择 X 正向 选项，在 结束延伸 下拉列表中选择 X 正向 选项，图形区显示如图 5.1.17 所示。

图 5.1.15　"区域车削"对话框

图 5.1.16　默认的延伸方向

图 5.1.17　调整后的延伸方向

Step10. 在"区域车削"对话框中单击 确定 按钮，返回到"区域车削"操控板。

Task5. 演示刀具轨迹

Step1. 在"区域车削"操控板中单击 按钮，系统弹出"播放路径"对话框。

Step2. 单击"播放路径"对话框中的 ▶ 按钮，观测刀具的行走路线，结果如图 5.1.18 所示；单击 ▶ CL 数据 栏打开窗口查看生成的 CL 数据，如图 5.1.19 所示。

Step3. 演示完成后，单击"播放路径"对话框中的 关闭 按钮。

Task6. 加工仿真

注意：执行此步骤操作前应先将工件模型显示出来。

Step1. 在"区域车削"操控板中单击 按钮，系统弹出"Material Removal"操控板，单击 按钮，系统弹出"Play Simulation"对话框，然后单击 ▶ 按钮，仿真结果如图 5.1.20 所示。

图 5.1.18 刀具的行走路线

图 5.1.20 加工仿真

图 5.1.19 CL 数据

Step2. 演示完成后，单击"Play Simulation"对话框中的 Close 按钮，然后单击"Material Removal"操控板中的 ✕ 按钮，退出仿真环境。

Step3. 在"区域车削"操控板中单击 ✓ 按钮完成操作。

Task7. 切减材料

Step1. 单击 车削 功能选项卡中的 制造几何 ▼ 按钮，在弹出的菜单中选择 材料移除切削 命令，在弹出的 ▼ NC 序列列表 菜单中选择 1: 区域车削 1, 操作: OP010 命令，然后依次选择 ▼ MAT REMOVAL (材料移除) ➡ Automatic (自动) ➡ Done (完成) 命令。

Step2. 在弹出的"相交元件"对话框中依次单击 自动添加 按钮和 ☰ 按钮，选取工件"MILL_VOLUME_WRK_01"，然后单击 确定 按钮，完成材料切减，切减材料后的模型如图 5.1.21 所示。

图 5.1.21 切减材料后的模型

Step3. 选择下拉菜单 文件▾ ➡ 🖫 保存(S) 命令，保存文件。

5.2 轮 廓 车 削

在车削加工中，轮廓加工主要用于车削回转体零件的外形轮廓。在加工中需要指定加工零件的外形轮廓，刀具将沿着指定的轮廓一次走刀完成所有轮廓的加工。下面以图 5.2.1 所示的模型为例来说明轮廓车削加工的一般操作步骤。

a）参考模型   b）工件   c）加工结果

图 5.2.1 轮廓车削

Task1. 调出制造模型

Step1. 设置工作目录。选择下拉菜单 文件▾ ➡ 管理会话(M) ▸ ➡ 选择工作目录(W) 更改工作目录. 命令，将工作目录设置至 D:\creo4.9\work\ch05.02。

Step2. 选择下拉菜单 文件▾ ➡ 📂 打开(O) 命令，系统弹出"文件打开"对话框。

Step3. 在"文件打开"对话框中选择 area_turning.asm，然后单击 打开 ▾ 按钮，将文件打开。

Task2. 加工方法设置

Step1. 单击 车削 功能选项卡 车削▾ 区域中的 🔄轮廓车削 按钮，此时系统弹出"轮廓车削"操控板。

Step2. 在"轮廓车削"操控板的 🔪 下拉列表中选择 📄 编辑刀具... 选项，系统弹出"刀具设定"对话框。

Step3. 在弹出的"刀具设定"对话框中单击 按钮，然后在 常规 选项卡中设置图 5.2.2 所示的刀具参数，设置完毕后依次单击 应用 和 确定 按钮，返回到"轮廓车削"操控板。

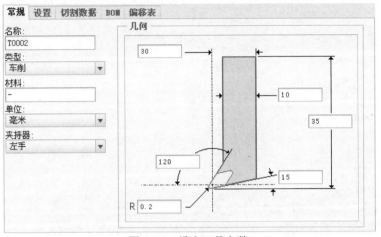

图 5.2.2　设定刀具参数

Step4. 在"轮廓车削"操控板中单击 参数 按钮，在弹出的"参数"设置界面中设置图 5.2.3 所示的车削参数。

切削进给	800
弧形进给	-
自由进给	-
退刀进给	-
切入进给量	-
公差	0.01
允许余量	0
Z 向允许余量	-
切割方向	标准
切入角	135
拉伸角	315
接近距离	5
退刀距离	10
主轴速度	1200
冷却液选项	开
刀具方位	90

图 5.2.3　设置车削参数

Step5. 在"轮廓车削"操控板中单击 刀具运动 按钮，在弹出的"刀具运动"设置界面中单击 轮廓车削 按钮（图 5.2.4）。

图 5.2.4　"刀具运动"设置界面

Step6. 选取轮廓。此时系统弹出"轮廓车削"对话框，在模型树中选取前面创建的

🔲 车削轮廓 1 [车削轮廓] 节点，此时对话框显示如图 5.2.5 所示，图形区显示如图 5.2.6 所示。

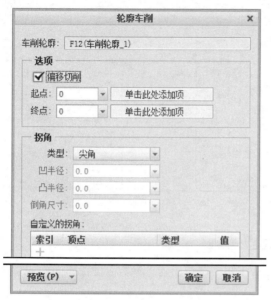

图 5.2.5 "轮廓车削"对话框

图 5.2.6 显示车削轮廓

Step7. 在"轮廓车削"对话框中单击  按钮，返回到"轮廓车削"操控板。

Task3. 演示刀具轨迹

Step1. 在"轮廓车削"操控板中单击 ⊞ 按钮，系统弹出"播放路径"对话框。

Step2. 单击"播放路径"对话框中的 ▶ 按钮，观测刀具的行走路线，结果如图 5.2.7 所示。

Step3. 演示完成后，单击"播放路径"对话框中的 关闭 按钮。

Task4. 加工仿真

Step1. 在"轮廓车削"操控板中单击 按钮，系统弹出"Material Removal"操控板，单击 按钮，系统弹出"Play Simulation"对话框，然后单击 ▶ 按钮，仿真结果如图 5.2.8 所示。

图 5.2.7 刀具的行走路线

图 5.2.8 加工仿真

Step2. 演示完成后，单击"Play Simulation"对话框中的 Close 按钮，然后单击"Material Removal"操控板中的 ✕ 按钮，退出仿真环境。

Step3. 在"轮廓车削"操控板中单击 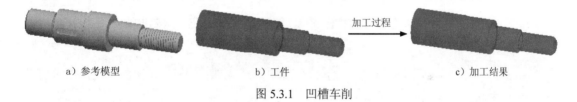 按钮完成操作。

Task5. 切减材料

Step1. 单击 车削 功能选项卡中的 制造几何 ▼ 按钮，在弹出的菜单中选择 材料移除切削 命令，在弹出的 ▼ NC 序列列表 菜单中选择 2: 轮廓车削 1, 操作: OP010 命令，然后依次选择 ▼ MAT REMOVAL (材料移除) ➡ Automatic (自动) ➡ Done (完成) 命令。

Step2. 在弹出的"相交元件"对话框中依次单击 自动添加 按钮和 ☰ 按钮，然后单击 确定 按钮，完成材料切减。

Step3. 选择下拉菜单 文件 ▼ ➡ ■ 保存(S) 命令，保存文件。

5.3 凹 槽 车 削

凹槽车削主要用于加工棒料的凹槽部分。加工凹槽时，刀具切割工件时是垂直于回转体轴线进行切削的，凹槽切削用的刀具两侧都有切削刃，故可对凹槽两侧同时进行车削。

下面以图 5.3.1 所示的模型为例来说明凹槽车削加工的一般操作步骤。

![图5.3.1 凹槽车削]

a) 参考模型　　　　　　　　　　b) 工件　　　　　加工过程　　　　c) 加工结果

图 5.3.1　凹槽车削

Task1. 调出制造模型

Step1. 设置工作目录。选择下拉菜单 文件 ▼ ➡ 管理会话(M) ▶ ➡ 选择工作目录(W) 更改工作目录。命令，将工作目录设置至 D:\creo4.9\work\ch05.03。

Step2. 选择下拉菜单 文件 ▼ ➡ ▷ 打开(O) 命令，系统弹出"文件打开"对话框。

Step3. 在"文件打开"对话框中选择文件"area_turning.asm"，然后单击 打开 ▼ 按钮，将文件打开。

Task2. 加工方法设置

说明： 创建车削轮廓前最好将工件模型和其他车削轮廓进行隐藏。

Step1. 创建车削轮廓。单击 车削 功能选项卡 制造几何 ▼ 区域中的"车削轮廓"按钮 ，此时系统弹出"车削轮廓"操控板。单击操控板中的 按钮，然后在模型树中选取坐标系 ACS1 作为放置参考；单击操控板中的 按钮，系统弹出"草绘"对话框，选取 NC_ASM_TOP

基准平面为草绘参考，方向选为 <u>左</u>，单击 草绘 按钮，进入草绘环境。绘制图 5.3.2 所示的截面草图。

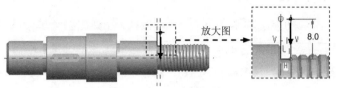

图 5.3.2　创建凹槽车削轨迹

Step2. 完成草绘后，单击"草绘"操控板中的"确定"按钮 ✓，返回到"车削轮廓"操控板，单击轮廓线上的箭头调整其方向，结果如图 5.3.3 所示。然后单击 ✓ 按钮，完成车削轮廓的创建。

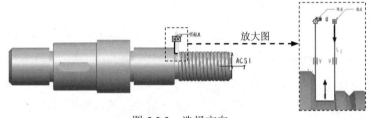

图 5.3.3　选择方向

Step3. 单击 车削 功能选项卡 车削 ▼ 区域中的 槽车削 按钮，此时系统弹出"槽车削"操控板。

Step4. 在"槽车削"操控板的 下拉列表中选择 编辑刀具 选项，系统弹出"刀具设定"对话框。

Step5. 在弹出的"刀具设定"对话框中单击 按钮，然后在 常规 选项卡中设置图 5.3.4 所示的刀具参数，设置完毕后依次单击 应用 和 确定 按钮，返回到"槽车削"操控板。

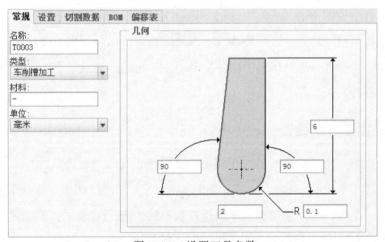

图 5.3.4　设置刀具参数

Step6. 在"槽车削"操控板中单击 参数 按钮，在弹出的"参数"设置界面中设置图 5.3.5 所示的车削参数。

切削进给	500
弧形进给	-
自由进给	-
公差	0.01
跨距	2
轮廓允许余量	0
粗加工允许余量	0
Z 向允许余量	-
扫描类型	类型 1
粗加工选项	仅限粗加工
切割方向	标准
坡口终止类型	没有后退切割
安全距离	10
接近距离	5
退刀距离	10
主轴速度	1200
冷却液选项	开
刀具方位	90

图 5.3.5　设置车削参数

Step7. 在"槽车削"操控板中单击 刀具运动 按钮，在弹出的"刀具运动"设置界面中单击 槽车削切削 按钮，此时系统弹出"槽车削切削"对话框。

Step8. 在系统 选取车削轮廓. 的提示下，在模型树中选取 车削轮廓 2 [车削轮廓]，在对话框的 开始延伸 下拉列表中选择 X 正向 选项，在 结束延伸 下拉列表中选择 X 正向 选项。

Step9. 在"槽车削切削"对话框中单击 确定 按钮，返回到"槽车削"操控板。

Task3．演示刀具轨迹

Step1. 在"槽车削"操控板中单击 按钮，系统弹出"播放路径"对话框。

Step2. 单击"播放路径"对话框中的 ► 按钮，观测刀具的行走路线，结果如图 5.3.6 所示；单击 ► CL 数据 栏打开窗口查看生成的 CL 数据，如图 5.3.7 所示。

Step3. 演示完成后，单击"播放路径"对话框中的 关闭 按钮。

Task4．加工仿真

注意：在进行加工仿真操作前应先将工件模型显示出来。

Step1. 在"槽车削"操控板中单击 按钮，系统弹出"Material Removal"操控板，单击 按钮，系统弹出"Play Simulation"对话框，然后单击 ► 按钮。

Step2. 演示完成后，单击"Play Simulation"对话框中的 Close 按钮，然后单击"Material Removal"操控板中的 X 按钮，退出仿真环境。

Step3. 在"槽车削"操控板中单击 ✔ 按钮完成操作。

Step4. 选择下拉菜单 文件 ▾ ➡ 🖫 保存⑤ 命令，保存文件。

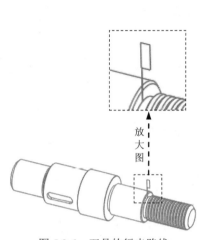

图 5.3.6　刀具的行走路线

图 5.3.7　查看 CL 数据

5.4　外螺纹车削

　　螺纹 NC 序列用于在数控车床上切削螺纹。螺纹可以是外螺纹和内螺纹，也可以是不通的或贯通的。通过草绘第一刀具运动（对外螺纹为外径，对内螺纹为内径），定义"螺纹 NC"序列。最后的螺纹深度用"螺纹进给"（THREAD_FEED）参数计算。Pro/NC 支持 ISO 标准螺纹输出，也支持"AI 宏"输出。可参考在"零件"模式中创建的现有"螺纹"修饰特征的几何。这对不通螺纹尤其方便。螺纹 NC 序列不从屏幕上的工件切除任何材料，但会产生适当的刀具轨迹。

　　下面以图 5.4.1 所示的模型为例来介绍外螺纹车削加工的一般操作步骤。

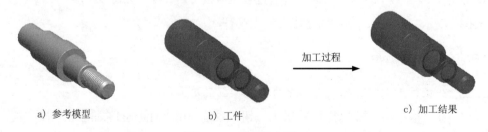

a）参考模型　　　　　　b）工件　　　　　　　　c）加工结果

图 5.4.1　外螺纹车削

Task1.　调出制造模型

Step1. 设置工作目录。选择下拉菜单 文件 ▾ ➡ 管理会话⑩ ▸ ➡ 选择工作目录① 更改工作目录。

命令，将工作目录设置至 D:\creo4.9\work\ch05.04。

Step2. 选择下拉菜单 文件 ▼ ➡ 打开(O) 命令，在弹出的"文件打开"对话框中选取三维零件模型——area_turning.asm 作为制造零件模型，并将其打开。此时图形区中显示图 5.4.2 所示的制造模型。

图 5.4.2　制造模型

Task2. 加工方法设置

说明：创建螺纹车削前最好将工件模型和其他车削轮廓进行隐藏。

Step1. 单击 车削 功能选项卡 车削 ▼ 区域中的 螺纹车削 按钮，此时系统弹出图 5.4.3 所示的"螺纹车削"操控板。

图 5.4.3　"螺纹车削"操控板

Step2. 在"螺纹车削"操控板的 下拉列表中选择 编辑刀具... 选项，系统弹出"刀具设定"对话框。

Step3. 在弹出的"刀具设定"对话框中单击 按钮，然后在 常规 选项卡中设置图 5.4.4 所示的刀具参数，设置完毕后依次单击 应用 和 确定 按钮，返回到"螺纹车削"操控板。

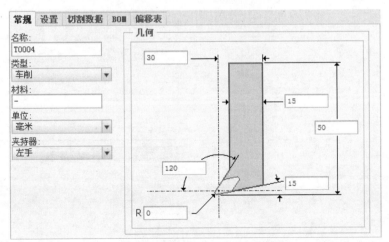

图 5.4.4　"刀具设定"对话框

Step4. 在"螺纹车削"操控板的 下拉列表中选择 选项，在 统一 ▼ 下拉列

表中选择 常规 选项。

　　Step5. 创建车削轮廓。在"螺纹车削"操控板中单击 按钮，在弹出的菜单中选择 （车削轮廓）命令，系统弹出"车削轮廓"操控板。依次单击操控板中的 和 按钮，系统弹出"草绘"对话框，选取 NC_ASM_TOP 基准平面为草绘参考，方向选为 左。单击 草绘 按钮，进入草绘环境。绘制图 5.4.5 所示的截面草图。

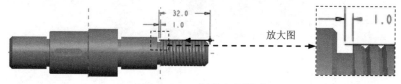

图 5.4.5　创建车削轮廓

　　Step6. 完成草绘后，单击 按钮，返回到"车削轮廓"操控板。在操控板中单击 按钮设置要移除的材料侧，结果如图 5.4.6 所示。单击 按钮，返回到"螺纹车削"操控板。

图 5.4.6　选择方向

　　Step7. 在"螺纹车削"操控板中单击 按钮继续，单击 参考 按钮，激活 车削轮廓: 列表区，在图形区选取刚刚创建的车削轮廓 3（或在模型树中选取 车削轮廓 3 [车削轮廓] 节点）。

　　Step8. 在"螺纹车削"操控板中单击 参数 按钮，在弹出的"参数"设置界面中设置图 5.4.7 所示的车削加工参数，单击 按钮，系统弹出"编辑序列参数'螺纹车削 1'"对话框。在此对话框中单击 全部 按钮，然后在参数列表中设置图 5.4.8 所示的切削参数，保持其余参数为默认值，单击 确定 按钮，返回到"螺纹车削"操控板。

切削进给	500
自由进给	-
螺纹进给量	1.299
螺纹进给单位	MMPR
步长深度	-
公差	0.01
序号切割	5
安全距离	10
主轴速度	600
冷却液选项	关
刀具方位	90
余量百分比	0.2
进给角度	0
螺纹深度	1.4
螺纹深度方法	按切口

循环格式: ISO

图 5.4.7　设置螺纹车削加工参数

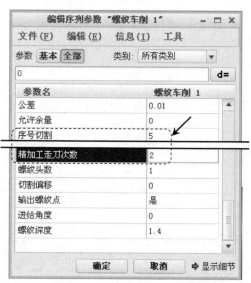

图 5.4.8　"编辑序列参数'螺纹车削 1'"对话框

Task3. 演示刀具轨迹

Step1. 在"螺纹车削"操控板中单击 ▥ 按钮，系统弹出"播放路径"对话框。

Step2. 单击"播放路径"对话框中的 ▶ 按钮，观测刀具的行走路线，结果如图 5.4.9 所示；单击 ▶ CL 数据 栏打开窗口查看生成的 CL 数据，如图 5.4.10 所示。

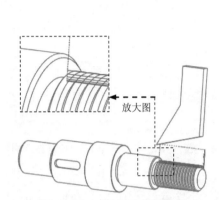

图 5.4.9　刀具的行走路线

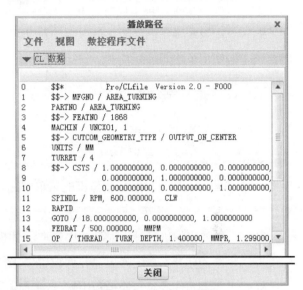

图 5.4.10　查看 CL 数据

Step3. 演示完成后，单击"播放路径"对话框中的 关闭 按钮。

Step4. 在"螺纹车削"操控板中单击 ✔ 按钮完成操作。

Step5. 选择下拉菜单 文件 ▾ ➡ 保存(S) 命令，保存文件。

5.5 内螺纹车削

下面以图 5.5.1 所示的模型为例来说明内螺纹车削的一般操作步骤。

a）参考模型　　　　　b）工件　　　　　c）加工结果

图 5.5.1　内螺纹车削

Task1. 新建一个数控制造模型文件

Step1. 设置工作目录。选择下拉菜单 文件 ▾ ➡ 管理会话(M) ▸ ➡ 选择工作目录(W) 更改工作目录。

命令，将工作目录设置至 D:\creo4.9\work\ch05.05。

Step2. 在快速访问工具栏中单击"新建"按钮 $\square$，系统弹出"新建"对话框。

Step3. 在"新建"对话框的 类型 选项组中选中 ◉ ⚒ 制造 单选项，在 子类型 选项组中选中 ◉ NC装配 单选项，在 名称 文本框中输入文件名称 screw-cap_turning，取消选中 □ 使用默认模板 复选框，单击该对话框中的 确定 按钮。

Step4. 在系统弹出的"新文件选项"对话框的 模板 选项组中选取 mmns_mfg_nc 模板，然后在该对话框中单击 确定 按钮。

Task2. 建立制造模型

Stage1. 引入参考模型

Step1. 选取命令。单击 制造 功能选项卡 元件 ▾ 区域中的"组装参考模型"按钮 (或单击 参考模 型▾ 按钮，然后在弹出的菜单中选择 组装参考模型 命令)，系统弹出"打开"对话框。

Step2. 从弹出的"打开"对话框中选取零件模型——screw-cap_turning.prt 作为参考零件模型，并将其打开，系统弹出"元件放置"操控板。

Step3. 在"元件放置"操控板中选择 □ 默认 选项，然后单击 ✓ 按钮，完成参考模型的放置，放置后如图 5.5.2 所示。

Stage2. 引入工件

Step1. 选取命令。单击 制造 功能选项卡 元件 ▾ 区域中的 工件 ▾ 按钮，在弹出的菜单中选择 组装工件 命令，系统弹出"打开"对话框。

Step2. 从弹出的文件"打开"对话框中选取零件模型——screw-cap_workpiece.prt，并将其打开。

Step3. 在"元件放置"操控板中选择 □ 默认 选项，然后单击 ✓ 按钮，完成毛坯工件的放置，放置后如图 5.5.3 所示。

图 5.5.2　放置后的参考模型

图 5.5.3　放置工件

Task3. 制造设置

Step1. 选取命令。单击 制造 功能选项卡 工艺 ▾ 区域中的"操作"按钮 ⚒，此时系统弹出"操作"操控板。

Step2. 机床设置。单击"操作"操控板中的"制造设置"按钮 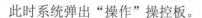，在弹出的菜单中选择 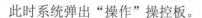 车床命令，系统弹出"车床工作中心"对话框，在 转塔数 下拉列表中选择 1 选项，单击 确定 按钮，完成机床设置，返回到"操作"操控板。

Step3. 设置机床坐标系。在"操作"操控板中单击 基准 按钮，在弹出的菜单中选择 ✳ 命令，系统弹出图5.5.4所示的"坐标系"对话框。按住〈Ctrl〉键，依次选择 NC_ASM_TOP、NC_ASM_RIGHT 和图 5.5.5 所示的曲面 1 作为创建坐标系的三个参考平面，最后单击 确定 按钮完成坐标系的创建，返回到"操作"操控板。

Step4. 在"操作"操控板中单击 ▶ 按钮，此时系统自动选择新创建的坐标系作为加工坐标系。

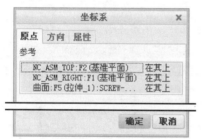

图 5.5.4 "坐标系"对话框

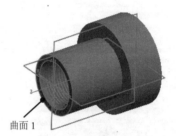

图 5.5.5 创建坐标系

Step5. 退刀面的设置。在"操作"操控板中单击 间隙 按钮，在"间隙"设置界面的 类型 下拉列表中选择 平面 选项，单击 参考 文本框，在模型树中选取坐标系 ACS0 为参考，在 值 文本框中输入数值 20.0。

Step6. 单击"操作"操控板中的 ✔ 按钮，完成操作设置。

Task4. 加工方法设置

Step1. 单击 车削 功能选项卡 车削▼ 区域中的 螺纹车削 按钮，此时系统弹出"螺纹车削"操控板。

Step2. 在"螺纹车削"操控板中 下拉列表中选择 编辑刀具 选项，系统弹出"刀具设定"对话框。

Step3. 在弹出的"刀具设定"对话框中单击 按钮，然后在 常规 选项卡中设置图5.5.6所示的刀具参数，设置完毕后依次单击 应用 和 确定 按钮，返回到"螺纹车削"操控板。

Step4. 在"螺纹车削"操控板的 下拉列表中选择 选项，在 统一 下拉列表中选择 常规 选项。

Step5. 创建车削轮廓。在"螺纹车削"操控板中单击 按钮，在弹出的菜单中选择 （车削轮廓）命令，系统弹出"车削轮廓"操控板。依次单击操控板中的 和 按钮，系统弹出"草绘"对话框，单击 草绘 按钮，选取 NC_ASM_FRONT 基准平面为草绘参考，方向选为 左，进入草绘环境。绘制图 5.5.7 所示的截面草图。

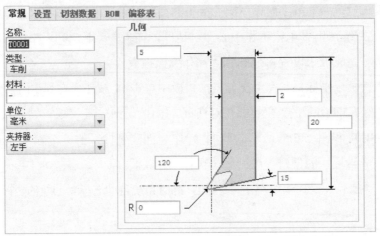

图 5.5.6　设置刀具参数

Step6. 完成草绘后，单击 ✔ 按钮，返回到"车削轮廓"操控板，在操控板中单击 ⧄ 按钮设置要移除的材料侧，结果如图 5.5.8 所示。单击 ✔ 按钮，返回到"螺纹车削"操控板。

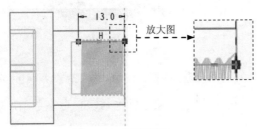

图 5.5.7　截面草图

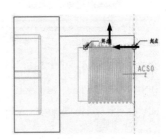

图 5.5.8　选择方向

Step7. 在"螺纹车削"操控板中单击 ▶ 按钮继续，单击 参考 按钮，激活 车削轮廓: 列表区，在图形区选取刚刚创建的车削轮廓 1（或在模型树中选取 车削轮廓 1 [车削轮廓] 节点）。

Step8. 在"螺纹车削"操控板中单击 参数 按钮，在弹出的"参数"设置界面中设置图 5.5.9 所示的车削加工参数。

切削进给	500
自由进给	-
螺纹进给量	0.649
螺纹进给单位	MMPR
步长深度	-
公差	0.01
允许余量	0
序号切割	0
安全距离	2
主轴速度	1200
冷却液选项	关
刀具方位	0
余量百分比	0.3
进给角度	0
螺纹深度	0.5

循环格式: AI 宏

图 5.5.9　设置螺纹车削加工参数

Task5. 演示刀具轨迹

Step1. 在"螺纹车削"操控板中单击 按钮，系统弹出"播放路径"对话框。

Step2. 单击"播放路径"对话框中的 按钮，观测刀具的行走路线，结果如图 5.5.10 所示。

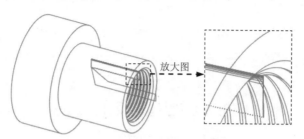

放大图

图 5.5.10 刀具的行走路线

Step3. 演示完成后，单击"播放路径"对话框中的 关闭 按钮。

Step4. 在"螺纹车削"操控板中单击 按钮完成操作。

Step5. 选择下拉菜单 文件 → 保存(S) 命令，保存文件。

学习拓展：扫一扫右侧二维码，可以免费学习更多视频讲解。
讲解内容：曲面的边界约束，曲面的连续性等。

第 **6** 章　线切割加工

本章将通过范例来介绍一些线切割加工方法，其中包括两轴线切割加工和四轴线切割加工。在学过本章之后，希望读者能够熟练掌握这两种线切割加工方法。

6.1　线切割加工概述

电火花线切割加工简称线切割加工，是在电火花加工基础上，于 20 世纪 50 年代末由苏联率先发展起来的一种新的工艺形式。它是利用一根运动的细金属丝($\varphi 0.02 \sim \varphi 0.3$ mm 的钼丝或铜丝)作工具电极，在工件与金属丝间通以脉冲电流，靠火花放电对工件进行切割加工的。在 Creo/NC 中，线切割主要有两轴和四轴加工。

电火花线切割的加工原理如图 6.1.1 所示。工件上预先打好穿丝孔，电极丝穿过该孔后，经导轮由储丝筒带动作正、反向交替移动。放置工件的工作台按预定的控制程序，在 X、Y 两个坐标方向上作伺服进给移动，把工件切割成形。加工时，需在电极丝和工件间不断浇注工作液。

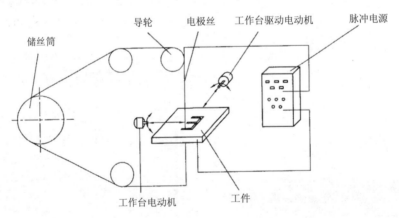

图 6.1.1　电火花线切割加工原理

线切割加工的加工机理和使用的电压、电流波形与电火花加工相似，但线切割加工不需要特定形状的电极，减少了电极的制造成本，缩短了生产准备时间，比电火花加工生产率高、加工成本低。加工中工具电极损耗很小，可获得高的加工精度。小孔，窄缝，凸、凹模加工可一次完成，多个工件可叠起来加工，但不能加工不通孔和立体成形表面。由于电火花线切割加工具有上述特点，在国内外发展都较快，已经成为一种高精度和高自动化的特种加工方法，在成形刀具与难切削材料、模具制造和精密复杂零件加工等方面得到了广泛应用。

6.2　两轴线切割加工

两轴线切割加工主要用于任何类型的二维轮廓切割，加工时刀具（钼丝或铜丝）沿着指定的路径切割工件，在工件上留下细丝切割所形成的轨迹线，使一部分工件与另一部分工件分离，从而达到最终加工结果。

下面通过图 6.2.1 所示的零件介绍两轴线切割加工的一般过程。

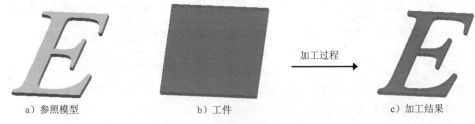

a）参照模型　　　　　　　　b）工件　　　　　　　　c）加工结果

图 6.2.1　两轴线切割加工

Task1. 新建一个数控制造模型文件

Step1. 设置工作目录。选择下拉菜单 文件▼ ➡ 管理会话(M) ▶ ➡ 选择工作目录(W) 更改工作目录。 命令，将工作目录设置至 D:\creo4.9\work\ch06.02。

Step2. 在快速访问工具栏中单击"新建"按钮 □，系统弹出"新建"对话框。

Step3. 在"新建"对话框的 类型 选项组中选中 ◉ 🗐 制造 单选项，在 子类型 选项组中选中 ◉ NC装配 单选项，在 名称 文本框中输入文件名称 two_wedming，取消选中 □ 使用默认模板 复选框，单击该对话框中的 确定 按钮。

Step4. 在系统弹出的"新文件选项"对话框的 模板 选项组中选取 mmns_mfg_nc 模板，然后在该对话框中单击 确定 按钮。

Task2. 建立制造模型

Stage1. 引入参考模型

Step1. 单击 制造 功能选项卡 元件▼ 区域中的"组装参考模型"按钮 🗐（或单击 参考模型▼ 按钮，然后在弹出的菜单中选择 🗐 组装参考模型 命令），系统弹出"打开"对话框。

Step2. 从弹出的"打开"对话框中选取零件模型——two_wedming.prt 作为参照零件模型，并将其打开，系统弹出"元件放置"操控板。

Step3. 在"元件放置"操控板中选择 👃 默认 选项，然后单击 ✅ 按钮，完成参考模型的放置，放置后如图 6.2.2 所示。

Stage2. 引入工件模型

Step1. 单击 制造 功能选项卡 元件 ▾ 区域中的 工件 ▾ 按钮，在弹出的菜单中选择 组装工件 命令，系统弹出"打开"对话框。

Step2. 从弹出的"打开"对话框中选取零件模型——two_workpiece.prt 作为工件模型，并将其打开，系统弹出"元件放置"操控板。

Step3. 在"元件放置"操控板中选择 默认 选项，然后单击 ✔ 按钮，完成工件模型的放置，放置后如图 6.2.3 所示。

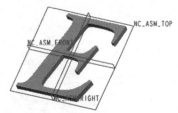

图 6.2.2　放置后的参考模型

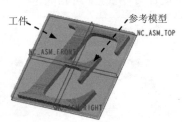

图 6.2.3　放置工件

Task3. 制造设置

Step1. 单击 制造 功能选项卡 工艺 ▾ 区域中的"操作"按钮 ，此时系统弹出"操作"操控板。

Step2. 机床设置。单击"操作"操控板中的"制造设置"按钮 ，在弹出的菜单中选择 制造设置 ▾ ➡ 制造设置 ▾ ➡ 线切割 命令，系统弹出图 6.2.4 所示的"WEDM 工作中心"对话框，在 轴数 下拉列表中选择 2 轴 选项，单击 确定 按钮，返回到"操作"操控板。

图 6.2.4　"WEDM 工作中心"对话框

Step3. 机床坐标系设置。在"操作"操控板中单击 按钮，在弹出的菜单中选择 命令，系统弹出图 6.2.5 所示的"坐标系"对话框。按住〈Ctrl〉键，依次选择 NC_ASM_FRONT、NC_ASM_RIGHT 基准面和图 6.2.6 所示的模型表面作为创建坐标系的三个参照平面，单击

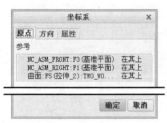 按钮完成坐标系的创建，返回到"操作"操控板。

图 6.2.5　"坐标系"对话框

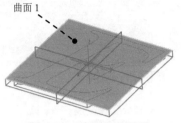

图 6.2.6　选取参照平面

Step4. 单击"操作"操控板中的 ▶ 按钮，此时系统自动选择了新创建的坐标系作为加工坐标系，单击 ✔ 按钮，完成操作设置。

Task4．加工方法设置

Step1. 单击 线切割 功能选项卡 线切割 ▼ 区域中的"轮廓加工"按钮 ，此时系统弹出"NC 序列"菜单。

Step2. 在弹出的 ▼ SEQ SETUP（序列设置）菜单中选中图 6.2.7 所示的复选框，然后选择 Done（完成）命令，系统弹出"刀具设定"对话框。

图 6.2.7　"序列设置"菜单

Step3. 在"刀具设定"对话框的 常规 选项卡中设置图 6.2.8 所示的刀具参数，依次单击 应用 和 确定 按钮，完成刀具的设定。此时系统弹出"编辑序列参数'轮廓加工线割'"对话框。

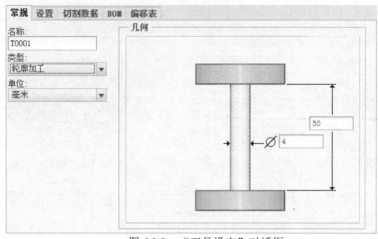

图 6.2.8 "刀具设定"对话框

注意: 本节线切割刀具直径值设为 4mm, 这是为了后面的加工检测更明显而特意设置的。实际上, 线切割的刀具直径的设置范围在 0.02~0.3mm 之间。

Step4. 在"编辑序列参数'轮廓加工线切割'"对话框中设置 基本 加工参数, 如图 6.2.9 所示, 选择下拉菜单 文件(F) 中的 另存为... 命令。接受系统默认的名称, 单击"保存副本"对话框中的 确定 按钮, 然后单击"编辑序列参数'轮廓加工线切割'"对话框中的 确定 按钮, 完成参数的设置。

Step5. 此时系统弹出图 6.2.10 所示的"自定义"对话框, 单击 插入 按钮。在系统弹出的 ▼ WEDM OPT (WEDM选项) 菜单中选中 ✓ Rough (粗加工) 和 ✓ Finish (精加工) 复选框, 然后依次选择 Surface (曲面) ➡ Done (完成) 命令, 如图 6.2.11 所示。

图 6.2.9 "编辑序列参数'轮廓加工线切割'"对话框

图 6.2.10 "自定义"对话框

Step6. 在弹出的图 6.2.12 所示的 ▼ CUT ALONG（切减材料）菜单中选中 ☑ Thread Point（螺纹点）、
☑ Surface（曲面）、☑ Direction（方向）、☑ Height（高度）、☑ Rough（粗加工）和 ☑ Finish（精加工）
复选框，单击 Done（完成）命令，此时弹出图 6.2.13 所示的 ▼ DEFN POINT（定义点）菜单。

图 6.2.11　"WEDM 选项"菜单

图 6.2.12　"切减材料"菜单

图 6.2.13　"定义点"菜单

Step7. 创建螺纹点。单击 **线切割** 功能选项卡 **基准 ▼** 区域中的 ××点 按钮，系
统弹出"基准点"对话框，如图 6.2.14 所示。选取图 6.2.15 所示的工件模型角点，单击 **确定**
按钮，然后在系统弹出的 ▼ DEFN POINT（定义点）菜单中选择 **Done/Return（完成/返回）** 命令，完
成螺纹点的创建。

图 6.2.14　"基准点"对话框

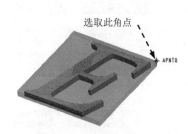

图 6.2.15　创建螺纹点

Step8. 选择曲面。在系统弹出的图 6.2.16 所示的 ▼ SURF PICK（曲面拾取）菜单中选择
Model（模型） ➡ **Done（完成）** 命令，系统弹出 ▼ SELECT SRFS（选择曲面）菜单和 ▼ SURF/LOOP（曲面/环）
菜单，选择 **Add（添加）** 和 Loop（环）命令，如图 6.2.17 所示。

注意：为了便于切割面的选取，可将工件模型进行隐藏。

Step9. 选取图 6.2.18 所示的参考模型的顶面，然后单击"选择"对话框中的 确定 按钮，在 ▼ SURF/LOOP (曲面/环) 菜单中选择 Done (完成) 命令，在 ▼ SELECT SRFS (选择曲面) 菜单中选择 Done/Return (完成/返回) 命令。

Step10. 定义方向。在弹出的图 6.2.19 所示的 ▼ DIRECTION (方向) 菜单中选择 Okay (确定) 命令，以系统给出的方向为正方向，如图 6.2.20 所示。

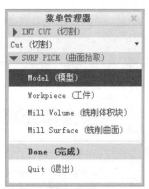

图 6.2.16 "曲面拾取"菜单

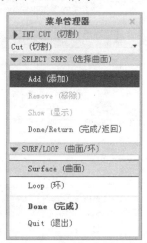

图 6.2.17 "选择曲面"菜单

图 6.2.18 选取的切割面组

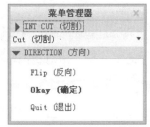

图 6.2.19 "方向"菜单

图 6.2.20 定义方向

Step11. 定义高度。在弹出的图 6.2.21 所示的 ▼ HEIGHT (高度) 和 ▼ CTM DEPTH (CTM深度) 菜单中依次选择 Add (添加) ➡ Specify Plane (指定平面) 命令，然后选取图 6.2.22 所示的曲面，在 ▼ HEIGHT (高度) 菜单中选择 Done/Return (完成/返回) 命令。

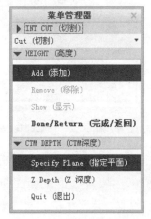

图 6.2.21 "高度""CTM 深度"菜单

图 6.2.22 选取深度基准面

Step12. 在图 6.2.23 所示的 ▶ INT CUT (切割) 菜单中选择 Play Cut (播放切割) 命令,系统弹出图 6.2.24 所示的 ▼ CL CONTROL (CL控制) 菜单,可以观察切削路径演示,如图 6.2.25 所示。

图 6.2.23 "切割"菜单

图 6.2.24 "CL 控制"菜单

Step13. 在 ▼ CL CONTROL (CL控制) 菜单中选择 Done (完成) 命令,在 ▶ INT CUT (切割) 菜单中选择 Done Cut (确认切减材料) 命令。此时系统弹出图 6.2.26 所示的"跟随切削"对话框,单击该对话框中的 确定 按钮,然后单击"自定义"对话框中的 确定 按钮。

图 6.2.25 演示切削路径

图 6.2.26 "跟随切削"对话框

Task5. 演示刀具轨迹

Step1. 在系统弹出的 ▼ NC SEQUENCE (NC 序列) 菜单中选择 Play Path (播放路径) 命令。

Step2. 在 ▼ PLAY PATH (播放路径) 菜单中选择 Screen Play (屏幕播放) 命令,系统弹出"播放路径"对话框。

Step3. 单击 "播放路径" 对话框中的 [▶] 按钮，观测刀具的行走路线，如图 6.2.27 所示。单击 ▶ CL 数据 栏查看生成的 CL 数据，如图 6.2.28 所示。

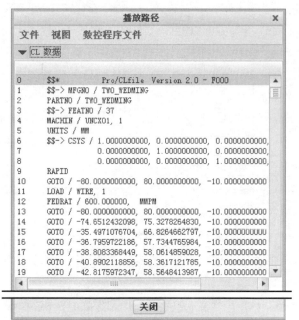

图 6.2.27　刀具的行走路线

图 6.2.28　查看 CL 数据

Step4. 演示完成后，单击 "播放路径" 对话框中的 关闭 按钮。

Task6. 加工仿真

注意： 在进行加工仿真前，应将工件模型恢复为显示状态。

Step1. 在 ▼ PLAY PATH (播放路径) 菜单中选择 NC Check (NC 检查) 命令，系统弹出 "Material Removal" 操控板，单击 按钮，系统弹出 "Play Simulation" 对话框，然后单击 [▶] 按钮，仿真结果如图 6.2.29 所示。

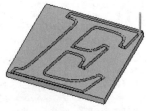

图 6.2.29　加工仿真

Step2. 演示完成后，单击 "Play Simulation" 对话框中的 Close 按钮，然后单击 "Material Removal" 操控板中的 ✕ 按钮，退出仿真环境。

Step3. 在 ▼ NC SEQUENCE (NC 序列) 菜单中选择 Done Seq (完成序列) 命令。

Step4. 选择下拉菜单 文件 ▼ ➜ 保存(S) 命令，保存文件。

6.3 四轴线切割加工

四轴线切割加工是数控线切割加工中常用的一种加工方法。四轴线切割加工分为锥角方式和 XY-UV 方式两种加工类型。锥角加工就是在加工过程中，电极丝与工件面成一个角度；在 XY-UV 方式加工中，所指定的参考模型的上下表面形状是不同的。

下面以图 6.3.1 所示的模型为例来说明锥角方式四轴线切割加工的一般操作步骤。

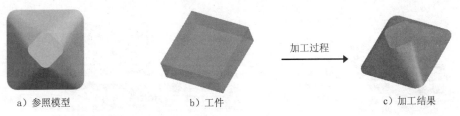

a）参照模型   b）工件   加工过程 →   c）加工结果

图 6.3.1 四轴线切割加工

Task1. 新建一个数控制造模型文件

Step1. 设置工作目录。选择下拉菜单 文件 ▼ ➡ 管理会话(M) ▶ ➡ 选择工作目录(W) 更改工作目录。 命令，将工作目录设置至 D:\creo4.9\work\ch06.03。

Step2. 在快速访问工具栏中单击"新建"按钮 □，系统弹出"新建"对话框。

Step3. 在"新建"对话框的 类型 选项组中选中 ● 🔩 制造 单选项，在 子类型 选项组中选中 ● NC装配 单选项，在 名称 文本框中输入文件名称 cone_wedming，取消选中 □ 使用默认模板 复选框，单击该对话框中的 确定 按钮。

Step4. 在系统弹出的"新文件选项"对话框的 模板 选项组中选取 mmns_mfg_nc 模板，然后在该对话框中单击 确定 按钮。

Task2. 建立制造模型

Stage1. 引入参考模型

Step1. 单击 制造 功能选项卡 元件 ▼ 区域中的"组装参考模型"按钮 📇（或单击 参考模型 ▼ 按钮，然后在弹出的菜单中选择 📇 组装参考模型 命令），系统弹出"打开"对话框。

Step2. 在弹出的"打开"对话框中选取三维零件模型——cone_wedming.prt 作为参考零件模型，并将其打开，系统弹出"元件放置"操控板。

Step3. 在"元件放置"操控板中选择 🖵 默认 选项，然后单击 ✔ 按钮，完成参考模型的放置，放置后如图 6.3.2 所示。

Stage2. 引入工件模型

Step1. 单击 制造 功能选项卡 元件▼ 区域中的 工件▼ 按钮，在弹出的菜单中选择 📐组装工件 命令，系统弹出"打开"对话框。

Step2. 在弹出的"打开"对话框中选取三维零件模型——cone_workpiece.prt，并将其打开，系统弹出"元件放置"操控板。

Step3. 在"元件放置"操控板中选择 🗓默认 选项，然后单击 ✔ 按钮，完成工件模型的放置，放置后如图 6.3.3 所示。

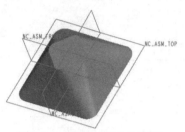

图 6.3.2 放置后的参考模型

图 6.3.3 放置工件

Task3. 制造设置

Step1. 单击 制造 功能选项卡 工艺▼ 区域中的"操作"按钮 🔟，此时系统弹出"操作"操控板。

Step2. 机床设置。单击"操作"操控板中的"制造设置"按钮 🛠，在弹出的菜单中选择 制造设置▼ ➡ 制造设置▼ ➡ 🛠 线切割 命令，系统弹出"WEDM 工作中心"对话框，在 轴数 下拉列表中选择 4 轴 选项，单击 确定 按钮，返回到"操作"操控板。

Step3. 机床坐标系设置。在"操作"操控板中单击 基准▼ 按钮，在弹出的菜单中选择 ⊁ 命令，系统弹出图 6.3.4 所示的"坐标系"对话框。按住 Ctrl 键，依次选择 NC_ASM_FRONT、NC_ASM_RIGHT 基准面和图 6.3.5 所示的曲面 1 作为创建坐标系的三个参照平面，单击"坐标系"对话框中的 方向 选项卡，单击按钮，调整 Y 轴的正方向，单击 确定 按钮完成坐标系的创建，返回到"操作"操控板。

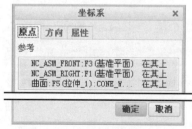

图 6.3.4 "坐标系"对话框

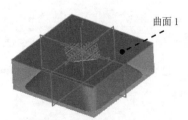

图 6.3.5 选取参照平面

Step4. 单击"操作"操控板中的 ▶ 按钮，此时系统自动选择了新创建的坐标系作为加

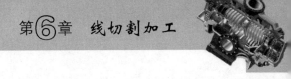

工坐标系，单击 ✔ 按钮，完成操作设置。

Task4. 加工方法设置

Step1. 单击 线切割 功能选项卡 线切割 ▾ 区域中的"锥角"按钮 ↗，此时系统弹出"序列设置"菜单。

Step2. 在系统弹出的 ▼ SEQ SETUP (序列设置) 菜单中选中图 6.3.6 所示的复选框，然后选择 Done (完成) 命令。

图 6.3.6 "序列设置"菜单

Step3. 在"刀具设定"对话框的 常规 选项卡中设置图 6.3.7 所示的刀具参数，依次单击 应用 和 确定 按钮，完成刀具的设定。此时系统弹出"编辑序列参数'轮廓加工线切割'"对话框。

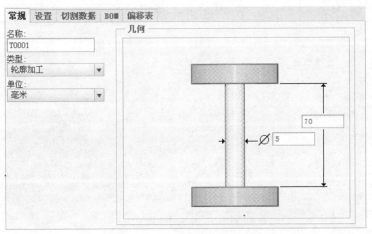

图 6.3.7 "刀具设定"对话框

Step4. 在"编辑序列参数'轮廓加工线切割'"对话框中设置 基本 加工参数，如图 6.3.8 所示，选择下拉菜单 文件(F) 中的 另存为... 命令。接受系统默认的名称，单击"保存副本"对话框中的 确定 按钮，然后单击"编辑序列参数'轮廓加工线切割'"对话框中的 确定 按钮，完成参数的设置。

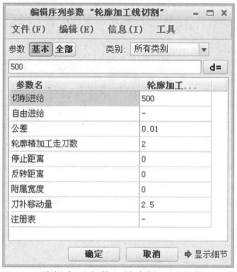

图 6.3.8 "编辑序列参数'轮廓加工线切割'"对话框

Step5. 系统弹出"自定义"对话框，单击 插入 按钮。在系统弹出的 ▼ WEDM OPT (WEDM选项) 菜单中选中 ✔Rough (粗加工) 和 ✔Finish (精加工) 复选框，然后依次选择 Surface (曲面) ➡ Done (完成) 命令。

Step6. 在弹出的 ▼ CUT ALNG (切减材料对齐) 菜单中选中 ✔Thread Point (螺纹点) 、✔Surface (曲面) 、✔Direction (方向) 、✔Height (高度) 、✔Rough (粗加工) 和 ✔Finish (精加工) 复选框，单击 Done (完成) 命令。

Step7. 创建螺纹点。单击 线切割 功能选项卡 基准 ▼ 区域中的 ××点 按钮，系统弹出"基准点"对话框，如图 6.3.9 所示。选取图 6.3.10 所示的工件模型角点，单击 确定 按钮，然后在系统弹出的 ▼ DEFN POINT (定义点) 菜单中选择 Done/Return (完成/返回) 命令，完成螺纹点的创建。

图 6.3.9 "基准点"对话框

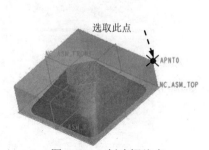

图 6.3.10 创建螺纹点

Step8. 选择曲面。在系统弹出的 `▼ SURF PICK (曲面拾取)` 菜单中选择 `Model (模型)` ➡️ `Done (完成)` 命令。系统弹出 `▼ SELECT SRFS (选择曲面)` 菜单和 `▼ SURF/LOOP (曲面/环)` 菜单，选择 `Add (添加)` 和 `Surface (曲面)` 命令。

注意：为了便于切割面的选取，可暂时将工件模型进行隐藏。

Step9. 依次选取图 6.3.11 所示的各面作为切割面。选取完毕后，单击"选择"对话框中的 `确定` 按钮，然后在 `▼ SURF/LOOP (曲面/环)` 菜单中选择 `Done (完成)` 命令，在 `▼ SELECT SRFS (选择曲面)` 菜单中选择 `Done/Return (完成/返回)` 命令。

注意：一定要依照连接顺序来选取各面，否则系统无法完成切割过程。

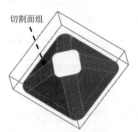

图 6.3.11　选取的切割面

Step10. 定义方向。在弹出的 `▼ DIRECTION (方向)` 菜单中选择 `Okay (确定)` 命令，以系统给出的方向为正方向，如图 6.3.12 所示。

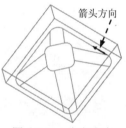

图 6.3.12　定义方向

Step11. 定义高度。在弹出的 `▼ HEIGHT (高度)` 和 `▼ CTM DEPTH (CTM深度)` 菜单中选择 `Specify Plane (指定平面)` 命令，然后选取图 6.3.13 所示的曲面，在 `▼ HEIGHT (高度)` 菜单中选择 `Done/Return (完成/返回)` 命令。

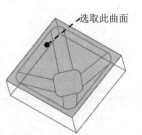

图 6.3.13　选取深度基准面

Step12. 在 `▶ INT CUT (切割)` 菜单中选择 `Play Cut (播放切割)` 命令。系统弹出

▼ CL CONTROL (CL控制) 菜单，可以观察切削路径演示，如图 6.3.14 所示。

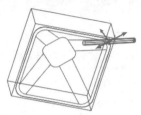

图 6.3.14　演示轨迹

Step13. 在 ▼ CL CONTROL (CL控制) 菜单中选择 Done (完成) 命令，在 ▶ INT CUT (切割) 菜单中选择 Done Cut (确认切减材料) 命令。此时系统弹出"跟随切削"对话框，单击该对话框中的 确定 按钮。然后单击"自定义"对话框中的 确定 按钮。

Task5. 演示刀具轨迹

Step1. 在系统弹出的 ▼ NC SEQUENCE (NC 序列) 菜单中选择 Play Path (播放路径) 命令。

Step2. 在 ▼ PLAY PATH (播放路径) 菜单中选择 Screen Play (屏幕播放) 命令，系统弹出"播放路径"对话框。

Step3. 单击对话框中的 ▶ 按钮，观测刀具的行走路线，如图 6.3.15 所示。单击 ▶ CL 数据 栏查看生成的 CL 数据，如图 6.3.16 所示。

图 6.3.15　刀具的行走路线

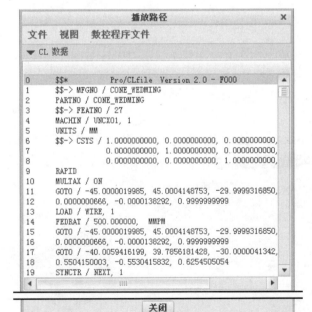

图 6.3.16　查看 CL 数据

Step4. 演示完成后，单击"播放路径"对话框中的 关闭 按钮。

Task6. 加工仿真

注意：在进行加工仿真前，应将工件模型恢复为显示状态。

Step1. 在 ▼ PLAY PATH（播放路径）菜单中选择 NC Check（NC 检查）命令，系统弹出"Material Removal"操控板，单击 按钮，系统弹出"Play Simulation"对话框，然后单击 ▶ 按钮，仿真结果如图 6.3.17 所示。

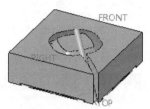

图 6.3.17 加工仿真

Step2. 演示完成后，单击"Play Simulation"对话框中的 Close 按钮，然后单击"Material Removal"操控板中的 ✖ 按钮，退出仿真环境。

Step3. 在 ▼ NC SEQUENCE（NC 序列）菜单中选择 Done Seq（完成序列）命令。

Step4. 选择下拉菜单 文件 ▼ ➜ 保存(S) 命令，保存文件。

学习拓展：扫一扫右侧二维码，可以免费学习更多视频讲解。

讲解内容：曲面产品的自顶向下设计。

第 **7** 章　多轴联动加工

本章提要　本章将通过范例来介绍一些多轴联动加工方法，其中包括四轴联动加工和五轴联动加工。在学过本章之后，希望读者能够熟练掌握多轴联动加工方法。

7.1　四轴联动铣削加工

创建四轴铣削 NC 序列时，✔4 Axis Plane (4轴平面) 复选框将出现在 ▼ SEQ SETUP (序列设置) 菜单中，以及可用于此特殊 NC 序列类型的所有其他选项。刀具轴将与此平面平行。用户可选取模型表面，也可选取或创建基准平面，并可以指定刀具轴相对于"4 轴平面"的导引角和倾角的值，并且可使用"4X_引导范围选项"参数来启用可变导引角控制。下面以图 7.1.1 所示模型为例介绍四轴联动铣削加工的一般步骤。

a）参考模型　　　　　　　　　　　　　　　　b）工件

图 7.1.1　四轴联动铣削加工

Task1. 新建一个数控制造模型文件

Step1. 设置工作目录。选择下拉菜单 文件▼ ➡ 管理会话(M) ▶ ➡ 选择工作目录(W) 更改工作目录. 命令，将工作目录设置至 D:\creo4.9\work\ch07.01。

Step2. 在快速访问工具栏中单击"新建"按钮 □，系统弹出"新建"对话框。

Step3. 在"新建"对话框的 类型 选项组中选中 ◉ 🔩 制造 单选项，在 子类型 选项组中选中 ◉ NC装配 单选项，在 名称 文本框中输入文件名称 four_milling，取消选中 □ 使用默认模板 复选框，单击该对话框中的 确定 按钮。

Step4. 在系统弹出的"新文件选项"对话框的 模板 选项组中选取 mmns_mfg_nc 模板，然后在该对话框中单击 确定 按钮。

Task2. 建立制造模型

Stage1. 引入参考模型

Step1. 单击 制造 功能选项卡 元件 ▾ 区域中的"组装参考模型"按钮 （或单击 参考模型 ▾ 按钮，然后在弹出的菜单中选择 组装参考模型 命令），系统弹出"打开"对话框。

Step2. 在弹出的"打开"对话框中选取三维零件模型——four_milling.prt 作为参考模型，并将其打开，系统弹出"元件放置"操控板。

Step3. 在"元件放置"操控板中选择 默认 选项，然后单击 ✓ 按钮，完成参考模型的放置，放置后如图 7.1.2 所示。

Stage2. 引入工件模型

Step1. 单击 制造 功能选项卡 元件 ▾ 区域中的 工件 ▾ 按钮，在弹出的菜单中选择 组装工件 命令，系统弹出"打开"对话框。

Step2. 在弹出的"打开"对话框中选取三维零件模型——workpiece.prt 作为参考工件模型，并将其打开，系统弹出"元件放置"操控板。

Step3. 在"元件放置"操控板中选择 默认 选项，然后单击 ✓ 按钮，完成毛坯工件的放置，放置后如图 7.1.3 所示。

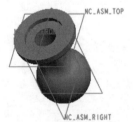

图 7.1.2　放置后的参考模型

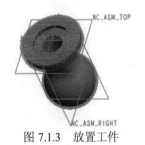

图 7.1.3　放置工件

Task3. 制造设置

Step1. 单击 制造 功能选项卡 工艺 ▾ 区域中的"操作"按钮 ，此时系统弹出"操作"操控板。

Step2. 机床设置。单击"操作"操控板中的"制造设置"按钮 ，在弹出的菜单中选择 铣削 命令，系统弹出图 7.1.4 所示的"铣削工作中心"对话框，在 轴数 下拉列表中选择 4 轴 选项，在 旋转 选项组中选中 ✓ 使用旋转 复选框，如图 7.1.4 所示。

Step3. 刀具设置。在"铣削工作中心"对话框中单击 刀具 选项卡，然后单击 刀具... 按钮，系统弹出"刀具设定"对话框。

Step4. 在弹出的"刀具设定"对话框的 常规 选项卡中设置图 7.1.5 所示的刀具参数，设置完毕后依次单击 应用 和 确定 按钮，返回到"铣削工作中心"对话框。在"铣削工作中心"对话框中单击 **确定** 按钮，返回到"操作"操控板。

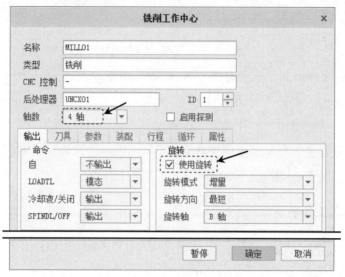

图 7.1.4　"铣削工作中心"对话框

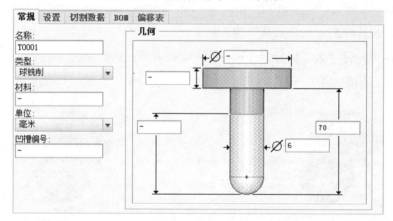

图 7.1.5　设置刀具参数

Step5. 在"操作"操控板中单击 ∿ 按钮，在弹出的菜单中选择 $\square$ 命令，系统弹出"基准平面"对话框。选取 NC_ASM_TOP 基准面为参考平面，然后在 平移 文本框中输入数值 −175，单击 **确定** 按钮，创建图 7.1.6 所示的基准平面 ADTM1。

Step6. 在"操作"操控板中单击 ∿ 按钮，在弹出的菜单中选择 $\square$ 命令，系统弹出"基准平面"对话框。选取 NC_ASM_TOP 基准面为参考平面，然后在 平移 文本框中输入数值 70，创建图 7.1.7 所示的基准平面 ADTM2。

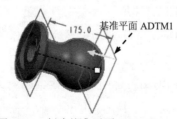

图 7.1.6　创建基准平面 ADTM1

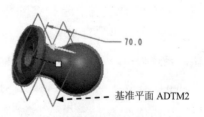

图 7.1.7　创建基准面 ADTM2

Step7. 设置机床坐标系。在"操作"操控板中单击 基准 按钮，在弹出的菜单中选择 命令，系统弹出图 7.1.8 所示的"坐标系"对话框。按住 Ctrl 键，依次选择基准平面 NC_ASM_RIGHT、NC_ASM_FRONT 和 ADTM1 作为创建坐标系的三个参考平面，单击 确定 按钮完成坐标系的创建，如图 7.1.9 所示。单击 ▶ 按钮，此时系统自动选择新创建的坐标系作为加工坐标系。

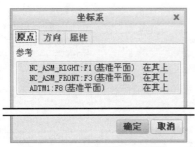

图 7.1.8 "坐标系"对话框

图 7.1.9 创建坐标系

Step8. 创建基准点 APNT0。在"操作"操控板中单击 基准 按钮，在弹出的菜单中选择 命令，系统弹出"基准点"对话框。按住 Ctrl 键，依次选取 NC_ASM_RIGHT、ADTM2 和 NC_ASM_FRONT 三个基准平面为参考平面，单击 确定 按钮创建点 APNT0，如图 7.1.10 所示。

Step9. 设置退刀面。在"操作"操控板中单击 ▶ 按钮，单击 间隙 按钮，在"间隙"设置界面的 类型 下拉列表中选择 球面 选项，激活 参考 文本框，选取基准点 APNT0 为球面参考，在 值 文本框中输入数值 140，在图形区预览创建的退刀面，如图 7.1.11 所示。

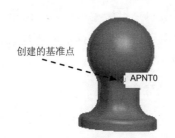

图 7.1.10 创建基准点

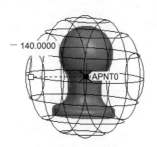

图 7.1.11 创建退刀面

Step10. 单击"操作"操控板中的 ✔ 按钮，完成操作设置。

Task4. 加工方法设置

Step1. 单击 铣削 功能选项卡 铣削▼ 区域中的 曲面铣削 按钮，系统弹出 ▼ MACH AXES (加工轴) 菜单，选择 4 Axis (4轴) ➡ Done (完成) 命令。

Step2. 在弹出的 ▼ SEQ SETUP (序列设置) 菜单中选中图 7.1.12 所示的复选框，然后选择 Done (完成) 命令，在弹出的"刀具设定"对话框中单击 确定 按钮。

Step3. 在"编辑序列参数'曲面铣削'"对话框中设置 基本 加工参数，如图 7.1.13 所

示，选择下拉菜单 文件(F) 中的 另存为... 命令，接受系统默认的名称，单击"保存副本"对话框中的 确定 按钮，然后单击"编辑序列参数'曲面铣削'"对话框中的 确定 按钮，完成参数的设置。

图 7.1.12 "序列设置"菜单

图 7.1.13 "编辑序列参数'曲面铣削'"对话框

Step4. 在 ▼ SURF PICK (曲面拾取) 菜单中依次选择 Model (模型) ➜ Done (完成) 命令。

Step5. 在弹出的 ▼ SELECT SRFS (选择曲面) 菜单中选择 Add (添加) 命令，然后在图形区中选取图 7.1.14 所示的所有外表面。选取完成后，在"选择"对话框中单击 确定 按钮。

注意：在选取曲面前，右击模型树中的 ▱WORKPIECE.PRT 节点，在弹出的快捷菜单中选择 🖉 命令，将工件隐藏。选取完成后，右击模型树中的 ▱WORKPIECE.PRT 节点，在弹出的快捷菜单中选择 👁 命令，取消工件隐藏，否则不能进行动态仿真加工。

选取所有外表面

图 7.1.14 选取曲面

Step6. 在 ▼ SELECT SRFS (选择曲面) 菜单中选择 Done/Return (完成/返回) 命令，然后选择基准平面 ADTM1，此时弹出"切削定义"对话框，选中 ⦿ 自曲面等值线 单选项，如图 7.1.15 所示。

Step7. 在 曲面列表 栏中依次选中 曲面 ID= 各项，然后单击 ↥ 按钮调整各个曲面上的切削方向，最后的调整结果如图 7.1.16 所示，单击 预览(P) 按钮，结果如图 7.1.17 所示，单击 确定 按钮。

注意：调整后的切削方向会影响生成的刀路轨迹。

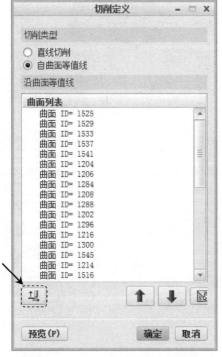

图 7.1.15　"切削定义"对话框

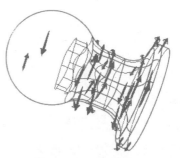

图 7.1.16　切削方向

图 7.1.17　预览切削方向

Task5. 演示刀具轨迹

Step1. 在 ▼ NC SEQUENCE (NC 序列) 菜单中选择 Play Path (播放路径) 命令，随后系统弹出 ▼ PLAY PATH (播放路径) 菜单。

Step2. 在 ▼ PLAY PATH (播放路径) 菜单中选择 Screen Play (屏幕播放) 命令，系统弹出"播放路径"对话框。

Step3. 单击"播放路径"对话框中的 ▶ 按钮，可以观察刀具的行走路线，如图 7.1.18 所示。

Step4. 演示完成后，单击"播放路径"对话框中的 关闭 按钮。

Task6. 观察仿真加工

Step1. 在 ▼ PLAY PATH (播放路径) 菜单中选择 NC Check (NC 检查) 命令，系统弹出"Material Removal"操控板，单击 按钮，系统弹出"Play Simulation"对话框，然后单击 ▶ 按钮，仿真结果如图 7.1.19 所示。

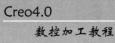

图 7.1.18　刀具的行走路线

图 7.1.19　加工仿真

Step2. 演示完成后，单击"Play Simulation"对话框中的 Close 按钮，然后单击"Material Removal"操控板中的 ✕ 按钮，退出仿真环境。

Step3. 在 ▼ NC SEQUENCE (NC 序列) 菜单中选取 Done Seq (完成序列) 命令。

Step4. 选择下拉菜单 文件 ▾ ➡ 保存(S) 命令，保存文件。

7.2　五轴联动孔加工

五轴联动孔加工的参数设置与其他孔加工方法基本相同，只是在设置机床时选择五轴的数控铣床，其退刀平面为球面。其他加工参数将根据具体的情况而定。下面以图 7.2.1 所示模型为例介绍五轴联动孔加工的一般步骤。

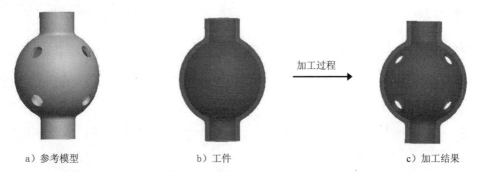

a）参考模型　　　　　　　b）工件　　　加工过程　　　c）加工结果

图 7.2.1　五轴联动孔加工

Task1.　新建一个数控制造模型文件

Step1. 设置工作目录。选择下拉菜单 文件 ▾ ➡ 管理会话(M) ▶ ➡ 选择工作目录(U) 更改工作目录. 命令，将工作目录设置至 D:\creo4.9\work\ch07.02。

Step2. 在快速访问工具栏中单击"新建"按钮 □，系统弹出"新建"对话框。

Step3. 在"新建"对话框的 类型 选项组中选中 ◉ 🏭 制造 单选项，在 子类型 选项组中选中 ◉ NC装配 单选项，在 名称 文本框中输入文件名称 five_axises，取消选中 ☐ 使用默认模板复选框，单击该对话框中的 确定 按钮。

Step4. 在系统弹出的"新文件选项"对话框的 模板 选项组中选取 mmns_mfg_nc 模板，然后在该对话框中单击 确定 按钮。

Task2. 建立制造模型

Stage1. 引入参考模型

Step1. 单击 制造 功能选项卡 元件▼ 区域中的"组装参考模型"按钮 （或单击 参考模型▼ 按钮，然后在弹出的菜单中选择 组装参考模型 命令），系统弹出"打开"对话框。

Step2. 在弹出的"打开"对话框中选取三维零件模型——five_axises.prt 作为参考模型，并将其打开，系统弹出"元件放置"操控板。

Step3. 在"元件放置"操控板中选择 默认 选项，然后单击 按钮，完成参考模型的放置，放置后如图 7.2.2 所示。

Stage2. 引入工件

Step1. 单击 制造 功能选项卡 元件▼ 区域中的 工件▼ 按钮，在弹出的菜单中选择 组装工件 命令，系统弹出"打开"对话框。

Step2. 在弹出的"打开"对话框中选取三维零件模型——five_workpiece.prt，并将其打开，系统弹出"元件放置"操控板。

Step3. 在"元件放置"操控板中选择 默认 选项，然后单击 按钮，完成工件模型的放置，放置后如图 7.2.3 所示。

图 7.2.2　放置后的参考模型

图 7.2.3　放置工件

Task3. 制造设置

Step1. 单击 制造 功能选项卡 工艺▼ 区域中的"操作"按钮 ，此时系统弹出"操作"操控板。

Step2. 机床设置。单击"操作"操控板中的"制造设置"按钮 ，在弹出的菜单中选择 铣削 命令，系统弹出"铣削工作中心"对话框，在 轴数 下拉列表中选择 5 轴 选项。

Step3. 刀具设置。在"铣削工作中心"对话框中单击 **刀具** 选项卡，然后单击 **刀具...** 按钮，系统弹出"刀具设定"对话框。

Step4. 在弹出的"刀具设定"对话框的 **常规** 选项卡中设置图 7.2.4 所示的刀具参数，设置完毕后依次单击 **应用** 和 **确定** 按钮，返回到"铣削工作中心"对话框。单击 **确定** 按钮，返回到"操作"操控板。

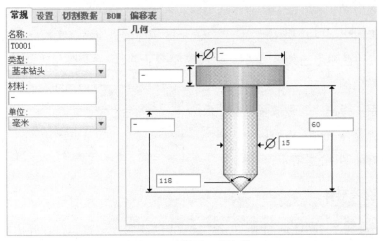

图 7.2.4　设置刀具参数

Step5. 机床坐标系设置。在"操作"操控板中单击 基准 按钮，在弹出的菜单中选择 命令，系统弹出图 7.2.5 所示的"坐标系"对话框。按住 Ctrl 键，依次选择 NC_ASM_TOP、NC_ASM_RIGHT 基准面和图 7.2.6 所示的模型表面作为创建坐标系的三个参考平面，单击 **确定** 按钮完成坐标系的创建，返回到"操作"操控板。单击 ▶ 按钮，此时系统自动选择新创建的坐标系作为加工坐标系。

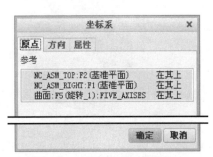

图 7.2.5　"坐标系"对话框

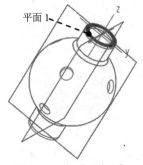

图 7.2.6　创建坐标系

Step6. 单击"操作"操控板中的 ✓ 按钮，完成操作设置。

Task4. 加工方法设置

Step1. 单击 **铣削** 功能选项卡 孔加工循环▾ 区域中的"标准"按钮，此时系统弹出"钻孔"操控板。

Step2. 在"钻孔"操控板的 ⫿▾ 下拉列表中选择 ⟳（5轴加工）选项，在 ⫿ 下拉列表中选择 01：T0001 选项。

Step3. 在"钻孔"操控板中单击 参数 按钮，在弹出的"参数"设置界面中设置图7.2.7所示的切削参数。

切削进给	500
自由进给	-
公差	0.01
破断线距离	3
扫描类型	最短
安全距离	20
拉伸距离	10
间隙偏移	-
主轴速度	1000
冷却液选项	开

图 7.2.7　设置切削参数

Step4. 在"钻孔"操控板中单击 参考 按钮，在弹出的"参考"设置界面中单击 细节... 按钮，系统弹出图7.2.8所示的"孔"对话框。在"孔"对话框的 孔 选项卡中选择 各个轴 选项，激活列表框，然后按住 Ctrl 键，在图形区选取图7.2.9所示的8条轴线，单击 确定 按钮，系统返回到"钻孔"操控板。

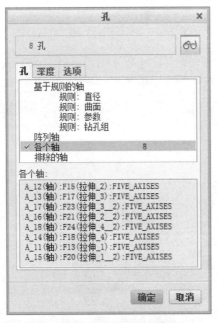

图 7.2.8　"孔"对话框

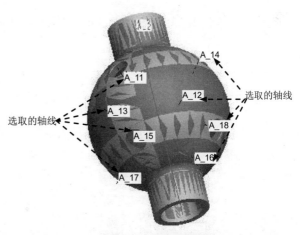

图 7.2.9　选取的轴线

Step5. 创建基准点 APNT0。在"钻孔"操控板中单击 基准 按钮，在弹出的菜单中选择 ⤫ 命令，系统弹出"基准点"对话框。按住 Ctrl 键，依次选取 NC_ASM_RIGHT、NC_ASM_TOP 和 NC_ASM_FRONT 三个基准平面为参考平面，单击 确定 按钮创建点 APNT0，如图7.2.10

所示。

Step6. 设置退刀面。在"钻孔"操控板中单击 ▶ 按钮,单击 间隙 按钮,在"间隙"设置界面的 类型 下拉列表中选择 球面 选项,激活 参考 文本框,选取基准点 APNT0 为球面参考,在 值 文本框中输入数值 100,在图形区预览创建的退刀面,如图 7.2.11 所示。

图 7.2.10 创建基准点

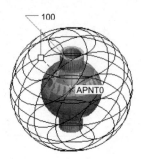

图 7.2.11 创建退刀面

Task5. 演示刀具轨迹

Step1. 在"钻孔"操控板中单击 按钮,系统弹出"播放路径"对话框。

Step2. 单击"播放路径"对话框中的 ▶ 按钮,可以观察刀具的行走路线,如图 7.2.12 所示。

Step3. 演示完成后,单击"播放路径"对话框中的 关闭 按钮。

Task6. 加工仿真

Step1. 在"钻孔"操控板中单击 按钮,系统弹出"Material Removal"操控板,单击 按钮,系统弹出"Play Simulation"对话框,然后单击 ▶ 按钮,仿真结果如图 7.2.13 所示。

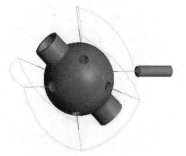

图 7.2.12 刀具的行走路线

图 7.2.13 加工仿真

Step2. 演示完成后,单击"Play Simulation"对话框中的 Close 按钮,然后单击"Material Removal"操控板中的 X 按钮,退出仿真环境。

Step3. 在"钻孔"操控板中单击 按钮完成操作。

Task7．切减材料

Step1．选取命令。单击 铣削 功能选项卡中的 制造几何 ▼ 按钮，在弹出的菜单中选择 ⬚ 材料移除切削 命令。

Step2．在弹出的 ▼ NC 序列列表 菜单中选择 1: 钻孔 1, 操作: OP010 命令，然后依次选择 ▼ MAT REMOVAL (材料移除) ➡ Automatic (自动) ➡ Done (完成) 命令。

Step3．在弹出的"相交元件"对话框中单击 自动添加 按钮和 ☰ 按钮，然后单击 确定 按钮，完成材料切减。

Step4．选择下拉菜单 文件 ▼ ➡ 🖫 保存(S) 命令，保存文件。

7.3　五轴联动铣削加工

五轴加工在多轴联动加工中的应用是最广泛的。五轴加工是指在一台机床上至少有五个坐标轴，即三个直线坐标轴和两个旋转坐标轴，主要用于加工复杂的曲面、斜轮廓以及不同平面上的孔系等。因为在加工过程中，刀具与工件的位置是可以随时调整的，从而能使刀具与工件达到最佳切削状态，提高机床加工的精度和表面质量。

下面以图 7.3.1 所示模型为例介绍五轴联动铣削加工的一般步骤，由于本系统无法自动切除材料，所以加工结果将不在下面显示。

a）参考模型

b）工件

图 7.3.1　五轴联动铣削加工

Task1．新建一个数控制造模型文件

Step1．设置工作目录。选择下拉菜单 文件 ▼ ➡ 管理会话 (M) ▶ ➡ 🗁 选择工作目录 (W) 更改工作目录。 命令，将工作目录设置至 D:\creo4.9\work\ch07.03。

Step2．在快速访问工具栏中单击"新建"按钮 🗋，系统弹出"新建"对话框。

Step3．在"新建"对话框的 类型 选项组中选中 ◉ 🕮 制造 单选项，在 子类型 选项组中选中 ◉ NC装配 单选项，在 名称 文本框中输入文件名称 five_milling，取消选中 ☐ 使用默认模板 复选框，单击该对话框中的 确定 按钮。

Step4. 在系统弹出的"新文件选项"对话框的 模板 选项组中选取 mmns_mfg_nc 模板，然后在该对话框中单击 确定 按钮。

Task2. 建立制造模型

Stage1. 引入参考模型

Step1. 单击 制造 功能选项卡 元件 ▼ 区域中的"组装参考模型"按钮 （或单击 参考模型 ▼ 按钮，然后在弹出的菜单中选择 组装参考模型 命令），系统弹出"打开"对话框。

Step2. 在弹出的"打开"对话框中选取三维零件模型——five_milling.prt 作为参考模型，并将其打开，系统弹出"元件放置"操控板。

Step3. 在"元件放置"操控板中选择 默认 选项，然后单击 ✓ 按钮，完成参考模型的放置，放置后如图 7.3.2 所示。

Stage2. 引入工件

Step1. 单击 制造 功能选项卡 元件 ▼ 区域中的 工件 ▼ 按钮，在弹出的菜单中选择 组装工件 命令，系统弹出"打开"对话框。

Step2. 在弹出的"打开"对话框中选取三维零件模型——five_workpiece.prt，并将其打开，系统弹出"元件放置"操控板。

Step3. 在"元件放置"操控板中选择 默认 选项，然后单击 ✓ 按钮，完成毛坯工件的放置，放置后如图 7.3.3 所示。

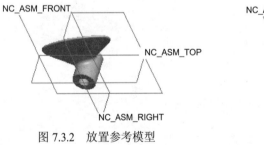

图 7.3.2　放置参考模型

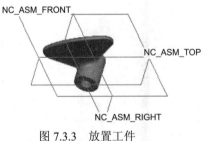

图 7.3.3　放置工件

Task3. 制造设置

Step1. 单击 制造 功能选项卡 工艺 ▼ 区域中的"操作"按钮 ，此时系统弹出"操作"操控板。

Step2. 机床设置。单击"操作"操控板中的"制造设置"按钮 ，在弹出的菜单中选择 铣削 命令，系统弹出"铣削工作中心"对话框，在 轴数 下拉列表中选择 5 轴 选项。

Step3. 刀具设置。在"铣削工作中心"对话框中单击 刀具 选项卡，然后单击 刀具...

按钮，系统弹出"刀具设定"对话框。

Step4. 在弹出的"刀具设定"对话框的 常规 选项卡中设置图 7.3.4 所示的刀具参数，设置完毕后依次单击 应用 和 确定 按钮，返回到"铣削工作中心"对话框。在"铣削工作中心"对话框中单击 确定 按钮，返回到"操作"操控板。

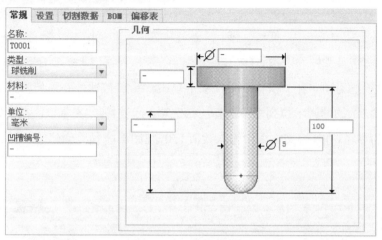

图 7.3.4　设置刀具参数

Step5. 创建基准平面 ADTM1。在"操作"操控板中单击 基准 按钮，在弹出的菜单中选择 ◻ 命令，系统弹出"基准平面"对话框。选取 NC_ASM_FRONT 基准平面为参考平面，然后在 平移 文本框中输入数值 32.5，单击"基准平面"对话框中的 确定 按钮，完成 ADTM1 基准面的创建，如图 7.3.5 所示。

Step6. 创建基准点 APNT0。在"操作"操控板中单击 基准 按钮，在弹出的菜单中选择 ×× 命令，系统弹出"基准点"对话框，选取 Step5 中创建的平面 ADTM1 以及 NC_ASM_RIGHT 和 NC_ASM_TOP 三个基准平面为参考平面，单击"基准点"对话框中的 确定 按钮，完成点 APNT0 的创建，如图 7.3.6 所示。

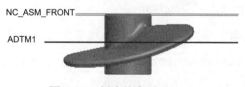

图 7.3.5　创建基准面 ADTM1

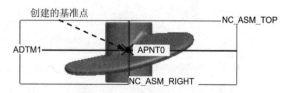

图 7.3.6　创建基准点

Step7. 设置机床坐标系。在"操作"操控板中单击 基准 按钮，在弹出的菜单中选择 ⋇ 命令，系统弹出图 7.3.7 所示的"坐标系"对话框。按住 Ctrl 键，依次选择 NC_ASM_TOP、NC_ASM_RIGHT 基准平面和图 7.3.8 所示的曲面 1 作为创建坐标系的三个参考平面，单击 确定 按钮完成坐标系的创建。在"操作"操控板中单击 ▶ 按钮，此时系统自动选择新创建的坐标系作为加工坐标系。

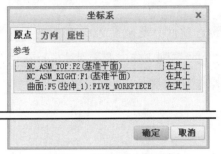

图 7.3.7 "坐标系"对话框

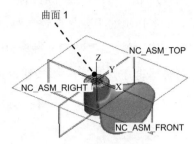

图 7.3.8 创建坐标系

Step8. 设置退刀面。在"操作"操控板中单击 间隙 按钮，在系统弹出的"间隙"设置界面（图 7.3.9）的 类型 下拉列表中选择 球面 选项，单击 参考 文本框，在模型树中选取基准点 APNT0 为参考，在 值 文本框中输入数值 150，在图形区预览创建的退刀面，如图 7.3.10 所示。

图 7.3.9 设置退刀间隙

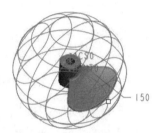

图 7.3.10 创建退刀面

Step9. 在单击"操作"操控板中的 ✓ 按钮，完成操作设置。

Task4. 加工方法设置

Step1. 单击 铣削 功能选项卡 铣削 ▼ 区域中的 曲面铣削 按钮，系统弹出 ▼ MACH AXES (加工轴) 菜单，选择 5 Axis (5轴) ➡ Done (完成) 命令。

Step2. 在打开的 ▼ SEQ SETUP (序列设置) 菜单中选中图 7.3.11 所示的复选框，然后选择 Done (完成) 命令，在弹出的"刀具设定"对话框中单击 确定 按钮。

Step3. 在系统弹出的"编辑序列参数'曲面铣削'"对话框中设置基本加工参数，如图 7.3.12 所示。设置完成后，选择下拉菜单 文件(F) 中的 另存为... 命令。接受系统默认的名称，单击"保存副本"对话框中的 确定 按钮，然后再次单击"编辑序列参数'曲面铣削'"对话框中的 确定 按钮，完成参数的设置。

Step4. 此时系统弹出 ▼ SURF PICK (曲面拾取) 菜单，依次选择 Model (模型) ➡ Done (完成) 命令。

Step5. 在弹出的 ▼ SELECT SRFS (选择曲面) 菜单中选择 Add (添加) 命令，然后在图形区中选取图 7.3.13 所示的加亮曲面（即叶片的上、下表面和侧面）。选取完成后，在"选择"对话框中单击 确定 按钮。

图 7.3.11 "序列设置"菜单　　　图 7.3.12 "编辑序列参数'曲面铣削'"对话框

注意：

（1）在选取曲面时，可以右击模型树中的 ▭ FIVE_WORKPIECE.PRT ，选择 ◉ 命令，将工件模型设为隐藏，这样便于选取曲面。

（2）在曲面选取完成后，可以右击模型树中的 ▭ FIVE_WORKPIECE.PRT ，选择 ◉ 命令，取消工件隐藏，否则不能观察动态仿真加工。

Step6. 在 ▼ SELECT SRFS (选择曲面) 菜单中选择 Done/Return (完成/返回) 命令，系统弹出"切削定义"对话框，选中 ◉ 自曲面等值线 单选项，如图 7.3.14 所示。

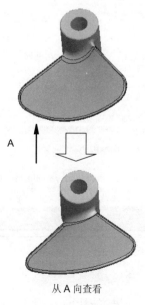

从 A 向查看

图 7.3.13 选取曲面

图 7.3.14 "切削定义"对话框

Step7. 在 曲面列表 栏中依次选中 曲面 ID= 各项，然后单击 按钮调整各个曲面上的切削方向，调整结果如图 7.3.15 所示，单击 预览(P) 按钮，结果如图 7.3.16 所示，单击 确定 按钮完成切削的定义。

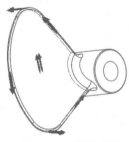

图 7.3.15　调整结果

图 7.3.16　预览切削方向

Task5. 演示刀具轨迹

Step1. 在弹出的 ▼ NC SEQUENCE (NC 序列) 菜单中选择 Play Path (播放路径) 命令，随后系统弹出 ▼ PLAY PATH (播放路径) 菜单。

Step2. 在 ▼ PLAY PATH (播放路径) 菜单中选择 Screen Play (屏幕播放) 命令，系统弹出"播放路径"对话框。

Step3. 单击"播放路径"对话框中的 ▶ 按钮，可以观察刀具的行走路线，如图 7.3.17 所示。单击 ▶ CL 数据 栏可以查看生成的 CL 数据，如图 7.3.18 所示。

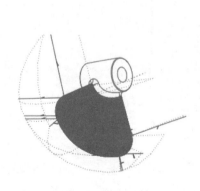

图 7.3.17　刀具的行走路线

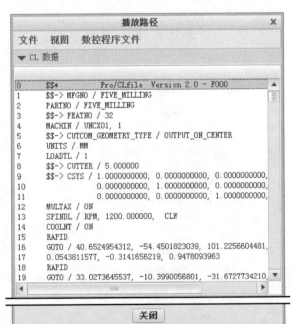

图 7.3.18　查看 CL 数据

Step4. 演示完成后，单击"播放路径"对话框中的 关闭 按钮。

Task6．加工仿真

Step1. 在 ▼ PLAY PATH （播放路径） 菜单中选择 NC Check （NC 检查）命令，系统弹出 "Material Removal" 操控板，单击 按钮，系统弹出 "Play Simulation" 对话框，然后单击 ▶ 按钮，仿真结果如图 7.3.19 所示。

图 7.3.19　加工仿真

Step2. 演示完成后，单击 "Play Simulation" 对话框中的 Close 按钮，然后单击 "Material Removal" 操控板中的 ✕ 按钮，退出仿真环境。

Step3. 在 ▼ NC SEQUENCE （NC 序列） 菜单中选择 Done Seq （完成序列）命令。

Step4. 选择下拉菜单 文件 ▾ ➡ 💾 保存(S) 命令，保存文件。

7.4　侧刃铣削加工

侧刃铣削是使用刀具的侧刃进行切削，加工一系列的曲面，通过生成一个逐层切面的刀具路径与五轴几何体相对应。缺省的刀轴方向与加工的几何相对应，或者沿着直纹面的直纹线方向，用户也可以通过在多个选定点指定刀轴的方向。下面以图 7.4.1 所示模型为例介绍侧刃铣削加工的一般步骤。

a）参考模型

b）工件

图 7.4.1　侧刃铣削加工

Task1．新建一个数控制造模型文件

Step1. 设置工作目录。选择下拉菜单 文件 ▾ ➡ 管理会话(M) ▸ ➡ 选择工作目录(W) 更改工作目录。 命令，将工作目录设置至 D:\creo4.9\work\ch07.04。

Step2. 在快速访问工具栏中单击 "新建" 按钮 □，系统弹出 "新建" 对话框。

Step3. 在 "新建" 对话框的 类型 选项组中选中 ◉ 🔩 制造 单选项，在 子类型 选项组

中选中 ⊙ NC装配 单选项，在 名称 文本框中输入文件名称 swarf_milling，取消选中 □ 使用默认模板 复选框，单击该对话框中的 确定 按钮。

Step4. 在系统弹出的"新文件选项"对话框的 模板 选项组中选取 mmns_mfg_nc 模板，然后在该对话框中单击 确定 按钮。

Task2. 建立制造模型

Stage1. 引入参考模型

Step1. 单击 制造 功能选项卡 元件 ▼ 区域中的"组装参考模型"按钮 (或单击 参考模型 ▼ 按钮，然后在弹出的菜单中选择 组装参考模型 命令)，系统弹出"打开"对话框。

Step2. 在弹出的"打开"对话框中选取三维零件模型——swarf_milling.prt 作为参考模型，并将其打开，系统弹出"元件放置"操控板。

Step3. 在"元件放置"操控板中选择 默认 选项，然后单击 ✓ 按钮，完成参考模型的放置，放置后如图 7.4.2 所示。

Stage2. 引入工件模型

Step1. 单击 制造 功能选项卡 元件 ▼ 区域中的 工件 ▼ 按钮，在弹出的菜单中选择 组装工件 命令，系统弹出"打开"对话框。

Step2. 在弹出的"打开"对话框中选取三维零件模型——swarf_workpiece.prt 作为工件模型，并将其打开，系统弹出"元件放置"操控板。

Step3. 在"元件放置"操控板中选择 默认 选项，然后单击 ✓ 按钮，完成毛坯工件的放置，放置后如图 7.4.3 所示（图中已隐藏参考模型）。

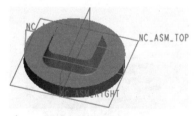
图 7.4.2 放置后的参考模型

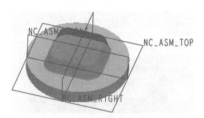
图 7.4.3 放置后的工件模型

Task3. 制造设置

Step1. 单击 制造 功能选项卡 工艺 ▼ 区域中的"操作"按钮 ，此时系统弹出"操作"操控板。

Step2. 机床设置。单击"操作"操控板中的"制造设置"按钮 ，在弹出的菜单中选择 铣削 命令，系统弹出"铣削工作中心"对话框，在 轴数 下拉列表中选择 5 轴 选项，如图 7.4.4 所示。

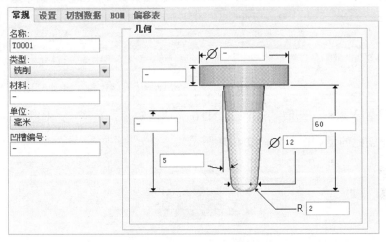

图 7.4.4 "铣削工作中心"对话框

Step3. 刀具设置。在"铣削工作中心"对话框中单击 刀具 选项卡，然后单击 刀具... 按钮，系统弹出"刀具设定"对话框。

Step4. 在弹出的"刀具设定"对话框的 常规 选项卡中设置图 7.4.5 所示的刀具参数，设置完毕后依次单击 应用 和 确定 按钮，返回到"铣削工作中心"对话框。在"铣削工作中心"对话框中单击 确定 按钮，返回到"操作"操控板。

图 7.4.5 设置刀具参数

Step5. 在"操作"操控板中单击 基准 按钮，在弹出的菜单中选择 □ 命令，系统弹出"基准平面"对话框。选取 NC_ASM_TOP 基准面为参考平面，然后在 平移 文本框中输入数值-50，单击 确定 按钮，创建图 7.4.6 所示的基准平面 ADTM1。

Step6. 创建基准点 APNT0。在"操作"操控板中单击 基准 按钮，在弹出的菜单中选择 ×× 命令，系统弹出"基准点"对话框。按住 Ctrl 键，依次选取 NC_ASM_RIGHT、NC_ASM_FRONT 和 ADTM1 三个基准平面为参考平面，单击 确定 按钮创建点 APNT0，如图 7.4.7 所示。

Step7. 设置机床坐标系。在"操作"操控板中单击 基准 按钮，在弹出的菜单中选择 ✳ 命令，系统弹出图 7.4.8 所示的"坐标系"对话框。按住 Ctrl 键，依次选择基准平面 NC_ASM_FRONT、NC_ASM_RIGHT 和 ADTM1 作为创建坐标系的三个参考平面，单击 确定 按钮完成坐标系的创建，如图 7.4.9 所示。单击 ▶ 按钮，此时系统自动选择新创建的坐标系 ACS0 作为加工坐标系。

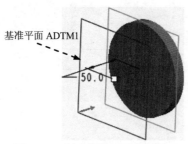

图 7.4.6　创建基准平面 ADTM1

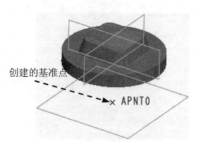

图 7.4.7　创建基准点

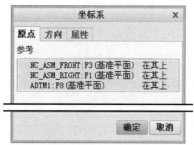

图 7.4.8　"坐标系"对话框

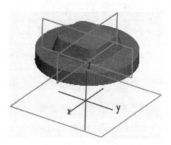

图 7.4.9　创建坐标系

Step8. 设置退刀面。单击 间隙 按钮，在"间隙"设置界面的 类型 下拉列表中选择 球面 选项，激活 参考 文本框，选取基准点 APNT0 为球面参考，在 值 文本框中输入数值 120，在图形区预览创建的退刀面，如图 7.4.10 所示。

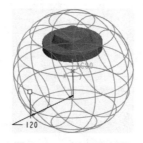

图 7.4.10　创建退刀面

Step9. 单击"操作"操控板中的 ✔ 按钮，完成操作设置。

Task4. 加工方法设置

Step1. 单击 铣削 功能选项卡中的 铣削▼ 按钮，在系统弹出的下拉菜单中选择 ⚙侧刃铣削 命令，系统弹出 Seq Setup (序列设置) 菜单。

Step2. 在弹出的 ▼ SEQ SETUP (序列设置) 菜单中选中图 7.4.11 所示的复选框，然后选择 Done (完成) 命令，在弹出的"刀具设定"对话框中单击 确定 按钮。

Step3. 在"编辑序列参数'侧刃铣削'"对话框中设置 基本 加工参数，如图 7.4.12 所

示，选择下拉菜单 文件(F) 中的 另存为... 命令，接受系统默认的名称，单击"保存副本"对
话框中的 确定 按钮，然后单击"编辑序列参数'侧刃铣削'"对话框中的 确定 按
钮，完成参数的设置。

图 7.4.11　"序列设置"菜单

图 7.4.12　"编辑序列参数'侧刃铣削'"对话框

Step4. 在 ▼ SURF PICK (曲面拾取) 菜单中依次选择 Model (模型) ➡ Done (完成) 命令。

Step5. 在弹出的 ▼ SELECT SRFS (选择曲面) 菜单中选择 Add (添加) 命令，在
▼ SURF/LOOP (曲面/环) 菜单中选择 Surface (曲面) 命令，然后在图形区中选取图 7.4.13 所示的所
有外表面。选取完成后，在"选择"对话框中单击 确定 按钮。

注意：在选取曲面前，右击模型树中的 ▭WORKPIECE.PRT 节点，在弹出的快捷菜单中选
择 命令，将工件隐藏。选取完成后，右击模型树中的 ▭WORKPIECE.PRT 节点，在弹出的快
捷菜单中选择 命令，取消工件隐藏，否则不能进行动态仿真加工。

选取所有侧壁表面

图 7.4.13　选取曲面

Step6. 在 ▼ SURF/LOOP (曲面/环) 菜单中选择 Done (完成) 命令，在 ▼ SELECT SRFS (选择曲面) 菜
单中选择 Done/Return (完成/返回) 命令，此时弹出"切削定义"对话框，选中◉ 切割线 单选

项，如图 7.4.14 所示。

Step7. 在"切削定义"对话框中依次选中 <u>加工曲面</u> 和 <u>封闭环</u> 单选项，然后单击 **+** 按钮，此时系统弹出图 7.4.15 所示的 ▼ CHOOSE (选取) 菜单、图 7.4.16 所示的 ▼ CHAIN (链) 菜单和图 7.4.17 所示的"增加/重新定义切割线"对话框。

图 7.4.14 "切削定义"对话框

图 7.4.15 "选取"菜单

图 7.4.16 "链"菜单

Step8. 在 ▼ CHOOSE (选取) 菜单中选择 Next (下一个) 命令，使得图形区显示如图 7.4.18 所示，然后选择 Accept (接受) 命令，在 ▼ CHAIN (链) 菜单中选择 Done (完成) 命令，在"添加/重新定义切割线"对话框中单击 **确定** 按钮，完成第一条切割线的定义。

图 7.4.17 "添加/重新定义切割线"对话框

图 7.4.18 选取第一条切割线

Step9. 参照 Step7 和 Step8 的操作方法，添加第二条切割线，如图 7.4.19 所示。

Step10. 定义切削方向。在"切削定义"对话框中单击"切削方向"按钮 ，在弹出的 ▼ DIRECTION（方向）菜单中选择 Flip（反向）命令，使得图形区的方向显示如图 7.4.20 所示，选择 Okay（确定）命令，完成切削方向的调整。

Step11. 在"切削定义"对话框中单击 预览(P) 按钮，显示切削线如图 7.4.21 所示，最后单击 确定 按钮，完成切削定义。

图 7.4.19　选取第二条切割线　　　　图 7.4.20　预览切削方向　　　　图 7.4.21　预览切削线

Task5. 演示刀具轨迹

Step1. 在 ▼ NC SEQUENCE（NC 序列）菜单中选择 Play Path（播放路径）命令，随后系统弹出 ▼ PLAY PATH（播放路径）菜单。

Step2. 在 ▼ PLAY PATH（播放路径）菜单中选择 Screen Play（屏幕播放）命令，系统弹出"播放路径"对话框。

Step3. 单击"播放路径"对话框中的 ▶ 按钮，可以观察刀具的行走路线，如图 7.4.22 所示。单击 ▶ CL 数据 栏可以查看生成的 CL 数据，如图 7.4.23 所示。

图 7.4.22　刀具的行走路线　　　　　　　图 7.4.23　查看 CL 数据

Step4. 演示完成后，单击"播放路径"对话框中的 关闭 按钮。

Task6. 观察仿真加工

Step1. 在 ▼ PLAY PATH (播放路径) 菜单中选择 NC Check (NC 检查) 命令，系统弹出"Material Removal"操控板，单击 按钮，系统弹出"Play Simulation"对话框，然后单击 ▶ 按钮，仿真结果如图 7.4.24 所示。

图 7.4.24 加工仿真

Step2. 演示完成后，单击"Play Simulation"对话框中的 Close 按钮，然后单击"Material Removal"操控板中的 ✗ 按钮，退出仿真环境。

Step3. 在 ▼ NC SEQUENCE (NC 序列) 菜单中选择 Done Seq (完成序列) 命令。

Step4. 选择下拉菜单 文件▾ ➡ 保存(S) 命令，保存文件。

学习拓展：扫一扫右侧二维码，可以免费学习更多视频讲解。

讲解内容：产品的运动分析。

第 8 章　钣金件制造

本章提要　　在 Creo 4.0 中设置了专用于钣金设计和钣金加工的程序模块，通过钣金设计模块可以设计钣金件产品，通过钣金加工模块可以设计钣金件的加工制造工艺和过程，并且针对各种类型的加工机床及加工方式，进行加工制造仿真，同时生成相应的加工代码。本章详细介绍了钣金制造模块的主要内容。

8.1　钣金件设计

在讲解钣金件制造模块内容之前，简单介绍一下钣金件设计模块，并且通过一个简单的例子讲解钣金件设计的基本方法和流程。

由于钣金件设计模块包括的内容非常广泛，如机电设备的支撑结构（如电器控制柜）、护盖（如机床的外围护罩）等一般都是钣金件。跟实体零件模型一样，钣金件模型的各种结构也是以特征的形式创建的，但钣金件的设计也有自己独特的规律，故不可能在一小节中涵盖其所有内容，本节的目的在于使读者对钣金件有一个基本的概念。如果要更进一步了解钣金件设计的知识，请参考其他相关的技术资料。

8.1.1　钣金件概述

钣金件一般是指具有均一厚度的金属薄板零件，在实际工程中的用途比较广泛。钣金件加工是在常温时，使用材质柔软且延展性大的软钢板、铜板、铝板以及铝合金等材料，利用各种钣金加工机械和工具，施以各种加工方法，以制造各式各样的形状和结构的产品。其工艺多以冲压为主，因此广泛应用于冲模设计中。

近年来，金属塑性成形产业基于成形加工容易、利于复杂成形品的加工、成本低、重量轻且坚固、装配便利、产品表面光滑美观以及表面处理方便等优点发展迅速。钣金件加工涵盖的产业非常广泛，在汽车、航天、模具与日常用品等工业使用极为普遍，所以在国民经济和军事等方面都占有极其重要的位置。在目前市场上的轻工十大产品中，金属件基本都是钣金冲压产品。图 8.1.1 所示即为两个典型钣金件产品。

8.1.2　钣金件设计模块

Creo 4.0 所包含的钣金设计模块，专门用于钣金的设计工作。本节主要讲解如何进入

Creo 4.0 的钣金设计模块中进行钣金件的设计。

图 8.1.1　典型钣金件产品

启动 Creo 4.0 软件，进入其主界面，在主界面窗口选择下拉菜单 文件▼ ➡ 新建(N) 命令，系统将弹出图 8.1.2 所示的"新建"对话框，用于选取设计模块和定义相应的文件名称（也可以在主界面窗口直接按 Ctrl+N 组合键，或在快速访问工具栏中单击"新建"按钮 🗋，系统将同样弹出"新建"对话框）。

图 8.1.2　"新建"对话框

从"新建"对话框中可以看出，Creo 4.0 包含了很多设计类型，如 ⊙ 草绘、⊙ 零件、⊙ 装配 和 ⊙ 制造 等，其中系统默认的设计类型是零件的实体设计。

在零件设计类型中有四个子类型：⊙ 实体、⊙ 钣金件、⊙ 主体 和 ○ 线束，显然钣金设计模块是属于零件设计类型模块中的一个子类型，因此它既具有实体零件设计的一些共性，同时也有自己的一些设计特点。

在"新建"对话框中选中 ⊙ 零件 类型以及 ⊙ 钣金件 子类型之后，需要在 名称 文本框中输入钣金件的文件名，系统默认的文件名是 prt#，其中#是当前新建文件的流水号，如prt0001、prt0002，依此类推。系统默认选中 ☑ 使用默认模板 复选框，表示选用默认模板，钣金件设计的默认模板是 sheetstart，即使用英寸（in）、磅（lb）、秒（s）作单位的钣金件设

计模板。单击 确定 按钮进入钣金件设置模块。

对于一般的新建钣金件文件来说，在"新建"对话框中选中 类型 选项组中的
⊙ □ 零件 单选项，选中 子类型 选项组中的 ● 钣金件 单选项，且在"新建"对话框中取
消选中 ☑ 使用默认模板 复选框，那么单击 确定 按钮后，系统将弹出图 8.1.3 所示的"新文
件选项"对话框，用于选择文件模板和输入参数等。

图 8.1.3 "新文件选项"对话框

在"新文件选项"对话框中，系统预先设置了三个模板选项：空 、inlbs_part_sheetmetal
和 mmns_part_sheetmetal 。

图 8.1.3 所示的"新文件选项"对话框中各模板的使用说明如下。

- 空 模板：不选用任何模板，也不创建任何特征，进入设计模式后，窗口是空的。
- inlbs_part_sheetmetal 模板：选用钣金零件设计模板，单位是英寸（in）、磅（lb）、
  秒（s），在设计环境下，系统将自动创建默认坐标系和默认参考面。
- mmns_part_sheetmetal 模板：选用钣金零件设计模板，单位是毫米（mm）、牛顿（N）、
  秒（s），在设计环境下，系统将自动创建默认坐标系和默认参考面。

在我国，国家标准是使用毫米（mm）、牛顿（N）、秒（s）等作为设计单位，因此针
对具体实际情况，进行钣金件设计时通常使用 mmns_part_sheetmetal 模板。

此外，如果用户不想使用系统预置的模板，可以自己定义模板，并通过单击"新文件
选项"对话框中的 浏览... 按钮来选取相应的模板文件。

8.1.3 钣金件设计方法

钣金是通过各种钣金加工工艺加工成的厚度均一的金属薄板，其中加工工艺以冲压为

主。钣金的制造通常通过模具来完成，钣金的设计主要用于指导模具设计。

根据钣金生成特点和形状，钣金设计主要是在金属薄板上进行的一些加工设计，如变曲、冲孔和切口等。

使用 Creo 4.0 进行钣金件设计时，将要涉及的钣金特征有 ⬡平面 、 ⬢ （平整）、 ⬡ （法 兰）、 ⊠冲孔 、 ⋙折弯 、 ⌐边折弯 、 ⬡展平 、 ⬡折弯回去 、 ⬡平整形态 、 ⬡拐角止裂槽 、 ⬡转换 和 ⬡凹槽 等。

通过在薄壁特征的基础上进行其他钣金特征的添加、编辑、修改和删除等操作，就可完成钣金件的设计。

钣金件设计的基本步骤可以总结如下。

Step1. 启动 Creo 4.0，然后进入钣金件（Sheetmetal）设计环境，并定义钣金件名称。

Step2. 在 模型 功能选项卡中选择薄壁钣金特征命令（如单击钣金件特征工具栏中的 ⬡平面 按钮），生成第一面薄壁特征。

Step3. 随后在第一面薄壁特征的基础上添加或修改其他钣金特征，完善钣金件设计。

Step4. 如果设计已经满意，则存盘退出；如果不满意，将继续修改或添加特征。

有关钣金件设计的详细方法，请参阅本系列丛书的《Creo 4.0 钣金设计教程》一书。

8.2 钣金件制造模块

现从国内产业的观点来分析当前钣金加工。机械模具产业无不追求低成本、高附加价值的成形品，而应用于大量生产的钣金加工所采用的冲压（Press）即具有该特色。在钣金加工中，占最大比重的即为冲压加工。本节主要介绍钣金制造模块的基本知识和启动方法，并总结使用钣金制造模块进行钣金制造时的基本流程与步骤。

8.2.1 钣金件制造模块的启动

在 Creo 4.0 系统中，含有专用于钣金制造的程序模块，通过钣金制造模块可以设计钣金件的加工制造工艺和过程，并且针对各种类型的加工机床及加工方式进行加工仿真，同时生成相应的数控（NC）加工代码。钣金主要利用冲模对钣金件工件进行加工制造，因此冲压是钣金加工制造的常用方法。

钣金件制造模块启动的基本步骤如下。

Step1. 启动 Creo 4.0 软件后，选择下拉菜单 文件▾ ➡ □ 新建(N) 命令，此时弹出"新建"对话框。

Step2. 在图 8.2.1 所示的"新建"对话框的 类型 选项组选中 ⚫ 📥 制造 单选项，在 子类型 选项组中选中 ⚫ 钣金件 单选项，在 名称 文本框中采用默认名称 mfg0001。

说明：系统默认名称为 mfg#，其中 # 是文件的流水号，如 mfg0001、mfg0002、mfg0003，依次类推。

Step3. 完成模块类型的设置后，单击 确定 按钮，此时在主窗口中出现图 8.2.2 所示的金属薄板，这就是钣金件毛坯，以后所有的钣金零件都是在此基础上通过加工工艺获得的。

Step4. 同时，系统将弹出"钣金件制造加工"对话框（一），如图 8.2.3 所示。在该对话框中可设置钣金件工件的长度、宽度以及厚度等，同时还可以设置工作机床类型和加工工序等。到此完成了钣金制造模块的启动。

图 8.2.1 "新建"对话框

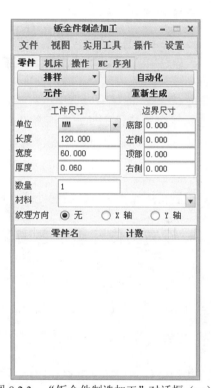

图 8.2.3 "钣金件制造加工"对话框（一）

图 8.2.2 主窗口出现的钣金件毛坯

8.2.2 钣金件制造方法和流程

钣金制造中的加工工艺主要有 ⊡（边冲裁）、⊞（区域冲裁）、⊟（槽冲孔）、◇（UDF冲孔）、◈（点冲孔）、✦（刀具形状）、◆（成形）和 ✕（剪切）等，加工机床主要有冲床、激光、激光冲压、火焰以及火焰-冲床。

钣金件制造的基本步骤如下。

Step1. 启动 Creo 4.0，进入钣金件制造模式，并定义钣金件制造文件。

Step2. 在"钣金件制造加工"对话框中设置工作环境及各项参数，包括钣金工件尺寸、边界尺寸、材料和工件单位等。

Step3. 进行钣金零件处理，包括钣金排样、装配等。

Step4. 设置工作机床，包括机床类型、机床参数、制造坐标系和制造区域等。

Step5. 增加和设置机床操作。

Step6. 进行 NC 后置处理。

Step7. 进行加工仿真。

Step8. 如果仿真符合要求，则输出 NC 代码（刀具加工数据），如果不符合要求，将继续修改或添加制造参数。

8.3   钣金件制造设置

Creo 4.0 特意设置了一个钣金设计模块，专门用于钣金的设计工作，主要是在"钣金件制造加工"对话框中设置相应的参数。本节将着重对软件界面各菜单和命令作详细的介绍，以及在钣金件制造步骤上讲解钣金件制造的各项设置，包括钣金零件处理、设置工作机床、设置机床操作和 NC 后置处理（包括制造仿真和 NC 代码输出）。

8.3.1   设置工作环境及各项参数

在"钣金件制造加工"对话框的主菜单栏中可以设置工作环境以及各项参数。该对话框中有五个主菜单（图 8.3.1），每个菜单都有特定的功能。下面简要地介绍这几个菜单。

1. 文件 菜单

在"钣金件制造加工"对话框中单击 文件 菜单，系统弹出图 8.3.2 所示的"文件"下拉菜单，依次选择 自定义 ▶ ➡ 自定义列表... 命令，系统弹出"自定义列表"对话框，如图 8.3.3 所示。在该对话框中可以设置"钣金件制造加工"对话框的列表框显示项目，如在"自定义列表"对话框的 ☑零件名 和 ☑计数 后的文本框中定义显示长度。

图 8.3.1　"钣金件制造加工"对话框的主菜单

图 8.3.2　"文件"下拉菜单

2. 视图 菜单

在"钣金件制造加工"对话框中单击 视图 菜单，系统弹出图 8.3.4 所示的"视图"下拉菜单，在该下拉菜单中可以设置主窗口中板料的视图方向，图 8.3.5 表示了三种视图显示形式。

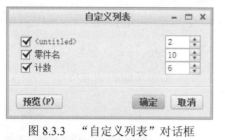

图 8.3.3 "自定义列表"对话框

图 8.3.4 "视图"下拉菜单

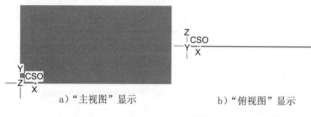

a)"主视图"显示　　　　b)"俯视图"显示　　　　c)"ISO"显示

图 8.3.5 不同的视图显示

3. 实用工具 菜单

在"钣金件制造加工"对话框中单击 实用工具 菜单，系统弹出图 8.3.6 所示的"实用工具"下拉菜单，在该下拉菜单可以设置各项细节功能，其中 基准 ▶ 和 特征 ▶ 的下面还有子菜单。

● 如果选择 显示路径 命令，出现"SMM NC 序列显示"对话框（图 8.3.7），在该对话框中可以显示 NC 序列。

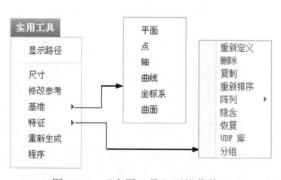

图 8.3.6 "实用工具"下拉菜单

图 8.3.7 "SMM NC 序列显示"对话框

● 如果选择 尺寸 命令，可以修改指定尺寸的值，选定尺寸的小数显示位数，指定尺寸的格式、尺寸附加的文本以及尺寸符号等。

4. 操作 菜单

在"钣金件制造加工"对话框中单击 操作 菜单，系统弹出图 8.3.8 所示的"操作"下拉菜单。

5. 设置 菜单

在"钣金件制造加工"对话框中单击 设置 菜单，系统弹出图 8.3.9 所示的"设置"下拉菜单。在该下拉菜单中可以设置模型关系、打印设置、NC 别名、材料以及模型等。在 模型设置 ▶ 和 材料 ▶ 的下面还有子菜单，从中可以设置相应的参数等。

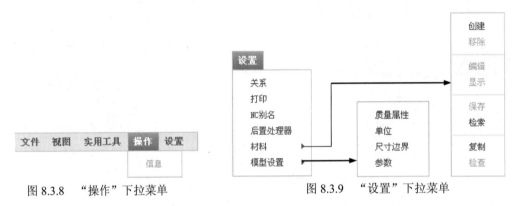

图 8.3.8 "操作"下拉菜单　　　　图 8.3.9 "设置"下拉菜单

此外，还可以在"钣金件制造加工"对话框中直接设置钣金件工件的长度单位、钣金件工件的大小（包括长度、宽度和厚度等）、边界尺寸以及纹理方向等。

- 单击 单位 编辑框右边的 ▼ 按钮，从该下拉列表中可以选择钣金件工件的长度单位，如英寸、英尺、毫米、厘米和米等。
- 在 纹理方向 选项组中可以设置钣金件工件的纹理方向，可使钣金件工件的纹理方向为无、沿着坐标 X 轴或 Y 轴方向。
- 在 边界尺寸 选项组中可以设置钣金件毛坯的边界大小，包括底部、左侧、顶部和右侧。

8.3.2 钣金零件处理

钣金零件处理主要通过"钣金件制造加工"对话框中的 零件 选项卡来完成，下面主要针对 零件 选项卡来讲解如何进行钣金件的排样、元件、自动化与再生成操作等。

进入钣金制造模块环境后，系统自动弹出"钣金件制造加工"对话框。在该对话框中，系统打开 零件 选项卡。

"钣金件制造加工"对话框的 零件 选项卡中共有 排样 ▼ 、 元件 ▼ 、 重新生成 和 自动化 四个按钮，下面一一介绍这四个按钮的作用和具体操作方法。

1. 排样

排样是指冲裁件在条料、带料或者板料上的布局方法。选择合理的排样和适当的搭边值，是降低成本和保证工件质量及模具寿命的有效措施。单击 **排样** 按钮，可以将零件手工套叠到工件上。

在"钣金件制造加工"对话框中单击 **排样** 按钮，系统弹出图 8.3.10 所示的下拉菜单。创建一个新排样的具体步骤如下。

Step1. 在"钣金件制造加工"对话框中单击 **排样** 按钮，选择"排样"下拉菜单中的 **创建** 命令，如图 8.3.10 所示。菜单管理器出现图 8.3.11 所示的 **▼ NEST CELL（排样单元）** 菜单，选择 **Add Part（新增零件）** 命令，系统弹出"打开"对话框。从该对话框中找到钣金件文件：creo4.9\work\ch08.03\ok\sheetmetal.prt，单击 **打开** 按钮。

图 8.3.10 "排样"下拉菜单

图 8.3.11 "排样单元"菜单

Step2. 接受 **▼ PART PLACE（零件位置）** 菜单中的默认值——选中 **☑ DragOrigin（拖移原点）** 复选框，单击 **Done（完成）** 命令，此时弹出"SHEETMETAL（活动的）－ 元件窗口"对话框。

Step3. 从"SHEETMETAL（活动的）－元件窗口"对话框的零件模型树中选取坐标系 CS0，然后在合适位置单击将零件放置到钣金件工件中。

说明：单击 **Nest Info（排样信息）** 命令则可以打开"信息窗口"对话框，从该对话框中可以查看零件的排样信息，如钣金件工件面积、排样零件的整体面积、差异以及浪费的面积等信息。

Step4. 单击菜单管理器中 **▼ NEST CELL（排样单元）** 菜单的 **Done（完成）** 命令，完成第一个零件的排样。

2. 元件

在"钣金件制造加工"对话框中，单击 **元件** 按钮，系统弹出图 8.3.12 所示的"元件"下拉菜单，可以把零件装配到钣金件的工件上。当装配第一个零件时，该菜单中只有 **组装**、**封装** 和 **高级实用工具** 命令为可选项。

● 选择 **组装** 命令，系统弹出"打开"对话框，从该对话框中可以选择零件并将其装

配到钣金件工件上。

- 选择 封装 命令，则在菜单管理器中出现 ▼ PACKAGE（封装）菜单，如图 8.3.13 所示。在该菜单中可以进行新建一个零件到组件、重新放置一个包装零件、在当前位置完成约束所选择的包装零件等操作。

- 选择 删除 命令则可以从组件中删除一个零件。

- 选择 隐含 命令则可以在组件中隐含一个零件。

图 8.3.12 "元件"下拉菜单   图 8.3.13 "封装"菜单

3．重新生成

在"钣金件制造加工"对话框中单击 重新生成 按钮，可以用不同方式重新生成制造组件。单击 重新生成 按钮，则在菜单管理器中弹出 ▼ PRT TO REGEN（重新生成零件）菜单和"选择"对话框，如图 8.3.14 所示。在 ▼ PRT TO REGEN（重新生成零件）菜单中，系统默认的是 Select（选择）命令，此时用户可以选取零件进行再生。

图 8.3.14 "重新生成零件"菜单

- 选择 Automatic（自动）命令，则系统可以自动选取需要再生的零件。

- 选择 Custom（自定义）命令，则可以编辑需要再生的特征列表。

● 选择 `Quit Regen (退出重新生成)` 命令，则可以退出再生操作。

4．自动化

在"钣金件制造加工"对话框中，单击 `自动化` 按钮，则系统可以自动在钣金件的工件上对零件进行排样。

如果用户已经通过单击 `排样　　▼` 按钮以手工方式对零件进行排样，此时单击 `自动化` 按钮，则系统弹出"确认"对话框，提示某些制造特征可能丢失、零件的位置可能改变等信息，如图 8.3.15 所示。

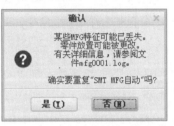

图 8.3.15　"确认"对话框

8.3.3　工作机床和操作

1．设置机床类型及参数

设置工作机床的类型及各项参数，该工作是在完成零件的排样以后，在"钣金件制造加工"对话框的 `机床` 选项卡中进行的。单击"钣金件制造加工"对话框的 `机床` 选项卡，则"钣金件制造加工"对话框（二）如图 8.3.16 所示。

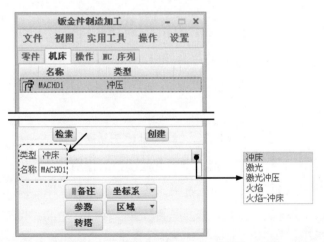

图 8.3.16　"钣金件制造加工"对话框（二）

● 单击 `检索` 按钮，可以打开"打开"对话框对工作机床进行检索。
● 单击 `创建` 按钮，则可以创建新的工作机床。在 `名称` 文本框中可以输入新的工作机床名称。

● 单击 类型 下拉列表，将弹出图 8.3.16 所示的下拉列表，从该下拉列表中可以选择工作机床的类型，如冲床、激光、激光冲压、火焰以及火焰-冲床等。

如要创建一台名称为"M2"的激光冲压型工作机床，其具体操作步骤如下。

Step1. 单击 类型 下拉列表，在弹出的图 8.3.16 所示的下拉列表中选择 激光冲压 选项。

Step2. 在 名称 文本框中可以输入工作机床名称 M2。

Step3. 单击 创建 按钮，完成工作机床的创建。此时在 机床 选项卡中增加了一台名称为 M2 的激光冲压型工作机床。

● 如果要删除已经创建的工作机床，则可以先在列表框中选中该工作机床，然后右击，在系统弹出的快捷菜单中选择 删除 命令，此时系统弹出"确认"对话框，提示用户是否删除选中的工作机床。单击 是(I) 按钮，则删除选中的工作机床。

● 如果要查看已经创建的工作机床的信息，则可以先选中该工作机床，然后右击，在系统弹出的快捷菜单中选择 信息 命令，此时系统弹出"信息窗口"对话框，从该对话框中可以查看钣金加工相关信息，如图 8.3.17 所示。

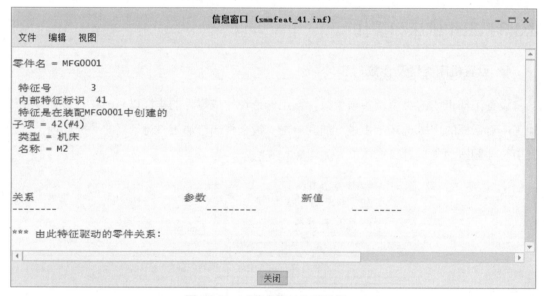

图 8.3.17 "信息窗口"对话框

此外，再简单地解释一下 机床 选项卡中其他按钮的作用。

● 单击 备注 按钮，则可以输入有关工作机床的一些注释。此时系统会弹出图 8.3.18 所示的文本编辑框，输入注释后单击 确定 按钮，完成工作机床的注释。

● 单击 坐标系 ▼ 按钮，则可以创建新的机床坐标系或者选取已有的坐标系。

● 单击 区域 ▼ 按钮，则可以定义机床加工区域、垫块、夹具或者修饰特征等。

● 单击 参数 按钮，则弹出"SMM 参数"对话框，在该对话框中可以设置加工参数。

● 单击 转塔 按钮，则弹出"转塔管理器"对话框，在该对话框中可以定义或者修改塔台参数。

图 8.3.18 文本编辑框

2. 设置机床操作

完成机床类型及参数设置后，单击"钣金件制造加工"对话框的 操作 选项卡，此时"钣金件制造加工"对话框（三）如图 8.3.19 所示。在 操作 选项卡中可以创建新的操作、为指定操作添加注释、保存或检索操作参数等。

图 8.3.19 "钣金件制造加工"对话框（三）

● 创建新操作。在 名称 文本框中输入操作名，单击 创建 按钮完成新操作的创建，此时在 操作 选项卡中增加了一个新的操作。

● 选中一个已经创建的操作，然后右击，在系统弹出的快捷菜单中选择 删除 命令，则可以删除该操作。

● 可以在 参数 选项组中输入各项参数，如数控程序文件名称、预数控程序文件名称、后数控程序文件名称和零件号等，然后单击 保存 按钮，保存以上的设置。

● 单击 检索 按钮，则可以打开"打开"对话框，可以选择已经存在的制造参数，单击 打开 ▾ 按钮，完成制造参数的设置。

8.3.4 钣金制造后置处理

设置 NC 序列是在完成零件的排样和工作机床的设置以后，在 **NC 序列** 选项卡中进行的。单击"钣金件制造加工"对话框的 **NC 序列** 选项卡，则"钣金件制造加工"对话框（四）如图 8.3.20 所示。

为了方便用户操作，在 **NC 序列** 选项卡中设置了工具栏。工具栏的显示可以由用户控制，具体操作是单击主菜单中的 **文件** 命令，在弹出的下拉菜单中选择 **自定义** ▸ 命令，此时系统出现图 8.3.21 所示的"定制"命令操作菜单。分别单击 ☑ **操作工具栏** 和 ☑ **创建工具栏** 命令，将这两个选项前面的标记去掉，则可以隐藏图 8.3.22 所示的"NC 序列"选项卡工具栏。

图 8.3.20 "钣金件制造加工"对话框（四）

图 8.3.21 "定制"命令操作菜单

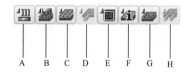

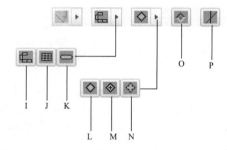

图 8.3.22 "NC 序列"选项卡工具栏

图 8.3.22 中各工具按钮的说明如下。

A: 单击该按钮可以调出"转塔管理器"对话框。

B: 单击该按钮可以调出"SMM 参数"对话框。

C: 单击该按钮可以调出"加工区域"对话框。

D: 单击该按钮可以调出"机床夹具"对话框。

E: 单击该按钮可以调出"SMM 后处理打印设置"对话框。

F: 单击该按钮可以调出"SMT 制造信息"对话框。

G: 单击该按钮可以调出"SMM NC 序列显示"对话框。

H: 单击该按钮可以调出"加工区域显示"对话框。

I: 单击该按钮可以进行边冲裁。

J: 单击该按钮可以进行区域冲裁。

K: 单击该按钮可以进行槽冲孔。

L: 单击该按钮可以进行 UDF 冲孔。

M: 单击该按钮可以进行点冲孔。

N: 单击该按钮可以创建刀具形状 NC 序列。

O: 单击该按钮可以进行成形操作。

P: 单击该按钮可以进行剪切。

此外，在 NC 序列 选项卡中，其他按钮的功能如下。

● 单击 自动 按钮可以创建自动工具的 NC 序列。此时系统弹出下拉式菜单，用户可以选择各个命令来完成不同的工序，如图 8.3.23 所示。

● 单击 优化 按钮，可以优化 CL 输出。

● 单击 新建 按钮，可以创建新的 NC 序列。此时系统弹出图 8.3.24 所示的下拉菜单，该下拉菜单中的各个命令与 NC 序列 选项卡工具栏中的各个按钮具有相同的作用。

● 单击 CL 输出 按钮，则可以打开钣金件制造的 NCL 播放器，输出 CL 文件。此时系统弹出"钣金件制造 NCL 播放器"对话框，如图 8.3.25 所示。在该对话框中可以计算钣金件加工的时间和路径，显示加工制造时的机械状态以及输出 NCL 程序文件等，同时还可以虚拟仿真钣金件加工的路径及状态。单击 ▶ 按钮开始演示钣金件的加工。

图 8.3.23 "自动"下拉菜单

图 8.3.24 "新建"下拉菜单

图 8.3.25 "钣金件制造 NCL 播放器"对话框

8.4　操作范例

本节通过一个范例，使用户对钣金件制造过程有一个基本认识。鉴于篇幅有限，本例只讲述钣金件制造中最基本的一个冲孔操作。通过学习该范例操作，用户可以完成一些比较简单的钣金件制造。有关钣金件制造的详细内容请用户参阅其他相关书籍。下面就钣金件制造中冲孔操作的具体步骤予以详细讲解。

说明：在进行钣金件制造之前，必须要完成两个任务，第一是将钣金件展平，有利于钣金下料和排样；第二是要建立一个合适的坐标系，便于钣金的排样处理（放置）。

Task1．在钣金零件中建立坐标系

Step1．设置工作目录。选择下拉菜单 文件▾ ➡ 管理会话(M) ▶ ➡ 选择工作目录(W) 更改工作目录。 命令，将工作目录设置至 D:\creo4.9\work\ch08.04。

Step2．打开钣金模型文件。在 Creo 4.0 的主菜单栏中，选择下拉菜单 文件▾ ➡ 打开(O) 命令，打开文件 sheetmetal.prt，如图 8.4.1 所示（模型已经展平）。

Step3．删除默认坐标系 PRT_CSYS_DEF。在模型树中右击 模板 标识53，在系统弹出的快捷菜单中选择 打开基础模型 命令，系统自动打开文件名为 filter_form.prt 的模型，在 FILTER_FORM.PRT 的模型树中右击 PRT_CSYS_DEF，在系统弹出的快捷菜单中选择 删除 命令，即可删除默认坐标系。然后关闭 FILER_FORM.PRT 模型。

Step4．新建坐标系。

（1）单击 模型 功能选项卡 基准▾ 区域中的"平面"按钮 ⟋￢，系统弹出图 8.4.2 所示的"基准平面"对话框。选取参照平面 TOP，将约束类型定义为 偏移，在 偏移 下面的 平移 文本框中输入偏移值 26.0，单击 确定 按钮，完成基准平面 DTM1 的创建，如图 8.4.3 所示。

图 8.4.1　钣金件模型

图 8.4.2　"基准平面"对话框

（2）参照步骤（1）的操作方法，选取 FRONT 面为参考，完成基准平面 DTM2 的创建，

如图 8.4.4 所示。

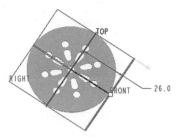
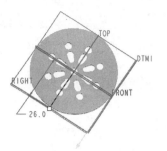

图 8.4.3 基准平面 DTM1 的建立   图 8.4.4 基准平面 DTM2 的建立

（3） 单击 模型 功能选项卡 基准▼ 区域中的 ⋇坐标系 按钮，系统弹出图 8.4.5 所示的 "坐标系" 对话框。按住 Ctrl 键，依次选取基准平面 DTM2、DTM1 和 RIGHT 为参照平面，如图 8.4.6 所示；然后单击 方向 选项卡，单击 反向 按钮改变 X 轴或者 Y 轴的方向，如图 8.4.7 所示，最后单击 确定 按钮，完成坐标系 CS0 的创建。

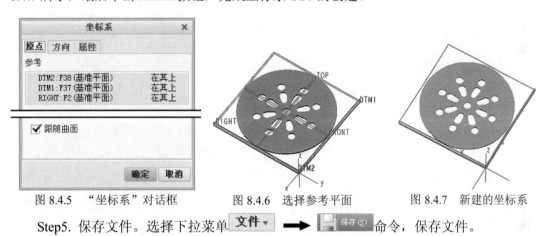

图 8.4.5 "坐标系" 对话框   图 8.4.6 选择参考平面   图 8.4.7 新建的坐标系

Step5. 保存文件。选择下拉菜单 文件▼ ➡ 🖫 保存(S) 命令，保存文件。

Task2. 新建一个钣金制造模块文件

Step1. 在快速访问工具栏中单击 "新建" 按钮 □，系统弹出 "新建" 对话框。

Step2. 在 "新建" 对话框的 类型 选项组中选中 ● 🔟 制造 单选项，在 子类型 选项组中选中 ● 钣金件 单选项，在 名称 文本框中输入文件名称 SHEETMETAL_MILLING，单击 确定 按钮，进入钣金制造模块。

Task3. 设置工作环境及各项参数

在系统弹出的 "钣金件制造加工" 对话框中单击 零件 选项卡，在 工件尺寸 和 边界尺寸 选项组中输入相应的数值，如图 8.4.8 所示。

Task4. 零件排样的处理

Step1. 在 "钣金件制造加工" 对话框中单击 排样 ▼ 按钮，在系统弹出的图

8.4.9 所示的"排样"下拉菜单中选择 创建 命令，此时菜单管理器出现图 8.4.10 所示的 ▼ NEST CELL（排样单元）菜单，选择 Add Part（新增零件）命令，系统弹出"打开"对话框。从该对话框中找到前面设计的钣金件文件 sheetmetal.prt，单击 打开 ▼ 按钮。

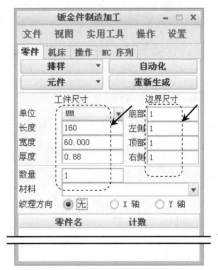

图 8.4.8 "零件"选项卡   图 8.4.9 "排样"下拉菜单   图 8.4.10 "排样单元"菜单

Step2. 系统弹出 ▼ PART PLACE（零件位置）菜单，如图 8.4.11 所示。接受 ▼ PART PLACE（零件位置）菜单中的默认值——选中 ☑ DragOrigin（拖移原点）复选框，选择 Done（完成）命令，此时出现"SHEETMETAL（活动的）-元件窗口"对话框，如图 8.4.12 所示。

Step3. 从"SHEETMETAL（活动的）-元件窗口"对话框的零件模型中选取坐标系 CS0，然后选取合适位置放置零件到钣金件工件中，结果如图 8.4.13 所示。最后选择菜单管理器中 ▼ NEST CELL（排样单元）菜单的 Done（完成）命令，完成第一个零件的排样。

说明：在放置零件时，应注意零件与钣金板左侧边缘的距离，如果距离过大，就无法排放下多个零件。

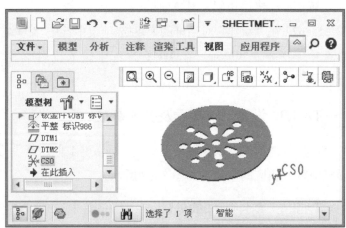

图 8.4.11 "零件位置"下拉菜单   图 8.4.12 "SHEETMETAL（活动的）-元件窗口"对话框

图 8.4.13　第一个零件的排样

Step4. 排样多个零件。单击 **排样** 按钮，在弹出的"排样"下拉菜单中依次选择 **多重** ▶ 和 **定义** 命令，如图 8.4.14 所示，此时系统弹出 ▼ SELECT FEAT (选择特征) 菜单，在图形区中单击主窗口中刚才排样的钣金件 sheetmetal.prt，系统弹出图 8.4.15 所示的 ▼ INCR TYPE (增量类型) 菜单，依次选择 Outline Gap (轮廓间隙) ➡ X Pattern (X阵列) ➡ Fill Sheet (填充页面) ➡ Done (完成) 命令。

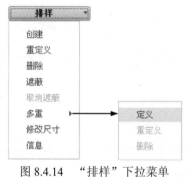

图 8.4.14　"排样"下拉菜单

图 8.4.15　"增量类型"菜单

Step5. 系统弹出消息输入窗口，在 输入 间隙 平移的距离x方向: 后的文本框中输入数值 3，然后单击 ✔ 按钮，主窗口中的零件放置如图 8.4.16 所示。

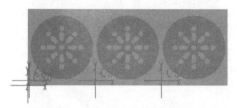

图 8.4.16　多个零件的排样

Step6. 单击 **排样** 按钮，在弹出的下拉菜单中选择 **信息** 命令，则可以查看排样的信息。此时系统弹出"信息窗口"对话框，该对话框中显示了排样的信息，如钣金件工件面积、排样零件整体面积、差异和浪费面积等，如图 8.4.17 所示，再单击 **关闭** 按钮。

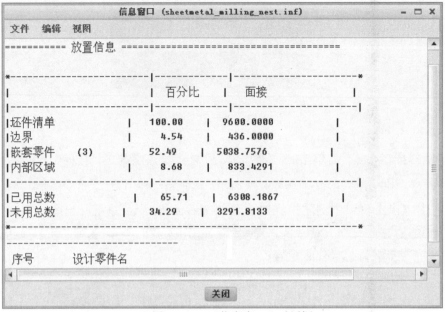

图 8.4.17　"信息窗口"对话框

Task5. 设置工作机床和操作

由于本例要完成的工序为冲孔，因此可以选取系统默认的冲压型工作机床和默认的操作参数。

Stage1. 设置刀具参数

Step1. 单击"钣金件制造加工"对话框的 NC 序列 选项卡，然后单击该选项卡中的 Ⅲ 按钮，此时系统弹出图 8.4.18 所示的"转塔管理器"对话框。

图 8.4.18　"转塔管理器"对话框

Step2. 在"转塔管理器"对话框中单击 □ 按钮，然后选中 ☑ 刀具设置 复选框，系统弹出"刀具设置"对话框，单击工具栏中的  按钮，设置刀具参数（图 8.4.19），然后依次单击 **应用** 和 **✕** 按钮，在"转塔管理器"对话框中单击 **完成** 按钮，完成刀具的设置。

图 8.4.19 "刀具设置"对话框

Stage2. 创建 NC 序列

Step1. 单击 按钮，系统弹出"转塔管理器"对话框，选择前面创建的 **TOOL1** 刀具，取消选中 □ 刀具设置 复选框，单击 **完成** 按钮。

Step2. 此时系统弹出"选择边"对话框和"钣金件 NC 序列"对话框，如图 8.4.20 和图 8.4.21 所示。此时系统提示 ➡选择加工的边环.，接着选取钣金件中的所有圆孔，选取完成后单击"选择边"对话框中的 **确定** 按钮，完成加工区域的选择。

图 8.4.20 "选择边"对话框

图 8.4.21 "钣金件 NC 序列"对话框

Task6. 加工过程仿真

Step1. 单击"钣金件 NC 序列"对话框中的 预览 按钮，系统弹出"钣金件制造 NCL 播放器"对话框（图 8.4.22）。

Step2. 单击"钣金件制造 NCL 播放器"对话框中的 ▶ 按钮，在图形区内可看到工件加工过程的路径，如图 8.4.23 所示。

Step3. 单击"钣金件制造 NCL 播放器"对话框中的 ▶NCL程序文字 栏，可以查看生成的 NCL 数据，如图 8.4.24 所示。

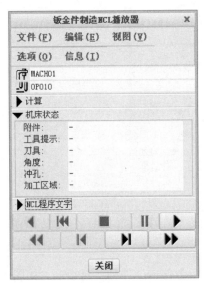

图 8.4.22　"钣金件制造 NCL 播放器"对话框

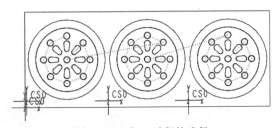

图 8.4.23　加工过程的路径

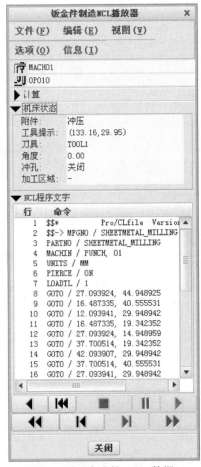

图 8.4.24　生成的 NCL 数据

Step4. 单击 关闭 按钮，退出"钣金件制造 NCL 播放器"对话框。

Step5. 在"钣金件 NC 序列"对话框中单击 完成 按钮，则可以返回"钣金件制造加工"对话框。

Step6. 选择下拉菜单 文件 ▾ ➙ 保存(S) 命令，保存文件。

第**9**章 后 置 处 理

本章提要 本章将介绍有关数控后置处理的知识。由 Creo 4.0 生成的刀具轨迹文件并不能被所有的数控机床识别，还需要对其进行后置处理，转换成机床可识别的文件后才可以进行加工。数控加工的后置处理是 CAD/CAM 集成系统的重要组成部分，直接影响零件的加工质量。通过本章的学习，相信读者会对数控加工的后处理功能有一个初步的了解。

9.1 后置处理概述

通过前面章节的介绍，我们已经对数控加工的方法、各类零件的加工方法及生成刀具运动轨迹的方法有了一定的了解。在整个过程结束时，Creo 4.0 生成 ASCII 格式的刀位置（CL）数据文件，即得到了零部件加工的刀具运动轨迹文件。但是，在实际加工过程中，数控机床控制器不能识别该类文件，必须将刀位数据文件转换为特定数控机床系统能识别的数控代码程序（即 MCD 文件），这一过程称为后置处理。

鉴于数控系统现在并没有一个完全统一的标准，各厂商对有的数控代码功能的规定各不相同，所以，同一个零件在不同的机床上加工所需的代码也不同。为使 Creo 4.0 制作的刀位数据文件能够适应不同的机床，需将机床配置的特定参数保存成一个数据文件，即为配置文件。一个完整的自动编程程序必须包括主处理程序（Main Processor）和后置处理程序（Post Processor）两部分。主处理程序负责生成详尽的 NC 加工刀具运动轨迹的程序，而后置处理程序负责将主程序生成的数据转换成数控机床能够识别的数控加工程序代码。

9.2 后置处理器

后置处理器是一个用来处理由 CAD 或 APT 系统产生的刀位数据文件的应用程序，此程序能够把加工指令解释为能够被加工机床识别的信息。每个 Creo 4.0 加工模块都包括一组标准的可以直接执行或者使用可选模块修改的 NC 后置处理器。由于各种数控机床的程序指令格式不同，因而各种机床的后置处理程序也不同，所以要求有不同的后置处理器。

9.2.1 后置处理器模式

启动 Creo 4.0 软件进入到加工环境之后，单击 应用程序 功能选项卡 制造应用程序 区域中的 "NC 后处理器" 按钮 ，系统弹出图 9.2.1 所示的 "Option File Generator" 对话框，进入后置处理器模式。在此对话框中可以设置各项参数，进行后置处理器的创建、修改及删除等操作。

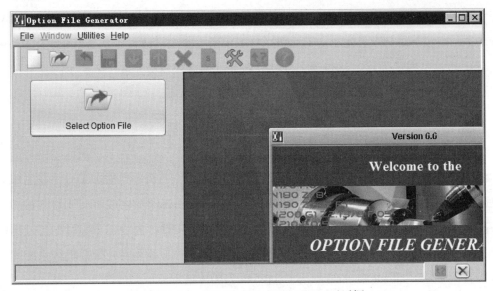

图 9.2.1　"Option File Generator" 对话框

图 9.2.1 所示的 "Option File Generator" 对话框中各菜单栏的说明如下。

● File ：后置处理的文件操作主要都在此菜单中进行，其下拉菜单如图 9.2.2 所示，各项含义说明如下。

　☑ New ：新建文件，其功能和工具栏中的 按钮相同，新建文件的快捷键为 Ctrl+N。选择此项后，系统弹出 "Define Machine Type" 对话框。

　☑ Close ：关闭文件，其功能和工具栏中的 按钮相同。关闭文件的快捷键为 Ctrl+L。选择此项后，可以关闭激活状态下的文件。

　☑ Open... ：打开文件，其功能和工具栏中的 按钮相同。打开文件的快捷键为 Ctrl+O。选择此项后，可以打开已经保存的文件。

　☑ Save ：保存文件，其功能和工具栏中的 按钮相同。保存文件的快捷键为 Ctrl+S。选择此项后，可以保存当前文件。

　☑ Save As... ：将文件另存为。选择此项后，会弹出一个对话框，可以将文件重新命名后保存在任意设定的路径。

　☑ Exit ：关闭对话框。选择此项后，会弹出一个提示窗口，提示是否对所做的修改保存，选择相应的选项后，退出此对话框。

- Window ：后置处理的窗口显示操作主要都在此菜单中进行，其子菜单包括 Cascade 命令。

  ☑ Cascade ：选择此项，所有打开的文件将会以层叠方式下落到屏幕的中心位置。

- Utilities ："实用程序"命令，改变工具条显示的位置、字体和颜色。其下拉菜单如图 9.2.3 所示，各项含义如下。

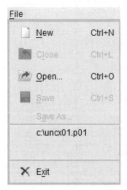

图 9.2.2 "文件"下拉菜单

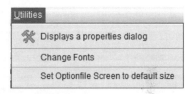

图 9.2.3 "实用程序"下拉菜单

☑ Displays a properties dialog ：选择此项后，系统会弹出图 9.2.4 所示的对话框。在该对话框中可以设定后置处理对话框的相关属性。

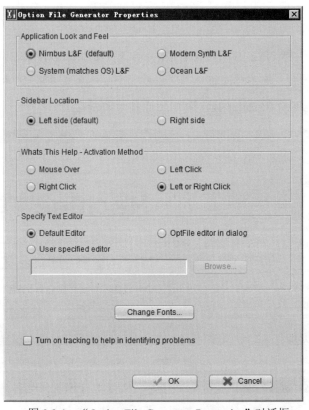

图 9.2.4 "Option File Generator Properties"对话框

☑ Change Fonts：改变显示的字体。选择此项后，弹出图 9.2.5 所示的 "Edit Fonts" 对话框，通过此对话框可以设置对话框中文本的字体和大小。

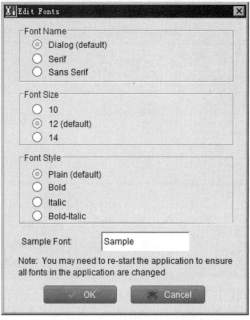

图 9.2.5 "Edit Fonts" 对话框

● Help：提供创建后置处理器时的帮助信息。其下拉菜单包括 ⓘ Contents 、
ⓘ System Information 和 ⚙ About Option File Generator 三个命令。

☑ ⓘ Contents：显示帮助内容。选择此选项后，弹出图 9.2.6 所示的 "Help" 对话框。单击对话框中的 🔍 选项卡，然后在 查找：文本框中输入要搜索的关键词语并按 Enter 键，即可显示相关的信息。

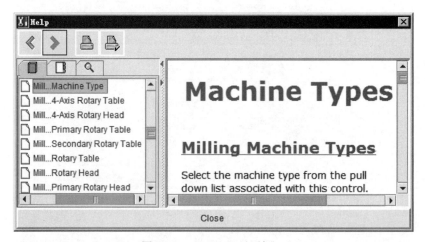

图 9.2.6 "Help" 对话框

☑ System Information：显示系统信息，包括支持此软件运行的平台及系统、系统目录、程序目录、初始目录及初始文件等。选择此选项后，系统弹出图 9.2.7 所

示的"System Information"对话框。

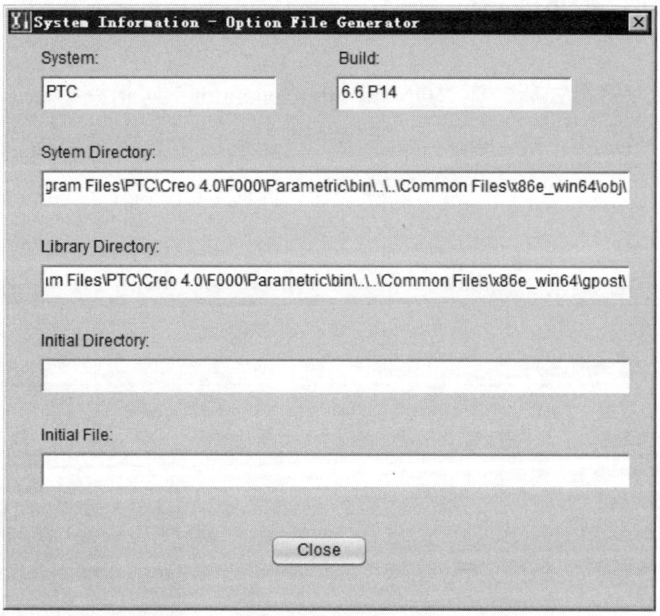

图 9.2.7 "System Information"对话框

☑ About Option File Generator：显示该软件的产品信息，包括 Pro/NC 后期处理器的版权、生产厂家及其应用等信息。选择此选项后，弹出图 9.2.8 所示的"About Option File Generator"对话框。

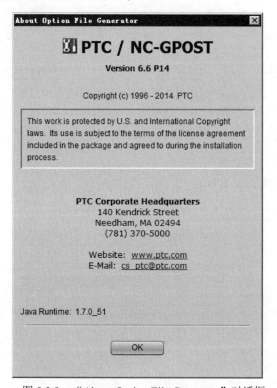

图 9.2.8 "About Option File Generator"对话框

Creo4.0
数控加工教程

9.2.2 设置后置处理器

进入后置处理器模式后，在"Option File Generator"对话框中单击"新建"按钮，在系统弹出的"Define Machine Type"对话框中选中 ◎ Mill 单选项，依次连续单击 Next 按钮，最后单击 Finish 按钮，此时"Option File Generator"对话框显示如图 9.2.9 所示。

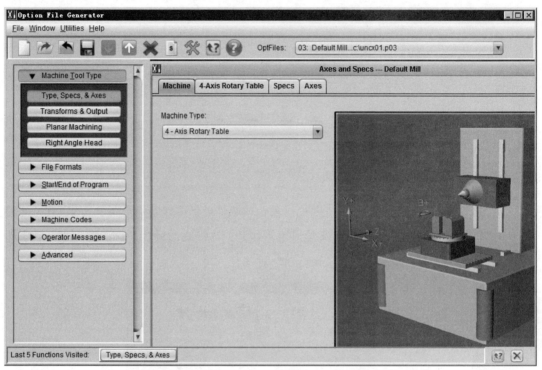

图 9.2.9 "Option File Generator"对话框

图 9.2.9 所示的"Option File Generator"对话框中的各项说明如下。

➢ ▼ Machine Tool Type ：加工机床类型，其下包含有四个选项。选择 Type, Specs, & Axes 选项后，此时右侧页面显示如图 9.2.9 所示。在 Machine Type: 下拉列表中有七种机床类型可供选择，如图 9.2.10 所示。

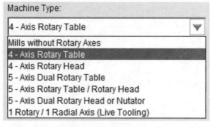

图 9.2.10 "Machine Type"下拉列表

选择不同类型的机床，页面选项会随之作出相应的变化。按照系统默认的机床类型，选择页面中的 Specs 选项卡，会出现图 9.2.11 所示的页面。机床的基本参数包括直线轴和回转轴的运动代码属性。

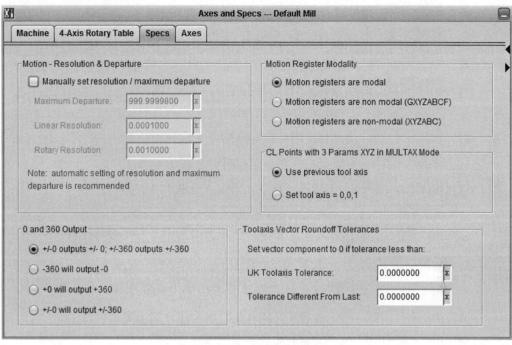

图 9.2.11　"Specs"选项卡

➢ File Formats ：设置文件格式，其下包含有五个选项。

● MCD File ：MCD 文件格式。选择此选项，系统显示图 9.2.12 所示的页面，可以查看和编辑地址寄存器及其格式，系统对所有的地址寄存器指定输出的顺序，用户可以改变寄存器的位置。

ORDER	ADDR	DESCRIPTION	BEFORE ALIAS	AFTER ALIAS	METRIC FMT	INCH FMT
1	N	Sequence Nbr	NONE	NONE	F40	F40
2	G	Prep Functions	NONE	NONE	F20	F20
3	X	X - Axis	NONE	NONE	F43	F34
4	Y	Y - Axis	NONE	NONE	F43	F34
5	R	Cycle RAPID Stop	NONE	NONE	F43	F34
6	Z	Z - Axis	NONE	NONE	F43	F34
7	I	X - Axis Arc	NONE	NONE	F43	F34
8	J	Y - Axis Arc	NONE	NONE	F43	F34
9	K	Z - Axis Arc	NONE	NONE	F43	F34
10	B	Rotary Table Axis	NONE	NONE	F33	F33
11	F	Feedrate	NONE	NONE	F42	F33
12	S	Spindle	NONE	NONE	F40	F40
13	T	Tool	NONE	NONE	F50	F50
14	D	Cutter Rad/Dia Comp	NONE	NONE	F20	F20
15	H	Tool Length Comp	NONE	NONE	F20	F20
16	M	Aux / M-Codes	NONE	NONE	F20	F20
53	<<	Cycle DWELL	NONE	NONE	F20	F20
53	<<	Cycle CAM	NONE	NONE	F43	F34
53	<<	Secondary Rot. Axis	NONE	NONE	F33	F33

Edit Selected Address...　Move Selected Address

图 9.2.12　"MCD File Format"选项卡

☑ **Sequence Nbr** ：加工代码行的引导字母。

☑ **Prep Functions** ：准备功能代码，一般为 G。

☑ **X - Axis** ：直线坐标 X 轴的地址。

☑ **Y - Axis** ：直线坐标 Y 轴的地址。

☑ **Cycle RAPID Stop** ：钻孔循环的快速定位距离，一般为 R。

☑ **Z - Axis** ：直线坐标 Z 轴的地址。

☑ **X - Axis Arc** ：圆弧插补时要指定的圆心 X 轴的坐标值。

☑ **Y - Axis Arc** ：圆弧插补时要指定的圆心 Y 轴的坐标值。

☑ **Z - Axis Arc** ：圆弧插补时要指定的圆心 Z 轴的坐标值。

☑ **Rotary Table Axis** ：旋转台的轴线，与机床结构有关。

☑ **Feedrate** ：速度控制代码，一般为 F。

☑ **Spindle** ：主轴速度控制代码，一般为 S。

☑ **Tool** ：刀具代码，一般为 T。

☑ **Cutter Rad/Dia Comp** ：切削刀具的半径补偿量，一般为 D。

☑ **Tool Length Comp** ：切削刀具的长度补偿量，一般为 H。

☑ **Aux / M-Codes** ：辅助功能代码，一般为 M。

● **List File** ：列表文件格式，其显示页面如图 9.2.13 所示。用户可以在此页面中修改选配文件的标题、打印列表信息、处理系统提供的警告信息、选择打印格式和打印输出数据的格式等各项操作。

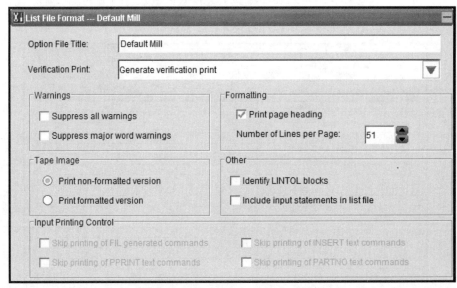

图 9.2.13 "List File Format" 对话框

☑ **Option File Title** ：设置选配文件的标题，最大允许字符数为 66。

☑ Verification Print: 信息打印选项,提供了几个选项,可以删除或确认打印列表。

☑ Warnings: 提供信息给出的警告信息。□ Suppress all warnings 表示是否隐藏全部警告;□ Suppress major word warnings 表示是否隐含主关键字警告。

☑ Formatting: 设置打印格式。☑ Print page heading 表示是否将后处理器的标题打印在每一页上;Number of Lines per Page: 表示每页打印的最大行数。

☑ Tape Image: 输出数据格式。可以打印机床控制数据,格式完全与在数控系统的表现一致,也可以自定义输出格式。◉ Print non-formatted version 表示打印没有进行格式化的版本;◉ Print formatted version 表示打印格式化的版本。

☑ Other: 其他选项。

● Sequence Numbers : 定义程序段标号,其显示页面如图 9.2.14 所示。

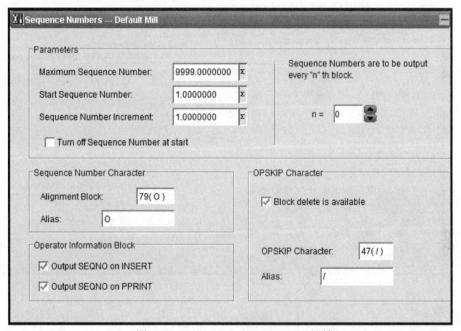

图 9.2.14 "Sequence Numbers"对话框

☑ Parameters: 参数设置。其中 Maximum Sequence Number: 为设置程序行号的最大值,默认值为 9999;Start Sequence Number: 为设置数控代码程序行号的起始数字,默认值为 1;Sequence Number Increment: 为设置数控代码程序行号的增量值,默认值为 1;□ Turn off Sequence Number at start 用于控制是否在开始关闭行号的生成;Sequence Numbers are to be output every "n" th block. 表示每隔 N 行输出程序行号。

☑ Sequence Number Character: 程序标号字符。其中 Alignment Block: 表示对程序标号分配的块序号;Alias: 显示了程序标号块的对应 ASCII 码。

☑ Operator Information Block: 操作信息块。其中的两个选项分别表示是否对

Creo4.0

数控加工教程

INSERT 和 PPRINT 语句的操作信息插入行号。

☑ `OPSKIP Character`：跳过字符。其中 ☑`Block delete is available` 表示程序段删除有效；`OPSKIP Character:` 用来设置程序段跳过的字符； `Alias:` 显示了跳过字符对应的 ASCII 码。

● `Simulation File`：仿真文件。

● `HTML Packager`：HTML 包。

➢ `▼ Start/End of Program`：程序起始与结束的设置。单击此按钮，系统会显示图 9.2.15 所示的 "Progam Start/End" 对话框。

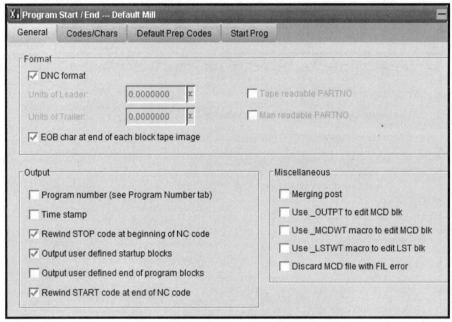

图 9.2.15　"Progam Start/End" 对话框

● `Format`：基本格式。其中 ☑`DNC format` 选项表示 DNC 格式，选择此选项，数据文件将适合在分布式数控系统环境下使用； ☑`EOB char at end of each block tape image` 选项表示允许在代码行的末尾增加或删除标记。

● `Output`：输出选项。通过选择其下的复选框，可以增加 Rewind STOP 代码、输出时间和日期信息、增加自定义代码和增加 Rewind START 代码。

● `Miscellaneous`：杂项。通过选择其下的复选框，可以设定 Merging post 等选项。

➢ `▼ Motion`：运动代码。选择此选项，系统会显示所包含的运动类型。

● `General`：一般选项，其页面如图 9.2.16 所示。`Idential Points Handling` 表示对同一点的处理方法，其中选中 ◉`Do not output the repeat point` 单选项表示不输出同一点； 选中 ◉`Output the repeat point` 单选项表示输出同一点； 选中

◎ Output zero length move during MULTAX 单选项表示在多轴时输出 0 长度。

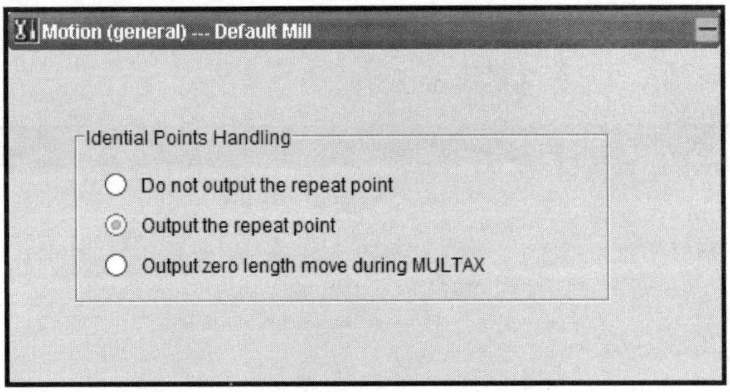

图 9.2.16 "Motion(general)"对话框

● Linear ：直线插补运动代码，用来设置直线插补的 G 代码，其页面
显示如图 9.2.17 所示。

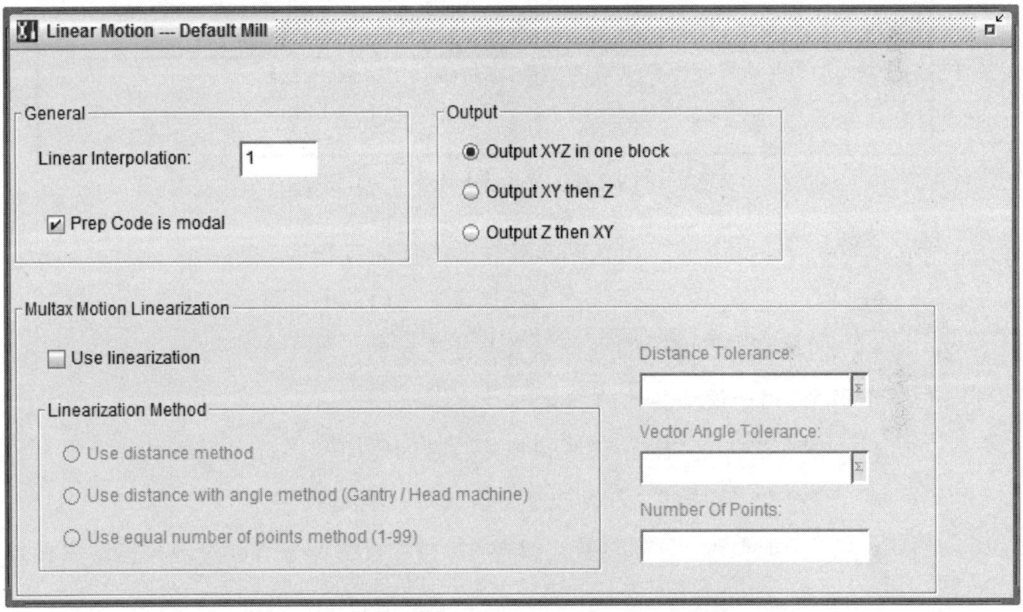

图 9.2.17 "Linear Motion"对话框

☑ Linear Interpolation: ：用来设置直线插补 G 代码，默认值为 1。

☑ ☑ Prep Code is modal ：表示直线插补的代码都是模态的。

☑ ◎ Output XYZ in one block ：选中该选项表示在同一程序段中输出 XYZ 坐标。

☑ ◎ Output XY then Z ：选中该选项表示先输出 XY 坐标然后输出 Z 坐标。

☑ ◎ Output Z then XY ：选中该选项表示先输出 Z 坐标然后输出 XY 坐标。

● Rapid ：定义快速运动的相关参数，其页面显示如图 9.2.18 所示。

☑ Positioning ：用于设置定位方式的参数。

◆ Positioning XY Code: ：设置机床快速定位 XY 轴的 G 代码，默认值为 0。

◆ Positioning Z Code: ：设置机床快速定位 Z 轴的 G 代码，默认值为 0。

◆ ☑ Prep Code is modal ：设定快速运动的代码是否为模态。

☑ Rapid Address: ：设置快速定位时机床的地址。

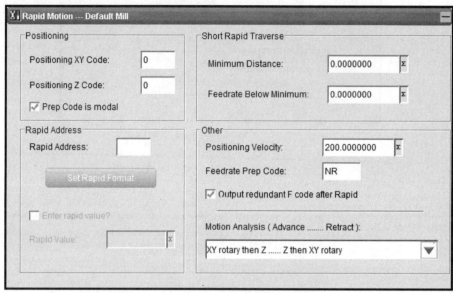

图 9.2.18 "Rapid Motion" 对话框

☑ Short Rapid Traverse ：用于设置最短快速行程的参数。

◆ Minimum Distance: ：设置允许快速定位的最小距离。

◆ Feedrate Below Minimum: ：设置快速定位的下限。

☑ Other ：用于设置其他的参数。

◆ Positioning Velocity: ：设置快速定位时的速度。

◆ Feedrate Prep Code: ：表示速度单位的 G 代码数字。

◆ ☐ Output redundant F code after Rapid ：用于设置是否在快速移动后输出额外的 F 代码。

● Circular ：定义圆弧插补运动的相关参数，其页面显示如图 9.2.19 所示。

☑ ☐ Disable circular interpolation ：用于设置是否禁止圆弧插补功能。

☑ Clockwise Prep: ：顺时针圆弧插补 G 代码，默认值为 2。

☑ CounterCW Prep: ：逆时针圆弧插补 G 代码，默认值为 3。

☑ ☑ Prep / G-codes modal ：用于设置圆弧插补的代码是否为模态。

☑ ☐ XYZ codes modal ：用于设置 XYZ 代码是否为模态代码。

☑ Circle Center Output: ：用于设置圆弧的输出方式。

☑ Maximum Degrees Per Block: ：用于设置每个程序段的最大输出角度。

☑ Correction Method: ：用于设置修正圆弧代码的方式。

☑   Maximum Radius：设置允许圆弧插补的最大半径值。

☑   Circle Z Deviation Tolerance (to avoid G01)：用于设置圆弧 Z 向偏差的公差数值。

☑   Circle 360-deg Start-End Point Tolerance：用于设置圆弧 360° 的起终点公差数值。

☑   ☐ True radial feedrate calculation 用于设置是否开启真实圆弧进给速率计算。

☑   ☐ Output F code with every circle block：用于设置是否在每个圆弧段后输出 F 代码。

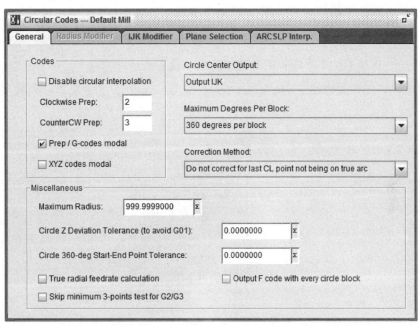

图 9.2.19   "Circular Codes" 对话框

●   Cycles：定义循环的相关参数，其页面显示如图 9.2.20 所示。

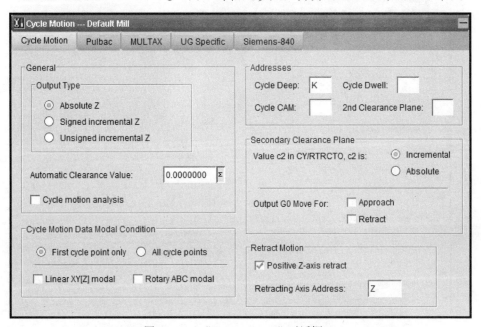

图 9.2.20   "Cycle Motion" 对话框

☑ ⊚ Absolute Z：指定循环程序段内的 Z 值为绝对坐标值。

☑ ⊚ Signed incremental Z：指定循环程序段内的 Z 值为带符号的增量坐标值。

☑ ⊚ Unsigned incremental Z：指定循环程序段内的 Z 值为不带符号的增量坐标值。

☑ Automatic Clearance Value：自动回退到平面以上的坐标值。在其后面的文本框中输入相应的数值，系统将会自动从编程的退刀面高度减去这个数值。

☑ Addresses：表示与固定循环有关的寄存器地址，其下面的四个选项分别表示固定循环深度增量值寄存器、固定循环暂停时间的寄存器地址、固定循环停止的 CAM 号码和固定循环的第二退刀面。

➢ Machine Codes：机床加工代码。单击此按钮，其下会显示八种机床代码，如图 9.2.21 所示。

图 9.2.21　八种机床代码

● Prep / G-Codes：准备功能代码。单击此按钮，其页面显示如图 9.2.22 所示。

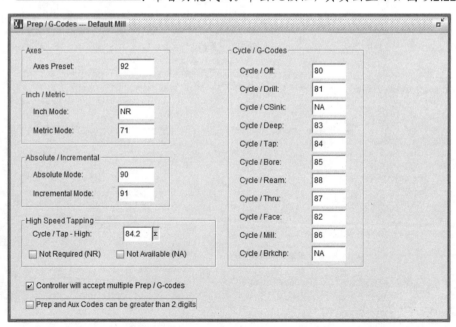

图 9.2.22　"Prep/G-Codes" 对话框

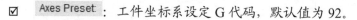
☑ Axes Preset：工件坐标系设定 G 代码，默认值为 92。

☑ Inch / Metric：指定英制单位的代码和米制单位的代码。

☑ Absolute / Incremental：指定绝对编程和增量编程 G 代码，默认值为 90 和 91。

☑ High Speed Tapping：指定高速攻螺纹代码。

☑ Cycle / G-Codes：用于设置各种循环的 G 代码。

● Aux / M-Codes：辅助功能代码。单击此按钮，其页面显示如图 9.2.23 所示。

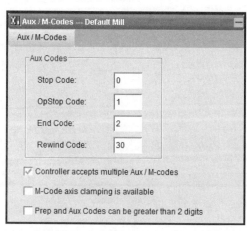

图 9.2.23 "Aux/M-Codes"对话框

☑ Stop Code：暂停代码。

☑ OpStop Code：选择性停止代码。

☑ End Code：结束代码。

☑ Rewind Code：程序结束并返回起始点。

● Cutter Compensation：刀具补偿。单击此按钮，其页面显示如图 9.2.24 所示。

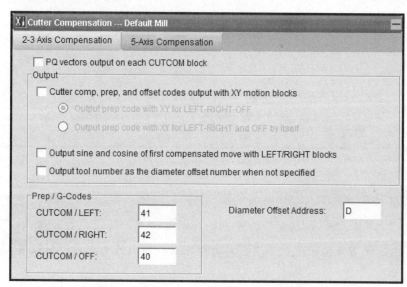

图 9.2.24 "Cutter Compensation"对话框

● Coolant : 切削液。单击此按钮，其页面显示如图 9.2.25 所示。

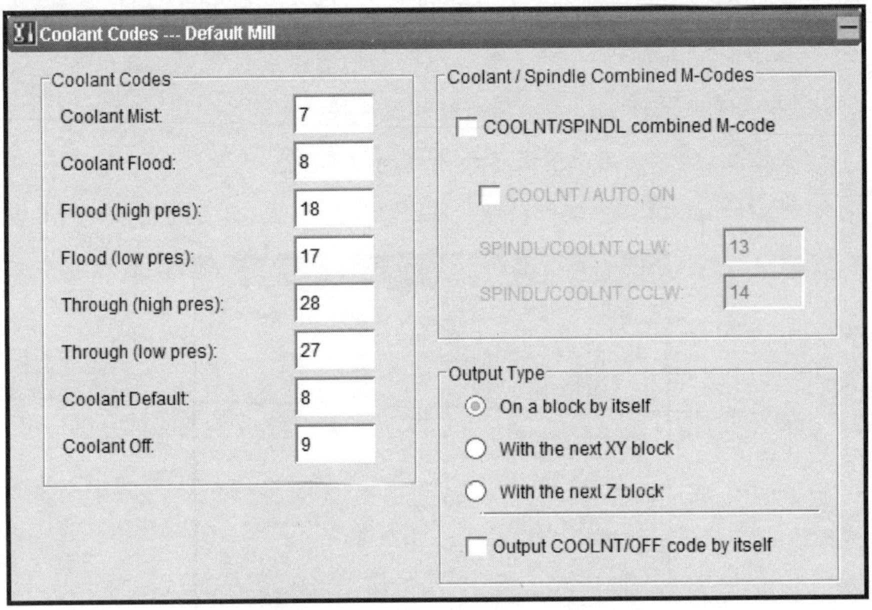

图 9.2.25 "Coolant Codes" 对话框

● Feedrates : 进给速度。单击此按钮，其页面显示如图 9.2.26 所示。

☑ Enable Feed Override : 表示允许使用进给速度超程的 M 代码。

☑ Disable Feed Override : 表示禁止使用进给速度超程的 M 代码。

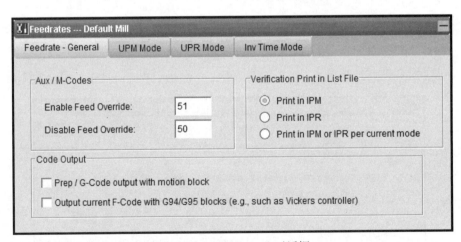

图 9.2.26 "Feedrates" 对话框

● Fixture Offsets : 夹具偏置。单击此按钮，其页面显示如图 9.2.27 所示。

● Tool Change Sequence : 换刀序列，可以进行换刀时间、换刀代码、换刀输出形式以及换刀点的位置的设置，同时也可以对换刀的坐标系进行设置，如图 9.2.28 所示。

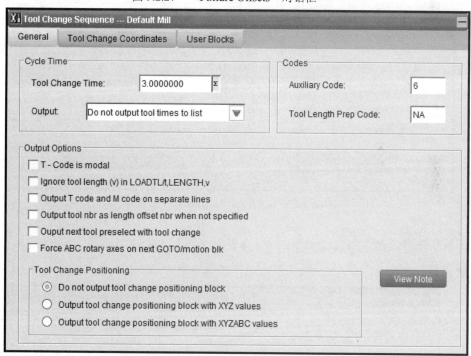

图 9.2.27 "Fixture Offsets"对话框

图 9.2.28 "Tool Change Sequence"对话框

- ● Spindle ：主轴。单击此按钮，其页面显示如图 9.2.29 所示。

- ● Dwell Parameters ：停留参数。单击此按钮，其页面显示如图 9.2.30 所示。

- ☑ Min Dwell Time: ：设置的最小暂停时间。

- ☑ Max Dwell Time: ：设置的最大暂停时间。

- ☑ Dwell Multiplier: ：对暂停时间给定的放大系数。

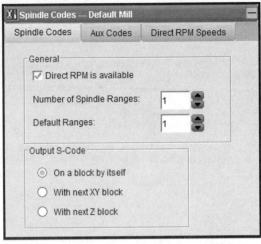

图 9.2.29 "Spindle Codes" 对话框

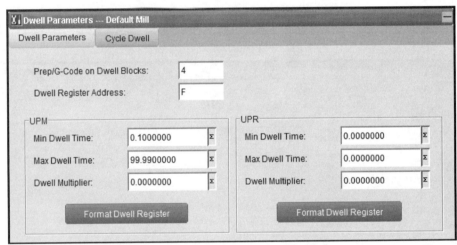

图 9.2.30 "Dwell Parameters" 对话框

➤ ▼ Operator Messages : 单击此按钮，系统会显示图 9.2.31 所示的 "Operator Messages" 对话框。

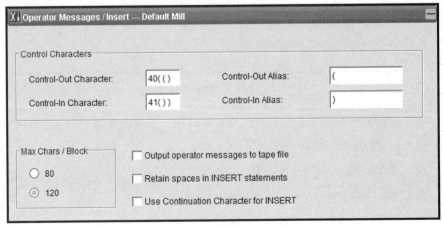

图 9.2.31 "Operator Messages" 对话框

➢  ：高级选项。选择此选项，用户可以选择不同类型的编辑器进行编辑操作。其下级菜单有六个选项，分别为 FIL Editor 、 Text / VTB Editor 、 PLABELS 、 Commons 、 Search 和 ToDo List & User Notes 。

9.3 创建新的后置处理器

上一节我们学习了查看现有后置处理器的方法，有时用户需要的后置处理器可能不存在，这时就需要创建新的后置处理器。在此之前，就要对加工机床和数控系统有一个广泛而深入的了解，只有能详细地描述数控系统的各项要求，才能更好地操作机床控制加工过程。本节介绍创建后置处理器的方法。

9.3.1 创建方法介绍

启动 Creo 4.0 软件进入到加工环境之后，以创建数控铣床为例，说明选配文件的制作过程和方法。

Step1. 启动 Creo 4.0 软件进入到加工环境之后，单击 应用程序 功能选项卡 制造应用程序 区域中的"NC 后处理器"按钮 ，进入后置处理器模式。

Step2. 在"Option File Generator"对话框的 File 菜单中选择 New 命令，系统弹出图 9.3.1 所示的"Define Machine Type"对话框。选中 Mill 单选项，然后单击 Next ▶ 按钮，进行下一步的设置。

注意： 如果在图 9.3.1 所示的"Define Machine Type"对话框中选择的机床类型不是铣床，则创建完成后的后置处理器中显示的机床类型也不同。

图 9.3.1 "Define Machine Type"对话框

图 9.3.1 所示的五种机床类型（Machine Types）说明如下。

- ◎ Lathe ：选中此选项，为车床创建后置处理器。
- ◎ Mill ：选中此选项，为铣床创建后置处理器。
- ◎ Wire EDM ：选中此选项，为线切割机创建后置处理器。
- ◎ Laser ：选中此选项，为激光加工创建后置处理器。
- ◎ Punch ：选中此选项，为冲压加工创建后置处理器。

Step3. 系统弹出图 9.3.2 所示的"Define Option File Location"对话框，在该对话框中可以定义新选配文件的名称、路径和机床号等。在 Machine Number (must be a number from 1 to 99): 后面的文本框中输入一个数字（介于 1~99 之间），其余保持默认参数设置值，然后单击 Next 按钮，系统显示图 9.3.3 所示的"Option File Initialization"对话框。

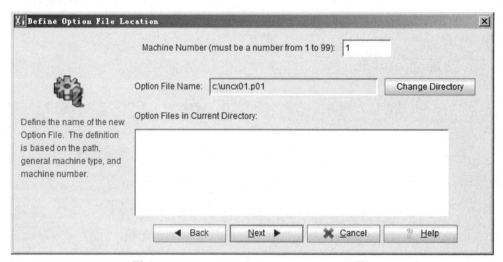

图 9.3.2　"Define Option File Location"对话框

图 9.3.2 所示的"Define Option File Location"对话框中的各项说明如下。

- Machine Number (must be a number from 1 to 99): ：机床号（从 1~99）。在其后面的文本输入框中输入机床号。如果所创建的机床号已经存在，则系统会提示：该机床名称已经存在，是否覆盖。
- Option File Name: ：新选配文件名称。在其下面的框中显示当前选配文件的名称。
- Option Files in Current Directory: ：选配文件当前路径。在其下面的显示框中显示现有的后置处理器名称。
- Change Directory ：更改路径。单击此按钮可以更改当前选配文件的所在路径。

图 9.3.3 所示的"Option File Initialization"对话框说明如下。

- ◎ Postprocessor defaults ：默认的后置处理器。
- ◎ System supplied default option file... ：系统提供的默认选配文件。

-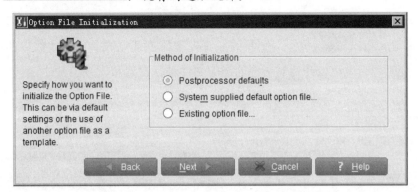

  ○ Existing option file...：现有的选配文件。

图 9.3.3 "Option File Initialization"对话框

Step4. 在图 9.3.3 所示的对话框中选择一种初始化方法（后两种中的一种），单击 `Next ►` 按钮，系统显示图 9.3.4 所示的"Select Option File Template"对话框。

图 9.3.4 "Select Option File Template"对话框

Step5. 用户可以在模板列表框中选择一个选配文件模板，如"01：HAAS CONTROL"，然后单击 `Next ►` 按钮，则系统显示图 9.3.5 所示的"Option File Title"对话框。

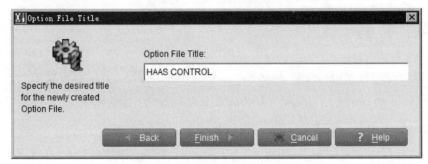

图 9.3.5 "Option File Title"对话框（一）

注意：图 9.3.6 所示为选择机床类型时，后置处理器初始化方式为默认的后置处理器。如果用户选择不同的机床类型、不同的初始化方法，其创建的后置处理器也不同。

Step6. 单击 Finish ► 按钮，则新的后置处理器创建完成。创建完成后的结果如图 9.3.6 所示。此时用户就可以开始对所选的选配文件进行设置和修改了。

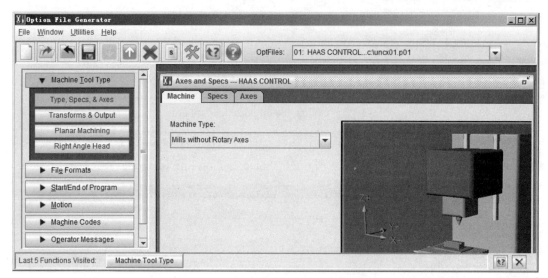

图 9.3.6　创建完成的"机床类型"对话框

说明：如果在图 9.3.3 所示的对话框选择第一种初始化方法，则系统会以默认的后置处理器方式创建。单击 Next ► 按钮后，系统弹出图 9.3.7 所示的"Option File Title"对话框，最后单击 Finish ► 按钮，则创建后置处理器完成。

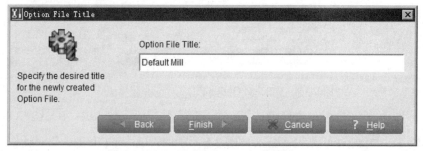

图 9.3.7　"Option File Title"对话框（二）

9.3.2　操作范例

创建一个名为 My Milling 的机床选配文件（后置处理器），其操作步骤如下。

Step1. 在"Option File Generator"对话框中选择 File 下拉菜单下的 ☐ New 命令，屏幕显示"定义机床类型"对话框。

Step2. 选择机床类型为 Mill，如图 9.3.8 所示，单击 Next ► 按钮，系统弹出"Define Option File Location"对话框。

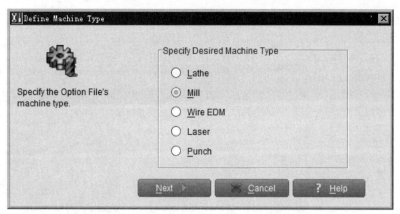

图 9.3.8 "Define Machine Type" 对话框

Step3. 在 "Define Option File Location" 对话框的 Machine Number (must be a number from 1 to 99): 中输入值 06,单击 Next ▶ 按钮,系统弹出 "Option File Initialization" 对话框。

Step4. 在 "Option File Initialization" 对话框中选择初始化方法为 ◎ Existing option file... ,单击 Next ▶ 按钮,系统弹出 "Select Option File Template" 对话框。

Step5. 在 "Select Option File Template" 对话框中选中 11: HAAS VF8 作为模板,如图 9.3.9 所示。单击 Next ▶ 按钮,系统弹出 "Option File Title" 对话框,输入名称 My Milling。

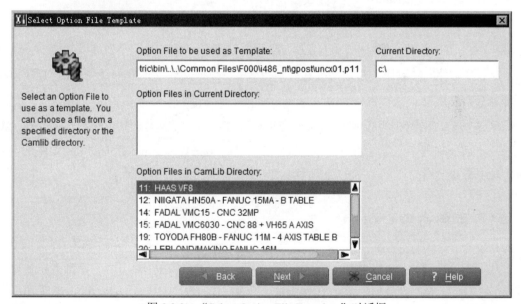

图 9.3.9 "Select Option File Template" 对话框

Step6. 单击 Finish ▶ 按钮,新的后置处理器创建完成。创建完成后的结果如图 9.3.10 所示。

Step7. 选择 File 下拉菜单下的 🖫 Save 命令,或者直接按下快捷键 Ctrl+S,保存创建的选配文件。

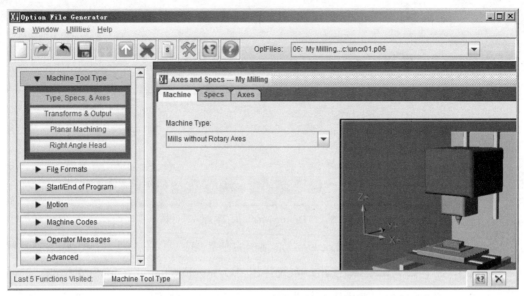

图 9.3.10　创建完成的铣床选配文件

9.4　数控代码的生成

　　数控代码程序即机床控制数据（MCD）文件，可以在生成 CL 数据文件的同时生成 MCD 文件。CL 数据文件是从指定的刀具路径中创建的，每个 CL 序列可以创建一个单独的 CL 数据文件。修改模型时，必须相应地更新 CL 数据文件，工件一经更新，CL 数据和工件就会自动更新。只有将新 CL 数据保存到新文件才能获得这些更改。

　　创建完 CL 数据文件后，必须将其发送给后处理程序，用来输出机床的 G 代码。Pro/NC 包含一个后处理程序，若后处理程序已经定义，就可用来处理 Pro/NC 中的 CL 文件来生成机床控制数据（MCD）。

9.4.1　菜单命令介绍

　　在加工制造环境下，单击 制造 功能选项卡 输出▼ 区域中的"保存 CL 文件"按钮 RAPID FEDRAT （或单击 保存 CL 文件▼ 按钮，然后在弹出的菜单中选择 RAP 保存 CL 文件 命令），系统弹出图 9.4.1 所示的 ▼ SELECT FEAT（选择特征） 菜单。

　　图 9.4.1 所示的"选择特征"菜单下的各命令说明如下。

- Select（选择）：在屏幕上选取特征。
- Operation（操作）：根据特征名选取操作。
- NC Sequence（NC 序列）：根据 NC 序号选取 NC 序列。

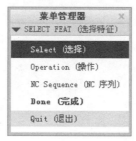

图 9.4.1　"选择特征"菜单

9.4.2　操作范例

启动 Creo 4.0 软件进入其主界面，设置工作目录为 D:\creo4.9\work\ch09.04\for_reader，以文件 rofiling_milling.mfg 为例，说明 CL 数据文件的制作过程和方法。

Step1. 在 Creo 4.0 软件的主菜单栏中选择下拉菜单 文件 ▾ ➡ 🗁 打开(0) 命令，在弹出的"文件打开"对话框中选择 rofiling_milling.asm 文件，并将其打开。

Step2. 选择命令。单击 制造 功能选项卡 输出 ▾ 区域中的"保存 CL 文件"按钮 ，在系统弹出的 ▾ SELECT FEAT (选择特征) 菜单中依次选择 Operation (操作) ➡ OP010 命令，系统弹出图 9.4.2 所示的 ▾ PATH (路径) 菜单。

图 9.4.2 所示的 ▾ PATH (路径) 菜单下的各命令说明如下。

- Display (显示)：在屏幕上显示路径。选择此项后，弹出"播放路径"对话框。
- File (文件)：输出刀具轨迹到一个文件。
- Rotate (旋转)：旋转轨迹。
- Translate (平移)：平移轨迹。
- Scale (缩放)：缩放轨迹。
- Mirror (镜像)：镜像轨迹。
- Units (单位)：选取轨迹的新单位。
- Done Output (完成输出)：返回上一级菜单。
- ☐ Compute CL (计算CL)：计算 CL 数据。

Step3. 在弹出的 ▾ PATH (路径) 菜单中选择 File (文件) 命令，系统弹出 ▾ OUTPUT TYPE (输出类型) 菜单，如图 9.4.3 所示。

图 9.4.3 所示的 ▾ OUTPUT TYPE (输出类型) 菜单下的各命令说明如下。

- ☑ CL File (CL 文件)：输出数据至 CL 文件。
- ☐ MCD File (MCD文件)：CL 文件数据后置处理。

Step4. 按照系统默认设置，完成后选择 Done (完成) 命令，在弹出的"保存副本"对话框中单击 确定 按钮保存文件，然后选择 ▾ PATH (路径) 菜单中的 Done Output (完成输出) 命令，完成刀位数据文件的创建。

图 9.4.2 "路径"菜单

图 9.4.3 "输出类型"菜单

Step5. 选择命令。单击 制造 功能选项卡 输出 ▼ 区域中的"保存 CL 文件"按钮 ，在系统弹出的 ▼ SELECT FEAT (选择特征) 菜单中依次选择 NC Sequence (NC 序列) ➡ 1: 陷入铣削, 操作: OP010 命令，系统弹出图 9.4.2 所示的 ▼ PATH (路径) 菜单。

Step6. 在弹出的 ▼ PATH (路径) 菜单中选择 File (文件) 命令。在 ▼ OUTPUT TYPE (输出类型) 菜单中选中 ☑ CL File (CL 文件)、☑ MCD File (MCD文件) 和 ☑ Interactive (交互) 复选框，然后单击 Done (完成) 命令。

Step7. 在弹出的"保存副本"对话框中单击 确定 按钮保存文件，系统弹出 ▼ PP OPTIONS (后置期处理选项) 菜单，选中图 9.4.4 所示的复选框，单击 Done (完成) 命令。

Step8. 在弹出的 ▼ 后置处理列表 菜单中选择其中的 UNCX01.P11 选项，如图 9.4.5 所示。

图 9.4.4 "后置期处理选项"菜单

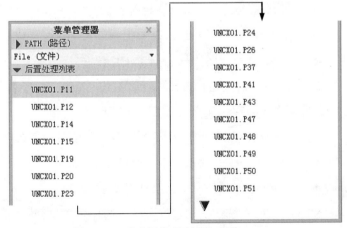

图 9.4.5 "后置处理列表"菜单

Step9. 在系统弹出的"程序窗口"对话框中输入程序起始号 1（图 9.4.6），然后按 Enter 键确认，系统弹出图 9.4.7 所示的"信息窗口"对话框，其中显示出后置处理的各项信息。

图 9.4.6 "程序窗口"对话框

图 9.4.7 "信息窗口"对话框

Step10. 单击"信息窗口"对话框中的 关闭 按钮，在系统弹出的 ▼ PATH（路径）菜单中选择 Done Output（完成输出）命令，完成 CL 数据文件创建，并生成了机床控制数据文件（MCD）。

Step11. 返回当前的工作目录，以记事本方式打开前面保存的 seq001.tap 文件，可以查看相应的 MCD 文件，如图 9.4.8 所示。

图 9.4.8 显示 MCD 文件

第 **10** 章 综 合 范 例

本章提要 本章将介绍一些综合范例，包括圆盘、箱体和轴的加工。从这些例子中可以看出，对于一些复杂零件的数控加工，零件模型加工工序的安排是非常重要的。在学过本章之后，希望读者能够了解一些对于复杂零件采用多工序加工的方法及其设置。

10.1 圆 盘 加 工

在机械加工中，从工件到零件的加工一般都要经过多道工序。工序安排得是否合理对加工后零件的质量有较大的影响，因此在加工之前需要根据零件的特征制订好加工的工艺。

下面介绍图 10.1.1 所示的圆盘零件的加工过程，其加工工艺路线如图 10.1.2、图 10.1.3 所示。

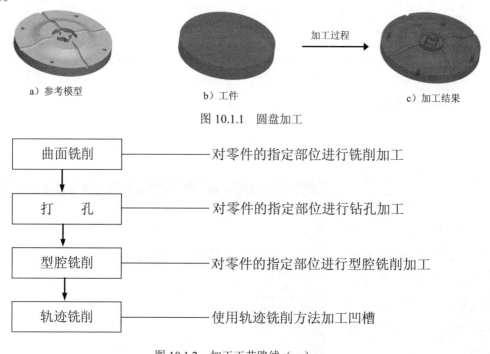

a）参考模型   b）工件   c）加工结果

图 10.1.1   圆盘加工

曲面铣削	—— 对零件的指定部位进行铣削加工
打 孔	—— 对零件的指定部位进行钻孔加工
型腔铣削	—— 对零件的指定部位进行型腔铣削加工
轨迹铣削	—— 使用轨迹铣削方法加工凹槽

图 10.1.2   加工工艺路线（一）

其加工操作过程如下。

Task1. 新建一个数控制造模型文件

Step1. 设置工作目录。选择下拉菜单 文件▼ ➡ 管理会话(M) ▶ ➡ 选择工作目录(T) 更改工作目录. 命令，将工作目录设置至 D:\creo4.9\work\ch10.01。

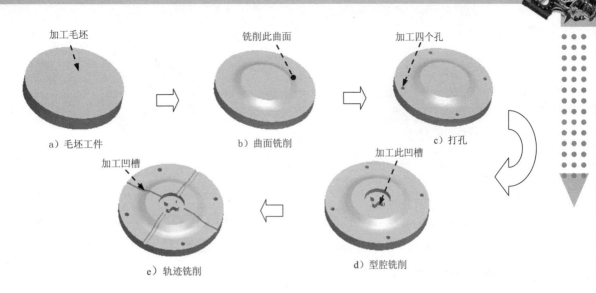

加工毛坯

a）毛坯工件

铣削此曲面

b）曲面铣削

加工四个孔

c）打孔

加工此凹槽

d）型腔铣削

加工凹槽

e）轨迹铣削

图 10.1.3　加工工艺路线（二）

Step2. 在快速访问工具栏中单击"新建"按钮 ，系统弹出"新建"对话框。

Step3. 在"新建"对话框的 类型 选项组中选中 ⊙ 制造 单选项，在 子类型 选项组中选中 ⊙ NC装配 单选项，在 名称 文本框中输入文件名称 disk，取消选中 □ 使用默认模板 复选框，单击该对话框中的 确定 按钮。

Step4. 在系统弹出的"新文件选项"对话框的 模板 选项组中选择 mmns_mfg_nc 模板，然后在该对话框中单击 确定 按钮。

Task2. 建立制造模型

Stage1. 引入参考模型

Step1. 单击 制造 功能选项卡 元件 ▾ 区域中的"组装参考模型"按钮 （或单击 参考模型 ▾ 按钮，然后在弹出的菜单中选择 组装参考模型 命令），系统弹出"打开"对话框。

Step2. 从弹出的"打开"对话框中选取三维零件模型——disk.prt 作为参考零件模型，并将其打开，系统弹出"元件放置"操控板。

Step3. 在"元件放置"操控板中选择 默认 选项，然后单击 ✔ 按钮，完成参考模型的放置，放置后如图 10.1.4 所示。

Stage2. 创建工件

手动创建图 10.1.5 所示的坯料，操作步骤如下。

Step1. 单击 制造 功能选项卡 元件 ▾ 区域中的 工件 ▾ 按钮，在弹出的菜单中选择 创建工件 命令。

Step2. 在系统 输入零件 名称 [PRT0001]: 的提示下，输入工件名称 DISK_WORKPIECE，单击

☑按钮。

图 10.1.4　放置后的参考模型

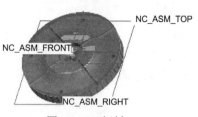

图 10.1.5　坯料

Step3. 创建工件特征。

（1）在 系统弹出的 ▼ FEAT CLASS（特征类）菜单中依次选择 Solid（实体）➡ Protrusion（伸出项）命令。在 弹出的 ▼ SOLID OPTS（实体选项）菜单中选择 Extrude（拉伸）➡ Solid（实体）➡ Done（完成）命令，此时系统显示"拉伸"操控板。

（2）创建实体拉伸特征。

① 定义拉伸类型。在出现的操控板中，确认"实体"类型按钮 □ 被按下。

② 定义草绘截面放置属性。在图形区中右击，从弹出的快捷菜单中选择 定义内部草绘... 命令，系统弹出"草绘"对话框，如图 10.1.6 所示。在系统 ➪ 选择一个平面或曲面以定义草绘平面. 的提示下，选取图 10.1.7 所示的参考模型底面 1 为草绘平面，接受图 10.1.7 中默认的箭头方向为草绘视图方向，然后选取图 10.1.7 所示的 NC_ASM_RIGHT 基础平面为参考平面，方向为 上 ，单击 草绘 按钮，系统进入截面草绘环境。

图 10.1.6　"草绘"对话框

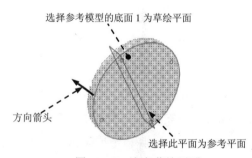

图 10.1.7　定义草绘平面

③ 绘制截面草图。进入截面草绘环境后，选取 NC_ASM_RIGHT 基准平面和 NC_ASM_FRONT 基准平面为草绘参考，绘制的截面草图如图 10.1.8 所示。完成特征截面的绘制后，单击工具栏中的"确定"按钮 ✓ 。

④ 选取深度类型并输入深度值。在操控板中选取深度类型 ⬏ ，调整拉伸方向，输入深度值 60。

⑤ 预览特征。在操控板中单击"预览"按钮 ⬤⬤ ，可浏览所创建的拉伸特征。

⑥ 完成特征。在操控板中单击 ✔ 按钮，则完成工件的创建，如图 10.1.9 所示。

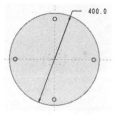

图 10.1.8 截面草图

图 10.1.9 创建的工件

Task3. 制造设置

Step1. 单击 制造 功能选项卡 工艺▼ 区域中的"操作"按钮 ⬚，此时系统弹出"操作"操控板。

Step2. 机床设置。单击"操作"操控板中的"制造设置"按钮 ⬚，在弹出的菜单中选择 铣削 命令，系统弹出图 10.1.10 所示的"铣削工作中心"对话框，在 轴数 下拉列表中选择 3 轴 选项。

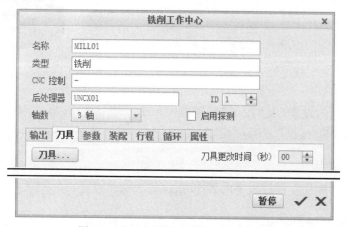

图 10.1.10 "铣削工作中心"对话框

Step3. 刀具设置。在"铣削工作中心"对话框中单击 刀具 选项卡，然后单击 刀具... 按钮，系统弹出"刀具设定"对话框。

Step4. 在弹出的"刀具设定"对话框的 常规 选项卡中设置图 10.1.11 所示的刀具参数，设置完毕后依次单击 应用 和 确定 按钮，返回到"铣削工作中心"对话框。在"铣削工作中心"对话框中单击 确定 按钮，返回到"操作"操控板。

Step5. 设置机床坐标系。单击 制造 功能选项卡中的"坐标系"按钮 ⬚，系统弹出图 10.1.12 所示的"坐标系"对话框。然后按住 Ctrl 键，依次选择 NC_ASM_FRONT、NC_ASM_RIGHT 和图 10.1.13 所示的曲面 1 作为创建坐标系的三个参考平面，最后单击 确定 按钮完成坐标系的创建。

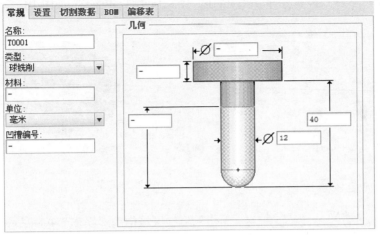

图 10.1.11　设定刀具参数

图 10.1.12　"坐标系"对话框

图 10.1.13　所需选择的参考平面

Step6. 退刀面的设置。在"操作"操控板中单击 间隙 按钮，在"间隙"设置界面的 类型 下拉列表中选择 平面 选项，单击 参考 文本框，在模型树中选取坐标系 ACS0 为参考，在 值 文本框中输入数值 10.0。

Step7. 单击"操作"操控板中的 ✔ 按钮，完成操作设置。

Task4. 曲面铣削

Stage1. 加工方法设置

Step1. 单击 铣削 功能选项卡 铣削▼ 区域中的 曲面铣削 按钮，此时系统弹出"序列设置"菜单。

Step2. 在弹出的 ▼ SEQ SETUP (序列设置) 菜单中选中图 10.1.14 所示的复选框，然后选择 Done (完成) 命令，在弹出的"刀具设定"对话框中单击 确定 按钮。

Step3. 在"编辑序列参数'曲面铣削'"对话框中设置 基本 加工参数，如图 10.1.15 所示，选择下拉菜单 文件 (F) 中的 另存为... 命令。将文件命名为 milprm01，单击"保存副本"对话框中的 确定 按钮，然后单击"编辑序列参数'曲面铣削'"对话框中的 确定 按钮，完成参数的设置。

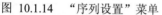

图 10.1.14　"序列设置"菜单　　　　　　图 10.1.15　"编辑序列参数'曲面铣削'"对话框

Step4. 此时在系统弹出的 ▼ SURF PICK (曲面拾取) 菜单中依次选择 Mill Surface (铣削曲面) ➡ Done (完成) 命令，系统弹出 ▼ SELECT SRFS (选择曲面) 菜单。

Step5. 在系统 ➡选择曲面. 的提示下，单击 铣削 功能选项卡 制造几何▼ 区域中的 ◯铣削曲面 按钮，在"铣削曲面"操控板中单击 ⊹ 旋转 按钮，系统弹出"旋转"操控板。

（1）在"旋转"操控板中单击 放置 按钮，然后在弹出的界面中单击 定义... 按钮，系统弹出"草绘"对话框，如图 10.1.16 所示。选取 NC_ASM_FRONT 基准平面为草绘平面，NC_ASM_RIGHT 为参考平面，方向为 右，接受箭头默认方向，单击 草绘 按钮，系统进入草绘环境。

（2）绘制截面草图。进入截面草绘环境后，选取 NC_ASM_TOP 为草绘参考，绘制的截面草图如图 10.1.17 所示。完成特征截面的绘制后，单击工具栏中的"确定"按钮 ✓。

（3）在"旋转"操控板中选取拉伸类型为 ⊥，选取旋转角度值为 360.0，在操控板中单击 ✓ 按钮，则完成旋转曲面的创建。

（4）完成特征。在"铣削曲面"操控板中单击 ✓ 按钮，则完成特征的创建，所创建的铣削曲面如图 10.1.18 所示。

Step6. 确认箭头方向如图 10.1.19 所示，在弹出的 ▼ DIRECTION (方向) 菜单中选择 Okay (确定) 命令。

说明：可以通过单击 ▼ DIRECTION (方向) 菜单的 Flip (反向) 命令来改变箭头的方向。

Step7. 在系统弹出的 ▼ SEL/SEL ALL (选取/全选) 菜单中选择 Select All (全选) 命令，然后选择 Done/Return (完成/返回) 命令，完成曲面拾取。

图 10.1.16　"草绘"对话框

图 10.1.17　截面草图

图 10.1.18　创建铣削曲面

Step8. 在系统弹出的"切削定义"对话框中按图 10.1.20 所示进行设置，单击 预览(P) 按钮，在退刀平面上将显示刀具切削路径，如图 10.1.21 所示，然后单击 确定 按钮。

箭头方向向上

图 10.1.19　默认的箭头方向

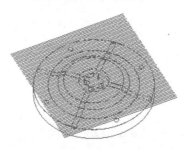

图 10.1.21　退刀平面上的刀具切削路径

图 10.1.20　"切削定义"对话框

Stage2. 演示刀具轨迹

Step1. 在弹出的 ▼ NC SEQUENCE (NC 序列) 菜单中选择 Play Path (播放路径) 命令，系统弹出 ▼ PLAY PATH (播放路径) 菜单。

Step2. 在 ▼ PLAY PATH (播放路径) 菜单中选择 Screen Play (屏幕播放) 命令，系统弹出"播放路径"对话框。

Step3. 单击"播放路径"对话框中的 ▶ 按钮，观测刀具的路径，如图 10.1.22 所示。单击 ▶ CL 数据 栏可以打开窗口查看生成的 CL 数据，如图 10.1.23 所示。

Step4. 演示完成后，单击"播放路径"对话框中的 关闭 按钮。

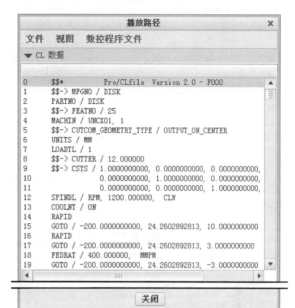

图 10.1.22　刀具路径　　　　　　图 10.1.23　查看 CL 数据

Stage3. 加工仿真

Step1. 在 ▼ PLAY PATH (播放路径) 菜单中选择 NC Check (NC 检查) 命令，系统弹出"Material Removal"操控板，单击  按钮，系统弹出"Play Simulation"对话框，然后单击 ▶ 按钮，仿真结果如图 10.1.24 所示。

Step2. 演示完成后，单击"Play Simulation"对话框中的 Close 按钮，然后单击"Material Removal"操控板中的 ✕ 按钮，退出仿真环境。

Step3. 在 ▼ NC SEQUENCE (NC 序列) 菜单中选择 Done Seq (完成序列) 命令。

Stage4. 材料切减

Step1. 单击 铣削 功能选项卡中的 制造几何 ▼ 按钮，在弹出的菜单中选择 材料移除切削 命令，在弹出的 ▼ NC 序列列表 菜单中选择 1: 曲面铣削, 操作: OP010 命令，然后依次选择 ▼ MAT REMOVAL (材料移除) ➡ Automatic (自动) ➡ Done (完成) 命令。

Step2. 在弹出的"相交元件"对话框中依次单击 自动添加 按钮和 ☰ 按钮，然后单击 确定 按钮，完成材料切减，切减后的模型如图 10.1.25 所示。

图 10.1.24　加工仿真　　　　　　图 10.1.25　材料切减后的工件

Creo4.0

数控加工教程

Task5. 钻孔

Stage1. 加工方法设置

Step1. 单击 铣削 功能选项卡 孔加工循环 ▾ 区域中的"标准"按钮 ，此时系统弹出"钻孔"操控板。

Step2. 在"钻孔"操控板的 下拉列表中选择 编辑刀具... 选项，系统弹出"刀具设定"对话框。

Step3. 在弹出的"刀具设定"对话框中单击"新建"按钮 设置新的刀具参数，在 一般 选项卡中设置图 10.1.26 所示的刀具参数，然后依次单击 应用 和 确定 按钮，返回到"钻孔"操控板。

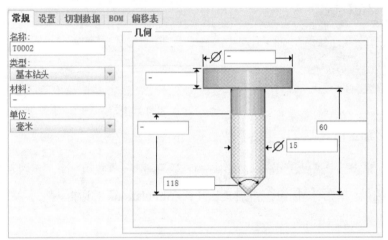

图 10.1.26　设定刀具参数

Step4. 在"钻孔"操控板中单击 参考 按钮，在图 10.1.27 所示的"参考"设置界面中单击 细节... 按钮，系统弹出"孔"对话框。

图 10.1.27　"参考"设置界面

Step5. 在图 10.1.28 所示的"孔"对话框 孔 选项卡中选择 各个轴 选项，然后按住 Ctrl 键，在图形区选取图 10.1.29 所示的四个孔的中心轴，然后单击 确定 按钮，系统返回到"参考"设置界面。

图 10.1.28　"孔"对话框

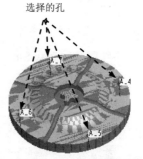

选择的孔

图 10.1.29　选择孔特征

Step6. 在"参考"设置界面中单击 起始 下拉列表右侧的 ▼ 按钮，在弹出的菜单中选择 ▦ 命令，然后选取图 10.1.30a 所示的曲面 1 作为起始曲面，单击 终止 下拉列表右侧的 ▼ 按钮，在弹出的菜单中选择 ▦ 命令，然后选取图 10.1.30b 所示的曲面 2 作为终止曲面。

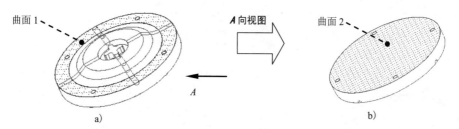

图 10.1.30　选取曲面

Step7. 在"钻孔"操控板中单击 参数 按钮，在弹出的"参数"设置界面中设置图 10.1.31 所示的切削参数。

切削进给	500
自由进给	-
公差	0.01
破断线距离	0
扫描类型	最短
安全距离	50
拉伸距离	3
主轴速度	1000
冷却液选项	开

图 10.1.31　设置孔加工切削参数

Stage2. 演示刀具轨迹

Step1. 在"钻孔"操控板中单击 按钮，系统弹出"播放路径"对话框。

Step2. 单击"播放路径"对话框中的 ▶ 按钮，观测刀具的行走路线，结果如图 10.1.32 所示。单击 ▶ CL 数据 栏可以打开窗口查看生成的 CL 数据，如图 10.1.33 所示。

Step3. 演示完成后，单击"播放路径"对话框中的 关闭 按钮。

Stage3. 加工仿真

Step1. 在"钻孔"操控板中单击 按钮，系统弹出"Material Removal"操控板，单击 按钮，系统弹出"Play Simulation"对话框，然后单击 ▶ 按钮，仿真结果如图 10.1.34 所示。

Step2. 演示完成后，单击"Play Simulation"对话框中的 Close 按钮，然后单击"Material Removal"操控板中的 ✕ 按钮，退出仿真环境。

Step3. 在"钻孔"操控板中单击 ✔ 按钮完成操作。

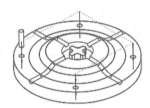

图 10.1.32　刀具路径

图 10.1.34　加工仿真

图 10.1.33　查看 CL 数据

Stage4. 切减材料

Step1. 单击 铣削 功能选项卡中的 制造几何 ▼ 按钮，在弹出的菜单中选择 材料移除切削 命令，在弹出的 ▼ NC 序列列表 菜单中选择 2: 钻孔 1, 操作: OP010 命令，然后依次选择 ▼ MAT REMOVAL (材料移除) ➡ Automatic (自动) ➡ Done (完成) 命令。

Step2. 在弹出的"相交元件"对话框中依次单击 自动添加 按钮和 ☰ 按钮，然后单击 确定 按钮，完成材料切减。

Task6．腔槽加工

Stage1．加工方法设置

Step1. 单击 铣削 功能选项卡中的 铣削▼ 区域，在弹出的菜单中选择 凵腔槽加工
命令，此时系统弹出"序列设置"菜单。

Step2. 在弹出的 Seq Setup (序列设置) 菜单中选中 ☑Tool (刀具)、☑Parameters (参数) 和
☑Surfaces (曲面) 复选框，然后选择 Done (完成) 命令。

Step3. 在弹出的"刀具设定"对话框中单击"新建"按钮□，设置图 10.1.35 所示的
刀具参数，设置完毕后依次单击 应用 和 确定 按钮。

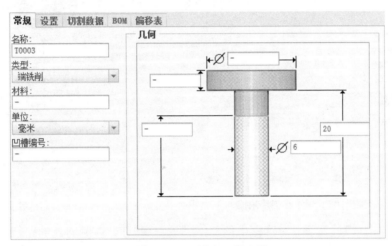

图 10.1.35　设定刀具参数

Step4. 在系统弹出的"编辑序列参数'腔槽铣削'"对话框中设置 基本 加工参数，结
果如图 10.1.36 所示。选择下拉菜单 文件(F) 中的 另存为… 命令，将文件命名为 milprm02，
单击"保存副本"对话框中的 确定 按钮，然后再次单击"编辑序列参数'腔槽铣削'"
对话框中的 确定 按钮，完成参数的设置。

Step5. 在系统弹出的 ▼SURF PICK (曲面拾取) 菜单中依次选择 Model (模型) ➡ Done (完成)
命令，在系统弹出的 ▼SELECT SRFS (选择曲面) 菜单中选择 Add (添加) 命令，然后选取图 10.1.37
所示的凹槽的四周曲面以及底面，选取完成后，在"选择"对话框中单击 确定 按钮。
最后选择 Done/Return (完成/返回) 命令，完成 NC 序列的设置。

注意：在选取凹槽的四周曲面以及其底面时，需要按住 Ctrl 键来选取。

Stage2．演示刀具轨迹

Step1. 在弹出的 ▼NC SEQUENCE (NC 序列) 菜单中选择 Play Path (播放路径) 命令，此时系统
弹出 ▼PLAY PATH (播放路径) 菜单。

Step2. 在 ▼PLAY PATH (播放路径) 菜单中选择 Screen Play (屏幕播放) 命令，系统弹出"播放

路径"对话框。

参数名	腔槽铣削
切削进给	600
弧形进给	-
自由进给	-
退刀进给	-
切入进给量	-
步长深度	2
公差	0.01
跨距	2
轮廓允许余量	0
壁刀痕高度	0
底部刀痕高度	0
切割角	0
扫描类型	类型 3
切割类型	顺铣
安全距离	5
主轴速度	1500
冷却液选项	开

图 10.1.36　"编辑序列参数'腔槽铣削'"对话框

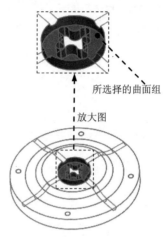

所选择的曲面组

放大图

图 10.1.37　选择的曲面组

Step3. 单击"播放路径"对话框中的 ▶ 按钮，观测刀具的路径，其刀具路径如图 10.1.38 所示。单击 ▶ CL 数据 栏可以查看生成的 CL 数据，生成的 CL 数据如图 10.1.39 所示。

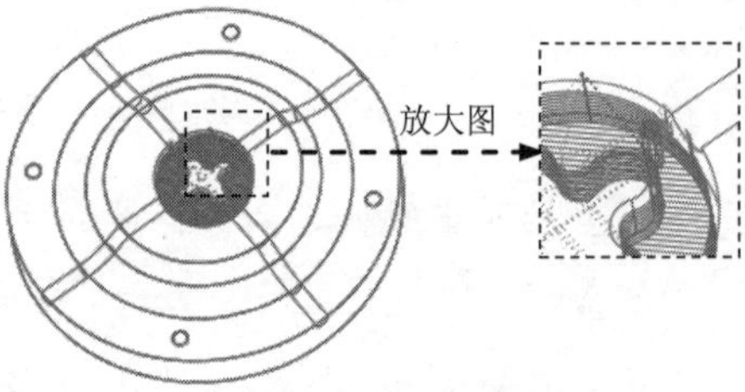

图 10.1.38　刀具路径

图 10.1.39　查看 CL 数据

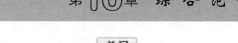

Step4. 演示完成后，单击"播放路径"对话框中的 关闭 按钮。

Stage3. 加工仿真

Step1. 在 ▼ PLAY PATH (播放路径) 菜单中选择 NC Check (NC 检查) 命令，系统弹出"Material Removal"操控板，单击 按钮，系统弹出"Play Simulation"对话框，然后单击 ▶ 按钮，仿真结果如图 10.1.40 所示。

图 10.1.40 加工仿真

Step2. 演示完成后，单击"Play Simulation"对话框中的 Close 按钮，然后单击"Material Removal"操控板中的 X 按钮，退出仿真环境。

Step3. 在 ▼ NC SEQUENCE (NC 序列) 菜单中选择 Done Seq (完成序列) 命令。

Stage4. 切减材料

Step1. 单击 铣削 功能选项卡中的 制造几何 ▼ 按钮，在弹出的菜单中选择 材料移除切削 命令，在弹出的 ▼ NC 序列列表 菜单中选择 3: 腔槽铣削, 操作: OP010 命令，然后依次选择 ▼ MAT REMOVAL (材料移除) ➡ Automatic (自动) ➡ Done (完成) 命令。

Step2. 在弹出的"相交元件"对话框中依次单击 自动添加 按钮和 ☰ 按钮，然后单击 确定 按钮，完成材料切减。

Task7. 轨迹加工

Stage1. 加工方法设置

Step1. 单击 铣削 功能选项卡 铣削 ▼ 区域中的 轨迹铣削 ▼ 按钮，在弹出的菜单中选择 3 轴轨迹 命令，此时系统弹出"轨迹"操控板。

Step2. 在"轨迹"操控板的 下拉列表中选择 编辑刀具… 选项，系统弹出"刀具设定"对话框。

Step3. 在弹出的"刀具设定"对话框中单击"新建"按钮 ，设置图 10.1.41 所示的刀具参数，然后依次单击 应用 和 确定 按钮，完成刀具参数的设定。

Step4. 在"轨迹"操控板中单击 参数 按钮，在弹出的"参数"设置界面中设置图 10.1.42 所示的切削参数。

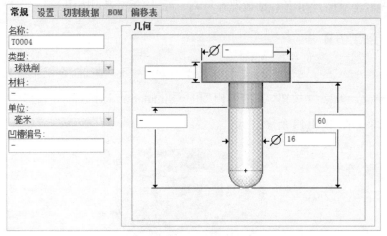

图 10.1.41　设定刀具参数

切削进给	200
弧形进给	100
自由进给	-
退刀进给	-
切入进给量	-
步长深度	1
公差	0.01
轮廓允许余量	0
检查曲面允许余量	-
安全距离	6
主轴速度	2500
冷却液选项	开

图 10.1.42　设置切削参数

Step5. 绘制草图 1。在"轨迹"操控板中单击 基准 按钮，在弹出的菜单中选择 命令，系统弹出"草绘"对话框。在模型树中选取 DISK.PRT 节点下的 DTM1 基准平面为草绘平面，选取 TOP 平面为参考平面，方向为 上，单击 草绘 按钮，进入草绘环境。使用 命令，绘制图 10.1.43 所示的截面草图，绘制完成后，单击 命令，退出草绘环境。

Step6. 绘制草图 2。在"轨迹"操控板中单击 基准 按钮，在弹出的菜单中选择 命令，系统弹出"草绘"对话框，单击对话框中的 使用先前的 按钮进入草绘环境。使用 命令，绘制图 10.1.44 所示的截面草图，绘制完成后，单击 命令，退出草绘环境。

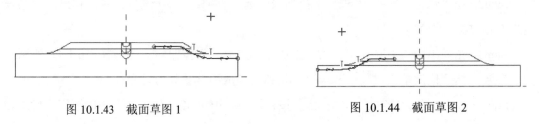

图 10.1.43　截面草图 1　　　　　　　图 10.1.44　截面草图 2

Step7. 绘制草图 3。在"轨迹"操控板中单击 基准 按钮，在弹出的菜单中选择 命令，系统弹出"草绘"对话框,在模型树中选取 <kbd>□ DISK.PRT</kbd> 节点下的 DTM2 基准平面为草绘平面,选取 TOP 平面为参考平面,方向为 <kbd>上</kbd>,单击 <kbd>草绘</kbd> 按钮,进入草绘环境。使用 <kbd>□</kbd> 命令,绘制图 10.1.45 所示的截面草图 3,绘制完成后,单击 <kbd>✓</kbd> 命令,退出草绘环境。

Step8. 绘制草图 4。在"轨迹"操控板中单击 <kbd>基框</kbd> 按钮,在弹出的菜单中选择 <kbd>△</kbd> 命令,系统弹出"草绘"对话框,单击对话框中的 <kbd>使用先前的</kbd> 按钮进入草绘环境。使用 <kbd>□</kbd> 命令,绘制图 10.1.46 所示的截面草图 4,绘制完成后,单击 <kbd>✓</kbd> 命令,退出草绘环境。

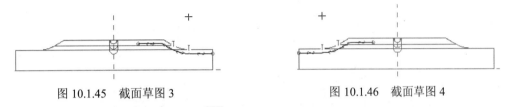

图 10.1.45　截面草图 3　　　　　图 10.1.46　截面草图 4

Step9. 在"轨迹"操控板中单击 <kbd>▶</kbd> 按钮,单击 <kbd>刀具运动</kbd> 按钮,此时弹出"刀具运动"设置界面。单击 <kbd>曲线切削</kbd> 按钮,系统弹出图 10.1.47 所示的"曲线切削"对话框。

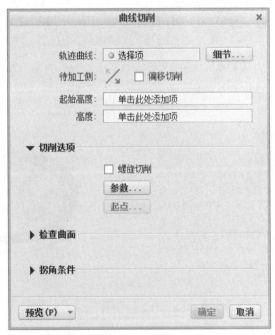

图 10.1.47　"曲线切削"对话框

Step10. 选取轨迹 1。

（1）在图形区选取草图 4,然后单击草图曲线上的箭头更改方向,结果如图 10.1.48 所示。

（2）单击 <kbd>轨迹曲线</kbd> 文本框后的 <kbd>细节...</kbd> 按钮,系统弹出"链"对话框;单击 <kbd>选项</kbd> 选项卡,调整长度参数如图 10.1.49 所示,此时图形区显示长度调整结果如图 10.1.50 所示,单击 <kbd>确定(0)</kbd> 按钮返回到"曲线切削"对话框。

（3）单击"曲线切削"对话框中的 <kbd>起始高度</kbd> 文本框,然后在图形区选取图 10.1.51 所示的曲面作为高度参考，单击 ✓ 按钮，系统返回到"刀具运动"设置界面。

（4）单击 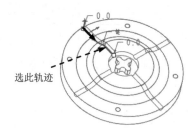 右侧的 ▾ 按钮，在弹出的菜单中选择

退刀 命令，结果如图 10.1.52 所示。

图 10.1.48　选取轨迹 1

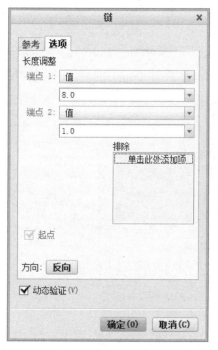

图 10.1.49　"链"对话框

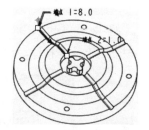

图 10.1.50　长度调整结果 1

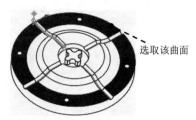

图 10.1.51　选取高度参考

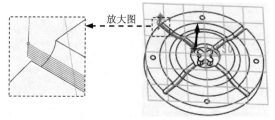

图 10.1.52　退刀设置结果 1

Step11. 在"刀具运动"设置界面中单击 曲线切削 按钮，系统弹出"曲线切削"对话框。

Step12. 选取轨迹 2。

（1）在图形区选取草图 1，然后单击草图曲线上的箭头更改方向，结果如图 10.1.53 所示。单击 轨迹曲线 文本框后的 细节··· 按钮，系统弹出"链"对话框；单击"链"对话框中的 选项 选项卡，调整长度参数如图 10.1.49 所示，此时图形区显示调整结果如图 10.1.54 所示，单击 确定(O) 按钮返回到"曲线切削"对话框。

（2）单击"曲线切削"对话框中的 起始高度 文本框，然后在图形区选取图 10.1.51 所示的曲面作为高度参考，单击 ✔ 按钮，系统返回到"刀具运动"设置界面。

（3）单击 退刀 按钮，结果如图 10.1.55 所示。

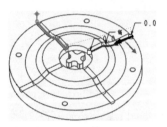
图 10.1.53 选取轨迹 2

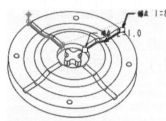
图 10.1.54 长度调整结果 2

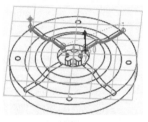
图 10.1.55 退刀设置结果 2

Step13. 选取轨迹 3 和轨迹 4。参考选取轨迹 1 和选取轨迹 2 的操作方法，分别选取草图 3 和草图 2 创建轨迹 3 和轨迹 4，设置结果分别如图 10.1.56 和图 10.1.57 所示。

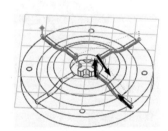
图 10.1.56 选取轨迹 3

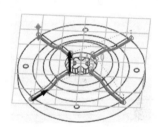
图 10.1.57 选取轨迹 4

Stage2. 演示刀具轨迹

Step1. 在"轨迹"操控板中单击 ▥ 按钮，系统弹出"播放路径"对话框。

Step2. 单击"播放路径"对话框中的 ▶ 按钮，观测刀具的行走路线，结果如图 10.1.58 所示。演示完成后，单击 关闭 按钮。

Stage3. 加工仿真

Step1. 在"轨迹"操控板中单击 按钮，系统弹出"Material Removal"操控板，单击 按钮，系统弹出"Play Simulation"对话框，然后单击 ▶ 按钮，仿真结果如图 10.1.59 所示。

Step2. 演示完成后，单击"Play Simulation"对话框中的 Close 按钮，然后单击"Material Removal"操控板中的 ✗ 按钮，退出仿真环境。

Step3. 在"轨迹"操控板中单击 ✅ 按钮完成操作。

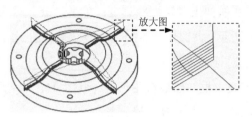

图 10.1.58　刀具路径

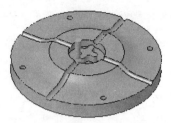

图 10.1.59　加工仿真

Step4. 选择下拉菜单 文件 ⬝ ➡ 🖫 保存(S) 命令，保存文件。

10.2　箱　体　加　工

下面介绍图10.2.1所示的箱体零件的加工过程,其加工工艺路线如图10.2.2和图10.2.3所示。

a) 参考模型　　　　　　　b) 工件　　　　　　　c) 加工结果

图 10.2.1　加工模型和加工过程

表面粗铣削	对零件进行带有余量的粗铣加工
表面精铣削	对大面积的没有任何曲面或凸台的零件表面进行加工
曲面铣削（一）	对零件的指定部位进行铣削加工
曲面铣削（二）	对零件的指定部位进行铣削加工
孔 加 工 （一）	对零件的指定部位进行钻孔加工
孔 加 工 （二）	对零件的指定部位进行镗孔加工

图 10.2.2　加工工艺路线（一）

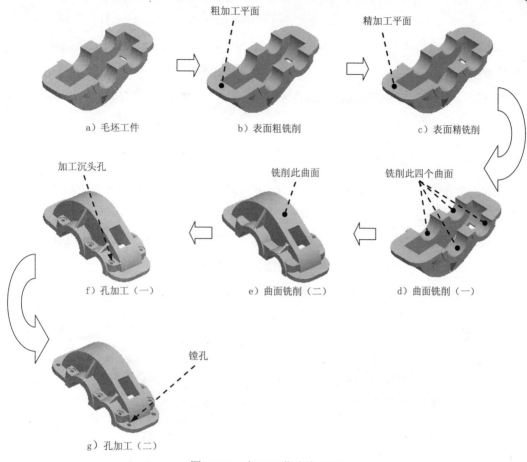

a) 毛坯工件   粗加工平面   b) 表面粗铣削   精加工平面   c) 表面精铣削

加工沉头孔   铣削此曲面   铣削此四个曲面

f) 孔加工（一）   e) 曲面铣削（二）   d) 曲面铣削（一）

镗孔

g) 孔加工（二）

图 10.2.3　加工工艺路线（二）

其加工操作过程如下。

Task1. 新建一个数控制造模型文件

Step1. 设置工作目录。选择下拉菜单 **文件▾** ➡ **管理会话(M)** ▶ ➡ **选择工作目录(W) 更改工作目录。** 命令，将工作目录设置至 D:\creo4.9\work\ch10.02。

Step2. 在快速访问工具栏中单击"新建"按钮 □，系统弹出"新建"对话框。

Step3. 在"新建"对话框的 **类型** 选项组中选中 ◉ **⬚ 制造** 单选项，在 **子类型** 选项组中选中 ◉ **NC装配** 单选项，在 **名称** 文本框中输入文件名称 gear_box_milling，取消选中 □ **使用默认模板** 复选框，单击该对话框中的 **确定** 按钮。

Step4. 在系统弹出的"新文件选项"对话框的 **模板** 选项组中选取 **mmns_mfg_nc** 模板，然后在该对话框中单击 **确定** 按钮。

Task2. 建立制造模型

Stage1. 引入参考模型

Step1. 单击 **制造** 功能选项卡 **元件▾** 区域中的"组装参考模型"按钮 🗂（或单

击参考模型▾按钮，然后在弹出的菜单中选择组装参考模型命令），系统弹出"打开"对话框。

Step2. 在弹出的"打开"对话框中选取三维零件模型——gear_box_milling.prt 作为参考零件模型，并将其打开，系统弹出"元件放置"操控板。

Step3. 在"元件放置"操控板中选择默认选项，然后单击✓按钮，完成参考模型的放置，放置后如图 10.2.4 所示。

Stage2. 引入工件模型

Step1. 单击制造功能选项卡元件▾区域中的工件▾按钮，在弹出的菜单中选择组装工件命令，系统弹出"打开"对话框。

Step2. 在弹出的"打开"对话框中选取三维零件模型—— gear_box_workpiece.prt 作为参考工件模型，并将其打开，系统弹出"元件放置"操控板。

Step3. 在"元件放置"操控板中选择默认选项，然后单击✓按钮，完成参考毛坯工件的放置，放置后如图 10.2.5 所示。

图 10.2.4　放置后的参考模型　　　　　图 10.2.5　放置后的工件模型

Task3. 制造设置

Step1. 单击制造功能选项卡工艺▾区域中的"操作"按钮⬛，此时系统弹出"操作"操控板。

Step2. 机床设置。单击"操作"操控板中的"制造设置"按钮🔧，在弹出的菜单中选择铣削命令，系统弹出"铣削工作中心"对话框，在轴数下拉列表中选择3 轴选项。

Step3. 刀具设置。在"铣削工作中心"对话框中单击刀具选项卡，然后单击刀具...按钮，系统弹出"刀具设定"对话框。在弹出的"刀具设定"对话框中设置图 10.2.6 所示的刀具参数，设置完毕后依次单击应用和确定按钮，返回到"铣削工作中心"对话框。在"铣削工作中心"对话框中单击确定按钮，返回到"操作"操控板。

Step4. 机床坐标系的设置。在"操作"操控板中单击基准按钮，选择※命令，系统弹出图 10.2.7 所示的"坐标系"对话框。然后按住 Ctrl 键，依次选择 NC_ASM_TOP、NC_ASM_RIGHT 和图 10.2.8 所示的曲面 1 作为创建坐标系的三个参考平面，最后单击确定按钮完成坐标系的创建。在"操作"操控板中单击▶按钮，此时系统自动选择新创建的坐标系作为加工坐标系。

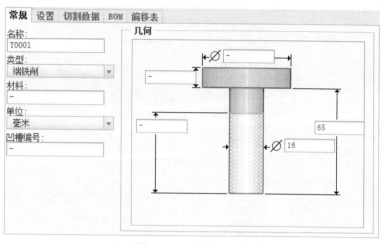

图 10.2.6　设定刀具参数

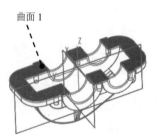

图 10.2.7　"坐标系"对话框

图 10.2.8　坐标系的建立

Step5. 退刀面的设置。在"操作"操控板中单击 间隙 按钮，在"间隙"设置界面的 类型 下拉列表中选择 平面 选项，单击 参考 文本框，在模型树中选取坐标系 ACS0 为参考，在 值 文本框中输入数值 10.0。

Step6. 单击"操作"操控板中的 ✔ 按钮，完成操作设置。

Task4．粗铣

Stage1．加工方法设置

Step1. 单击 铣削 功能选项卡 铣削▼ 区域中的 表面 按钮，此时系统弹出"表面铣削"操控板。

Step2. 在"表面铣削"操控板的 下拉列表中选择 01：T0001 选项，单击 按钮预览刀具模型，然后再次单击 按钮关闭刀具预览。

Step3. 在"表面铣削"操控板中单击 参数 按钮，在弹出的"参数"设置界面中设置图 10.2.9 所示的切削参数。

Step4. 单击"表面铣削"操控板中的"几何"按钮，在弹出的菜单中单击"铣削曲面"按钮，系统弹出"铣削曲面"操控板。

切削进给	500
自由进给	–
退刀进给	–
切入进给量	–
步长深度	1
公差	0.01
跨距	2
底部允许余量	–
切割角	0
终止超程	0
起始超程	0
扫描类型	类型螺纹
切割类型	顺铣
安全距离	10
接近距离	5
退刀距离	10
主轴速度	1200
冷却液选项	开

图 10.2.9　设置切削参数

（1）在"铣削曲面"操控板中单击"拉伸"按钮 ，系统弹出"拉伸"操控板。单击 放置 按钮，然后在弹出的界面中单击 定义... 按钮，系统弹出"草绘"对话框。选取 NC_ASM_TOP 基准平面为草绘平面，NC_ASM_RIGHT 为参考平面，方向为 右 ，单击 草绘 按钮，系统进入草绘环境。

（2）绘制截面草图。进入截面草绘环境后，绘制的截面草图如图 10.2.10 所示。完成特征截面的绘制后，单击工具栏中的"确定"按钮 。

（3）在"拉伸"操控板中选取拉伸类型为 ，输入数值 150，单击 按钮，则完成拉伸曲面的创建。

（4）在"铣削曲面"操控板中单击 按钮，则完成特征的创建，所创建的铣削曲面如图 10.2.11 所示。

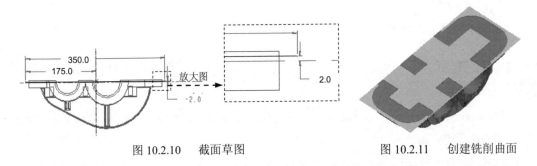

图 10.2.10　截面草图　　　　　图 10.2.11　创建铣削曲面

Step5. 在"表面铣削"操控板中单击 ▶ 按钮，然后单击 参考 按钮，在弹出的"参考"设置界面的 类型 下拉列表中选择 曲面 选项，单击 加工参考: 列表框，选取新创建的拉伸曲面 1 作为加工参考。

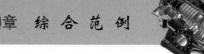

Stage2．演示刀具轨迹

Step1. 在"表面铣削"操控板中单击 🔟 按钮，系统弹出"播放路径"对话框。

Step2. 单击"播放路径"对话框中的 ▶ 按钮，观测刀具的行走路线，结果如图 10.2.12 所示。单击 ▶ CL 数据 栏打开窗口查看生成的 CL 数据，如图 10.2.13 所示。

Step3. 演示完成后，单击"播放路径"对话框中的 关闭 按钮。

Stage3．观察仿真加工

Step1. 在"表面铣削"操控板中单击 按钮，系统弹出"Material Removal"操控板，单击 按钮，系统弹出"Play Simulation"对话框，然后单击 ▶ 按钮，仿真结果如图 10.2.14 所示。

Step2. 演示完成后，单击"Play Simulation"对话框中的 Close 按钮，然后单击"Material Removal"操控板中的 X 按钮，退出仿真环境。

Step3. 在"表面铣削"操控板中单击 ✓ 按钮完成操作。

Stage4．材料切减

Step1. 单击 铣削 功能选项卡中的 制造几何▼ 按钮，在弹出的菜单中选择 🗐 材料移除切削 命令，在弹出的 ▼ NC 序列列表 菜单中选择 1: 表面铣削 1, 操作: OP010 命令，然后依次选择 ▼ MAT REMOVAL (材料移除) ➡ Construct (构造) ➡ Done (完成) 命令。

Step2. 在系统弹出的菜单管理器中依次选择 ▼ FEAT CLASS (特征类) ➡ Solid (实体) ▼ SOLID (实体) ➡ Cut (切减材料) 命令，此时系统弹出 ▼ SOLID OPTS (实体选项) 菜单，在此菜单中选择 Use Quilt (使用面组) ➡ Done (完成) 命令。

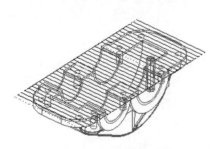

图 10.2.12　刀具路径

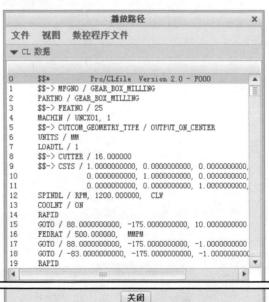

图 10.2.13　查看 CL 数据

图 10.2.14　加工仿真

Step3. 此时系统弹出"实体化"操控板，在系统 ➡选择实体中要添加或移除材料的面组或曲面. 提示下，选取前面创建的拉伸曲面 1，单击 ✂ 按钮调整切减材料的侧面方向，如图 10.2.15 所示。然后单击操控板中的 ✔ 按钮，完成材料切减，如图 10.2.16 所示。

图 10.2.15 切减方向

图 10.2.16 材料切减后的工件

Step4. 在系统弹出的 ▼ FEAT CLASS (特征类) 菜单中单击 Done/Return (完成/返回) 命令。

Task5. 精铣

Stage1. 加工方法设置

Step1. 单击 铣削 功能选项卡 铣削 ▼ 区域中的 ⼯表面 按钮，此时系统弹出"表面铣削"操控板。

Step2. 在"表面铣削"操控板的 🔧 下拉列表中选择 01 : T0001 选项。

Step3. 在"表面铣削"操控板中单击 参数 按钮，在弹出的"参数"设置界面中设置图 10.2.17 所示的切削参数。

切削进给	500
自由进给	-
退刀进给	-
切入进给量	-
步长深度	0.5
公差	0.01
跨距	1
底部允许余量	-
切割角	0
终止超程	0
起始超程	0
扫描类型	类型螺纹
切割类型	顺铣
安全距离	10
接近距离	5
退刀距离	10
主轴速度	1600
冷却液选项	开

图 10.2.17 设置切削参数

Step4. 单击"表面铣削"操控板中的"几何"按钮 🗊，在弹出的菜单中单击"铣削曲面"按钮 ⌒，系统弹出"铣削曲面"操控板。

（1）在"铣削曲面"操控板中单击"拉伸"按钮，系统弹出"拉伸"操控板。单击 放置 按钮，然后在弹出的界面中单击 定义... 按钮，系统弹出"草绘"对话框。选取 NC_ASM_TOP 基准平面为草绘平面，NC_ASM_RIGHT 为参考平面，方向为 右，单击 草绘 按钮，系统进入草绘环境。

（2）绘制截面草图。进入截面草绘环境后，绘制的截面草图如图 10.2.18 所示。完成特征截面的绘制后，单击工具栏中的"确定"按钮 ✓ 。

（3）在"拉伸"操控板中选取拉伸类型为 ⊟，输入数值 150.0，单击 ✓ 按钮，完成曲面的创建。

（4）在"铣削曲面"操控板中单击 ✓ 按钮，完成特征的创建，所创建的铣削曲面如图 10.2.19 所示。

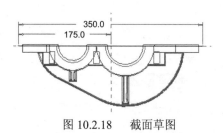

图 10.2.18　截面草图

图 10.2.19　创建铣削曲面

Step5. 在"表面铣削"操控板中单击 ▶ 按钮，然后单击 参考 按钮，在弹出的"参考"设置界面的 类型 下拉列表中选择 曲面 选项，单击 加工参考: 列表框，选取新创建的拉伸曲面 2 作为加工参考。

Stage2. 演示刀具轨迹

Step1. 在"表面铣削"操控板中单击 按钮，系统弹出"播放路径"对话框。

Step2. 单击"播放路径"对话框中的 ▶ 按钮，观测刀具的行走路线，结果如图 10.2.20 所示。

Step3. 演示完成后，单击"播放路径"对话框中的 关闭 按钮。

Stage3. 观察仿真加工

Step1. 在"表面铣削"操控板中单击 按钮，系统弹出"Material Removal"操控板，单击 按钮，系统弹出"Play Simulation"对话框，然后单击 ▶ 按钮，仿真结果如图 10.2.21 所示。

Step2. 演示完成后，单击"Play Simulation"对话框中的 Close 按钮，然后单击"Material Removal"操控板中的 ✖ 按钮，退出仿真环境。

Step3. 在"表面铣削"操控板中单击 ✓ 按钮完成操作。

图 10.2.20　刀具路径

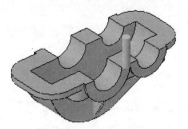

图 10.2.21　加工仿真

Stage4. 材料切减

Step1. 单击 铣削 功能选项卡中的 制造几何 ▼ 按钮，在弹出的菜单中选择 材料移除切削 命令，在弹出的 ▼ NC 序列列表 菜单中选择 2: 表面铣削 2, 操作: OPO10 命令，然后依次选择 ▼ MAT REMOVAL (材料移除) ➡ Construct (构造) ➡ Done (完成) 命令。

Step2. 在系统弹出的菜单管理器中依次选择 ▼ FEAT CLASS (特征类) ➡ Solid (实体) ➡ ▼ SOLID (实体) ➡ Cut (切减材料) 命令，此时系统弹出 ▼ SOLID OPTS (实体选项) 菜单，在此菜单中选择 Use Quilt (使用面组) ➡ Done (完成) 命令。

Step3. 此时系统弹出"实体化"操控板，在系统 ➡ 选择实体中要添加或移除材料的面组或曲面. 提示下，选取前面创建的拉伸曲面 2，单击 ╱ 按钮调整切减材料的侧面方向，如图 10.2.22 所示。然后单击操控板中的 ✓ 按钮，完成材料切减，如图 10.2.23 所示。

图 10.2.22　切减方向

图 10.2.23　材料切减后的工件

Step4. 在系统弹出的 ▼ FEAT CLASS (特征类) 菜单中选择 Done/Return (完成/返回) 命令。

Task6. 曲面铣削（一）

Stage1. 加工方法设置

Step1. 单击 铣削 功能选项卡 铣削 ▼ 区域中的 ╬ 曲面铣削 按钮，此时系统弹出图 10.2.24 所示的"序列设置"菜单。

Step2. 在弹出的 ▼ SEQ SETUP (序列设置) 菜单中选中图 10.2.24 所示的复选框，然后选择 Done (完成) 命令。

Step3. 在弹出的"刀具设定"对话框中单击"新建"按钮 □，设置图 10.2.25 所示的刀具参数，设置完毕后依次单击 应用 和 确定 按钮。

Step4. 在系统弹出的"编辑序列参数'曲面铣削'"对话框中设置 基本 加工参数，结果如图 10.2.26 所示。选择下拉菜单 文件(F) 中的 另存为... 命令，将文件命名为 milprm03，单击"保存副本" 对话框中的 确定 按钮，然后再次单击"编辑序列参数'曲面铣削'"对话框中的 确定 按钮，完成参数的设置。

图 10.2.24 "序列设置"菜单

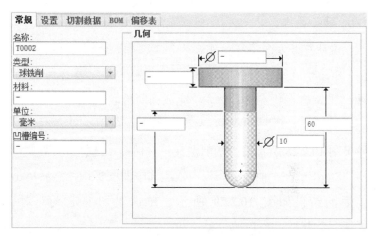

图 10.2.25 设定刀具参数

图 10.2.26 "编辑序列参数'曲面铣削'"对话框

Step5. 在系统弹出的 ▼ SURF PICK (曲面拾取) 菜单中依次选择 Mill Surface (铣削曲面) ➡

Done (完成)命令，系统弹出 ▼ NCSEQ SURFS (NC 序列 曲面) 菜单。

Step6. 单击"铣削"操控板中 制造几何 ▼ 区域的 🔾铣削曲面 按钮，系统弹出"铣削曲面"操控板。在图形区选取图 10.2.27 所示的模型表面为被复制的曲面，然后在 模型 功能选项卡 操作 ▼ 区域中依次单击 🗐复制 和 🗐粘贴 按钮，系统弹出"曲面：复制"操控板，在此操控板中单击 ✔ 按钮，然后在"铣削曲面"操控板中单击 ✔ 按钮。

Step7. 确认曲面上的箭头方向指向模型外部，在弹出的 ▼ DIRECTION (方向) 菜单中选择 Okay (确定)命令。

说明：若方向不符，可选择 Flip (反向) 命令进行调整。

Step8. 在系统弹出的 ▼ SEL/SEL ALL (选取/全选) 菜单中选择 Select All (全选) 命令，然后选择 Done/Return (完成/返回)命令，完成曲面拾取。

Step9. 在 ▼ NCSEQ SURFS (NC 序列 曲面) 菜单中选择 Done/Return (完成/返回)命令，此时系统弹出图 10.2.28 所示的"切削定义"对话框，选择 ◉ 自曲面等值线 单选项。

Step10. 在"曲线列表"中依次选中曲面标识，然后单击 ↥ 按钮，调整切削方向，调整后的结果如图 10.2.29 所示。单击"切削定义"对话框中的 确定 按钮，回到 ▼ NC SEQUENCE (NC 序列) 菜单。

说明：若方向相同就不需再进行调整。

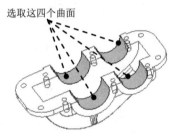

图 10.2.27 选取曲面

图 10.2.28 "切削定义"对话框

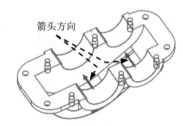

图 10.2.29 切削方向

Stage2. 演示刀具轨迹

Step1. 在系统弹出的 ▼ NC SEQUENCE (NC 序列) 菜单中选择 Play Path (播放路径) 命令，此时系统弹出 ▼ PLAY PATH (播放路径) 菜单。

Step2. 在 ▼ PLAY PATH (播放路径) 菜单中选择 Screen Play (屏幕播放) 命令，此时弹出"播放路径"对话框。

Step3. 单击"播放路径"对话框中的 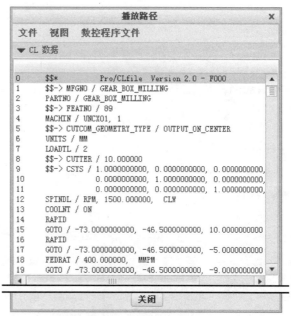 按钮，可以观察刀具的路径，如图 10.2.30 所示。单击 ▶ CL 数据 栏可以查看生成的 CL 数据，如图 10.2.31 所示。

Step4. 演示完成后，单击"播放路径"对话框中的 关闭 按钮。

Stage3. 观察仿真加工

Step1. 在 ▼ PLAY PATH (播放路径) 菜单中选择 NC Check (NC 检查) 命令，系统弹出"Material Removal"操控板，单击 按钮，系统弹出"Play Simulation"对话框，然后单击 按钮，仿真结果如图 10.2.32 所示。

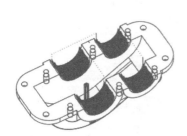

图 10.2.30 刀具路径

图 10.2.32 加工仿真

图 10.2.31 查看 CL 数据

Step2. 演示完成后，单击"Play Simulation"对话框中的 Close 按钮，然后单击"Material Removal"操控板中的 ✖ 按钮，退出仿真环境。

Step3. 在 ▼ NC SEQUENCE (NC 序列) 菜单中选择 Done Seq (完成序列) 命令。

Stage4. 材料切减

Step1. 单击 铣削 功能选项卡中的 制造几何▼ 按钮，在弹出的菜单中选择 材料移除切削 命令，在弹出的 ▼ NC 序列列表 菜单中选择 3: 曲面铣削，操作：OP010 命令，然后依次选择 ▼ MAT REMOVAL (材料移除) ➡ Construct (构造) ➡ Done (完成) 命令。

Step2. 在系统弹出的菜单管理器中依次选择 ▼ FEAT CLASS (特征类) ➡ Solid (实体) ➡ ▼ SOLID (实体) ➡ Cut (切减材料) 命令，此时系统弹出 ▼ SOLID OPTS (实体选项) 菜单，在此菜单中选择 Use Quilt (使用面组) ➡ Done (完成) 命令。

Step3. 此时系统弹出"实体化"操控板，在系统 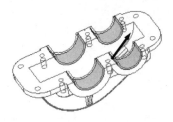 选择实体中要添加或移除材料的面组或曲面. 提示下，选取图 10.2.33 所示的铣削曲面，单击 按钮调整切减材料的侧面方向，如图 10.2.33 所示。然后单击操控板中的 按钮，完成材料切减，如图 10.2.34 所示。

Step4. 在系统弹出的 ▼ FEAT CLASS (特征类) 菜单中选择 Done/Return (完成/返回) 命令。

图 10.2.33　材料切减方向

图 10.2.34　材料切减后的工件

Task7．曲面铣削（二）

Stage1．加工方法设置

Step1. 单击 铣削 功能选项卡 铣削 ▼ 区域中的 曲面铣削 按钮，此时系统弹出"序列设置"菜单。

Step2. 在弹出的 ▼ SEQ SETUP (序列设置) 菜单中选中图 10.2.35 所示的复选框，然后选择 Done (完成) 命令。

图 10.2.35　"序列设置"菜单

Step3. 在弹出的"刀具设定"对话框中单击"新建"按钮 ，设置图 10.2.36 所示的刀具参数，设置完毕后依次单击 应用 和 确定 按钮。

Step4. 在系统弹出的"编辑序列参数'曲面铣削'"对话框中设置 基本 加工参数，结果如图 10.2.37 所示。选择下拉菜单 文件 (F) 中的 另存为... 命令，将文件命名为 milprm04，单击"保存副本"对话框中的 <u>　确定　</u> 按钮，然后再次单击"编辑序列参数'曲面铣削'"对话框中的 <u>　确定　</u> 按钮，完成参数的设置。

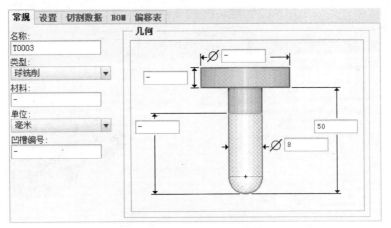

图 10.2.36　设定刀具参数

图 10.2.37　"编辑序列参数'曲面铣削'"对话框

Step5. 此时，系统弹出 <u>▼ SEQ CSYS（序列坐标系）</u> 菜单，在系统 <u>⇨选取坐标系。</u> 的提示下创建新的坐标系。

（1）在 <u>铣削</u> 功能选项卡中单击 <u>　基准 ▼　</u> 区域的 <u>▱</u> 按钮，系统弹出"基准平面"对话框。选取 NC_ASM_FRONT 基准平面为参考平面，然后在 <u>平移</u> 文本框中输入数值120，如图 10.2.38 所示，在"基准平面"对话框中单击 <u>确定</u> 按钮。完成创建后的基准平面 ADTM1 如图 10.2.39 所示。

（2）创建坐标系。在 <u>铣削</u> 功能选项卡中单击 <u>　基准 ▼　</u> 区域的 <u>⊁坐标系</u> 按钮，系统弹出图 10.2.40 所示的"坐标系"对话框。按住 Ctrl 键，依次选择 NC_ASM_RIGHT、NC_ASM_TOP 和 ADTM1 基准平面作为创建坐标系的三个参考平面。单击"坐标系"对话框中的 确定 按钮，完成坐标系的创建（图 10.2.41）。

图 10.2.38　"基准平面"对话框

图 10.2.39　创建基准平面 ADTM1

图 10.2.40　"坐标系"对话框

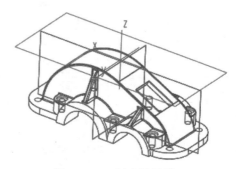

图 10.2.41　创建坐标系

注意： 创建坐标系时应确保 Z 轴的方向向上，可在"坐标系"对话框中选择 方向 选项卡，改变 X 轴或者 Y 轴的方向，最后单击 确定 按钮完成坐标系的创建。

（3）在系统 选取坐标系。 的提示下，在模型树中选取新创建的坐标系 ACS1。

Step6. 退刀面的设置。系统弹出"退刀设置"对话框，在 类型 下拉列表中选择 平面 选项，选取坐标系 ACS1 为参考，在 值 文本框中输入数值 5.0，最后单击 确定 按钮，完成退刀平面的创建。

Step7. 在系统弹出的 ▼ SURF PICK（曲面拾取）菜单中依次选择 Model（模型）➡ Done（完成）命令。在弹出的 ▼ SELECT SRFS（选择曲面）菜单中选择 Add（添加）命令，然后在图形区中选取图 10.2.42 所示的一组曲面。

Step8. 在系统弹出的 ▼ SELECT SRFS（选择曲面）菜单中选择 Done/Return（完成/返回）命令，在 ▼ NCSEQ SURFS（NC 序列 曲面）菜单中选择 Done/Return（完成/返回）命令。

Step9. 此时系统弹出"切削定义"对话框，设置参数如图 10.2.43 所示；单击按钮查看切削方向，如图 10.2.44 所示；单击按钮查看切削线，如图 10.2.45 所示；单击 确定 按钮，退出"切削定义"对话框。

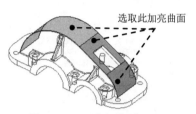

选取此加亮曲面

图 10.2.42　选取曲面

图 10.2.43　"切削定义"对话框

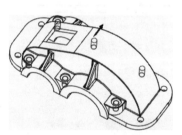

图 10.2.44　预览切削方向

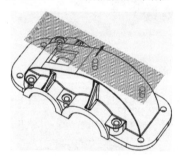

图 10.2.45　预览切削线

Stage2. 演示刀具轨迹

Step1. 在系统弹出的 ▼ NC SEQUENCE (NC 序列) 菜单中选择 Play Path (播放路径) 命令，此时系统弹出 ▼ PLAY PATH (播放路径) 菜单。

Step2. 在 ▼ PLAY PATH (播放路径) 菜单中选择 Screen Play (屏幕播放) 命令，此时弹出"播放路径"对话框。

Step3. 单击"播放路径"对话框中的 ▶ 按钮，可以观察刀具的路径，如图 10.2.46 所示。单击 ▶ CL 数据 栏可以查看生成的 CL 数据，如图 10.2.47 所示。

Step4. 演示完成后，单击"播放路径"对话框中的 关闭 按钮。

Stage3. 观察仿真加工

Step1. 在模型树中右击 ▱ GEAR_BOX_WORKPIECE.PRT，在弹出的快捷菜单中选择 ● 命令，取消工件隐藏，否则不能观察仿真加工。

Step2. 在 ▼ PLAY PATH (播放路径) 菜单中选择 NC Check (NC 检查) 命令，系统弹出"Material Removal"操控板，单击 按钮，系统弹出"Play Simulation"对话框，然后单击 ▶ 按钮，仿真结果如图 10.2.48 所示。

图 10.2.46   刀具路径

图 10.2.47   查看 CL 数据

图 10.2.48   加工仿真

Step3. 演示完成后，单击"Play Simulation"对话框中的 Close 按钮，然后单击"Material Removal"操控板中的 ✕ 按钮，退出仿真环境。

Step4. 在 ▼ NC SEQUENCE (NC 序列) 菜单中选择 Done Seq (完成序列) 命令。

Task8. 钻孔

Stage1. 制造设置

Step1. 单击 铣削 功能选项卡 孔加工循环 ▼ 区域中的"标准"按钮 ，此时系统弹出"钻孔"操控板。

Step2. 在"钻孔"操控板的 下拉列表中选择 编辑刀具... 选项，系统弹出"刀具设定"对话框。

Step3. 刀具的设定。在弹出的"刀具设定"对话框中单击 按钮，在 常规 选项卡中设置图 10.2.49 所示的刀具参数，设置完毕后依次单击 应用 和 确定 按钮，返回到"钻孔"操控板。

Step4. 在"钻孔"操控板中单击 参数 按钮，在弹出的"参数"设置界面中设置图 10.2.50 所示的切削参数。

Step5. 在"钻孔"操控板中单击 参考 按钮，系统弹出"参考"设置界面。单击 细节...

按钮，系统弹出"孔"对话框。

Step6. 在"孔"对话框的 孔 选项卡中选择 规则: 直径 选项，在 可用: 列表中选择 10，然后单击 >> 按钮，将其加入到 选定: 列表中，此时图形区显示如图 10.2.51 所示，单击 确定 按钮，系统返回到"参考"设置界面。

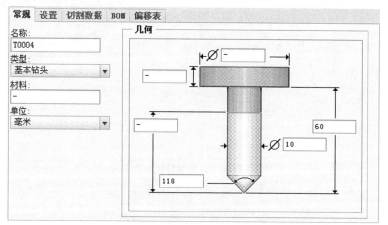

图 10.2.49　设定刀具参数

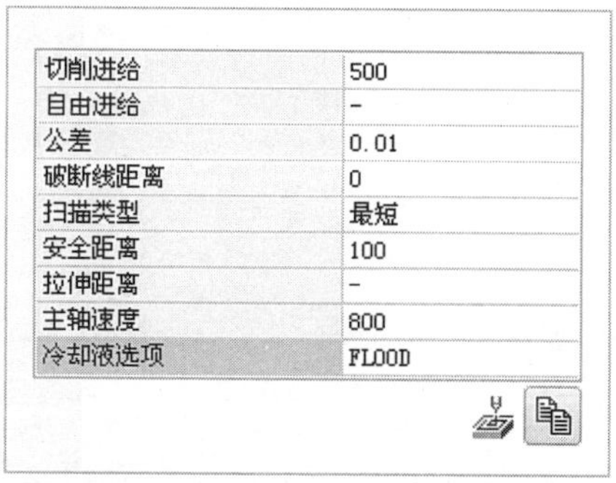

图 10.2.50　设置孔加工切削参数

Stage2. 演示刀具轨迹

Step1. 在"钻孔"操控板中单击 按钮，系统弹出"播放路径"对话框。

Step2. 单击"播放路径"对话框中的 ▶ 按钮，观测刀具的行走路线，结果如图 10.2.52 所示。

Step3. 演示完成后，单击"播放路径"对话框中的 关闭 按钮。

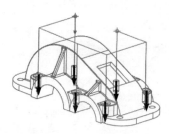

图 10.2.51　所选择的轴

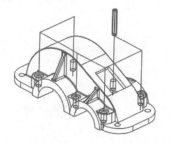

图 10.2.52　刀具路径

Stage3. 观察仿真加工

Step1. 在"钻孔"操控板中单击  按钮，系统弹出"Material Removal"操控板，单击 按钮，系统弹出"Play Simulation"对话框，然后单击 ▶ 按钮，仿真结果如图 10.2.53 所示。

Step2. 演示完成后，单击"Play Simulation"对话框中的 Close 按钮，然后单击"Material Removal"操控板中的 ✕ 按钮，退出仿真环境。

Step3. 在"钻孔"操控板中单击 ✔ 按钮完成操作。

图 10.2.53 加工仿真

Stage4. 材料切减

Step1. 选取命令。单击 铣削 功能选项卡中的 制造几何▼ 按钮，在弹出的菜单中选择 ⬜ 材料移除切削 命令。在弹出的 ▼ NC 序列列表 菜单中选择 5: 钻孔 1, 操作: OP010 命令，然后依次选择 ▼ MAT REMOVAL (材料移除) ➡ Automatic (自动) ➡ Done (完成) 命令。

Step2. 在弹出的"相交元件"对话框中依次单击 自动添加 按钮和 ☰ 按钮，然后单击 确定 按钮，完成材料切减。

Task9. 镗孔

Stage1. 制造设置

Step1. 单击 铣削 功能选项卡 孔加工循环▼ 区域中的 镗孔 按钮，此时系统弹出"镗孔"操控板。

Step2. 在"镗孔"操控板的 下拉列表中选择 ⬜ 编辑刀具... 选项，系统弹出"刀具设定"对话框。

Step3. 在弹出的"刀具设定"对话框中单击 □ 按钮，在 常规 选项卡中设置图 10.2.54 所示的刀具参数，设置完毕后依次单击 应用 和 确定 按钮，返回到"镗孔"操控板。

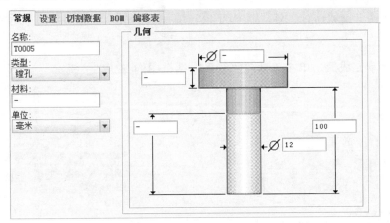

图 10.2.54 设定刀具参数

Step4. 在"镗孔"操控板中单击 参数 按钮，在弹出的"参数"设置界面中设置图 10.2.55 所示的切削参数。

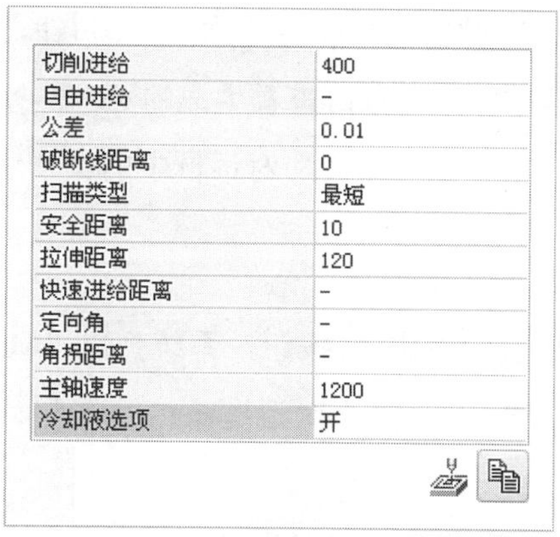

切削进给	400
自由进给	–
公差	0.01
破断线距离	0
扫描类型	最短
安全距离	10
拉伸距离	120
快速进给距离	–
定向角	–
角拐距离	–
主轴速度	1200
冷却液选项	开

图 10.2.55　设置孔加工切削参数

Step5. 在"镗孔"操控板中单击 参考 按钮，在弹出的"参考"设置界面中单击 细节... 按钮，系统弹出"孔"对话框。在"孔"对话框的 孔 选项卡中选择 规则: 曲面 选项，激活 曲面: 列表框，然后在图形区选取图 10.2.56 所示的零件参考模型表面，此时系统自动选中四个孔，"孔"对话框显示如图 10.2.57 所示。

注意：这里选择的曲面是参考模型 GEAR_BOX_MILLING 的表面。为了便于选取，可在激活 曲面: 列表框后，在图形区中图 10.2.56 所示表面上按下鼠标右键，在弹出的快捷菜单中选择 从列表中拾取 命令，此时系统弹出"从列表中拾取"对话框，然后从列表框选择 曲面:F5(拉伸_1):GEAR_BOX_MILLING 选项，单击 确定(0) 按钮即可完成孔参考曲面的选择。

选取该平面

图 10.2.56　选取的孔参考曲面

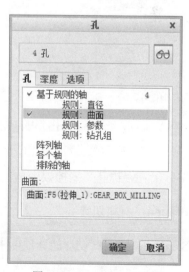

图 10.2.57　"孔"对话框

Step6. 在"孔"对话框中单击 确定 按钮，系统返回到"镗孔"操控板。

Stage2. 演示刀具轨迹

Step1. 在"镗孔"操控板中单击 按钮，系统弹出"播放路径"对话框。

Step2. 单击"播放路径"对话框中的 按钮，观测刀具的行走路线，如图 10.2.58 所示；单击 CL 数据 栏打开窗口查看生成的 CL 数据，如图 10.2.59 所示。

Step3. 演示完成后，单击"播放路径"对话框中的 关闭 按钮。

Stage3. 观察仿真加工

Step1. 在"镗孔"操控板中单击 按钮，系统弹出"Material Removal"操控板，单击 按钮，系统弹出"Play Simulation"对话框，然后单击 按钮，仿真结果如图 10.2.60 所示。

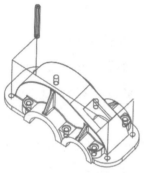

图 10.2.58 刀具路径

图 10.2.60 加工仿真

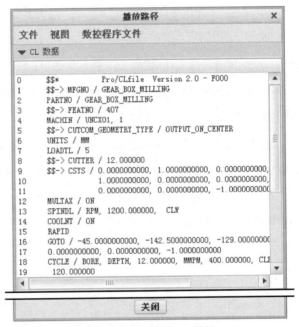

图 10.2.59 查看 CL 数据

Step2. 演示完成后，单击"Play Simulation"对话框中的 Close 按钮，然后单击"Material Removal"操控板中的 X 按钮，退出仿真环境。

Step3. 在"镗孔"操控板中单击 按钮完成操作。

Stage4. 材料切减

Step1. 单击 铣削 功能选项卡中的 制造几何 按钮，在弹出的菜单中选择 材料移除切削 命令，在弹出的 NC 序列列表 菜单中选择 6: 镗孔 1, 操作: OP010 命令，然后依次选择 MAT REMOVAL（材料移除） → Automatic（自动） → Done（完成）命令。

Step2. 在弹出的"相交元件"对话框中单击 自动添加 按钮和 按钮，然后单击 确定按钮，完成材料切减。

Step3. 选择下拉菜单 文件▾ ➡ 保存(S) 命令，保存文件。

10.3 轴 加 工

下面介绍图 10.3.1 所示的轴零件的加工过程，其加工工艺路线如图 10.3.2、图 10.3.3 所示。

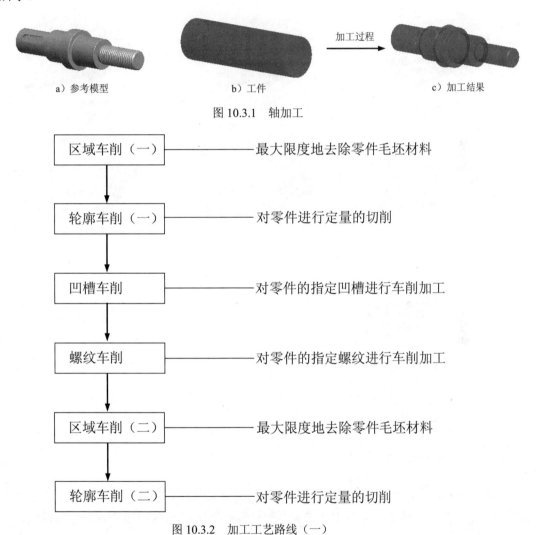

a）参考模型   b）工件   c）加工结果

图 10.3.1　轴加工

区域车削（一）——————最大限度地去除零件毛坯材料

↓

轮廓车削（一）——————对零件进行定量的切削

↓

凹槽车削——————对零件的指定凹槽进行车削加工

↓

螺纹车削——————对零件的指定螺纹进行车削加工

↓

区域车削（二）——————最大限度地去除零件毛坯材料

↓

轮廓车削（二）——————对零件进行定量的切削

图 10.3.2　加工工艺路线（一）

轴的加工过程如下。

Task1. 新建一个数控制造模型文件

Step1. 设置工作目录。选择下拉菜单 文件▾ ➡ 管理会话(M) ▶ ➡ 选择工作目录(W) 更改工作目录。

命令，将工作目录设置至 D:\creo4.9\work\ch10.03。

Step2. 选择下拉菜单 文件▾ ➡ █ 新建(N) 命令，系统弹出"新建"对话框。

Step3. 在"新建"对话框的 类型 选项组中选中 ⊙ █ 制造 单选项，在 子类型 选项组中选中 ⊙ NC装配 单选项，在 名称 文本框中输入文件名称 turning，取消选中 □ 使用默认模板 复选框，单击该对话框中的 确定 按钮。

Step4. 在系统弹出的"新文件选项"对话框的 模板 选项组中选取 mmns_mfg_nc 模板，然后在该对话框中单击 确定 按钮。

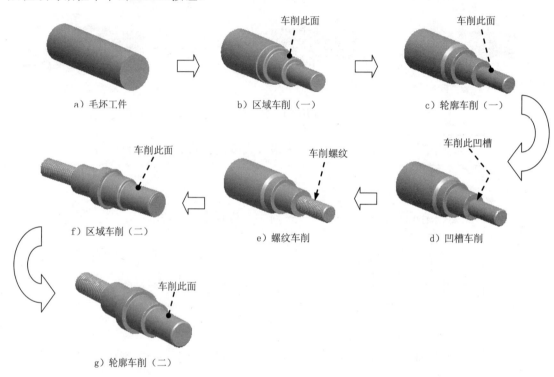

a）毛坯工件　　　　b）区域车削（一）　　　　c）轮廓车削（一）

f）区域车削（二）　　　　e）螺纹车削　　　　d）凹槽车削

g）轮廓车削（二）

图 10.3.3　加工工艺路线（二）

Task2. 建立制造模型

Stage1. 引入参考模型

Step1. 单击 制造 功能选项卡 元件▾ 区域中的"组装参考模型"按钮 █（或单击 参考模型▾ 按钮，然后在弹出的菜单中选择 █ 组装参考模型 命令），系统弹出"打开"对话框。

Step2. 在弹出的"打开"对话框中选取三维零件模型——turning.prt 作为参考零件模型，并将其打开，系统弹出"元件放置"操控板。

Step3. 在"元件放置"操控板中选择 █ 默认 选项，然后单击 ✔ 按钮，完成参考模型的放置，放置后如图 10.3.4 所示。

Step4. 在 制造 功能选项卡中单击 基准▾ 区域的 ✶ 按钮，系统弹出"坐标系"对话框，如图 10.3.5 所示。按下 Ctrl 键，依次选择 NC_ASM_TOP、NC_ASM_FRONT 基准面和图 10.3.6 所示的曲面 1 为三个参考平面，单击 确定 按钮完成坐标系的创建。

图 10.3.4　放置后的参考模型

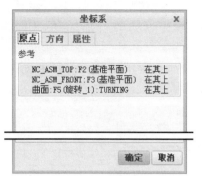

图 10.3.5　"坐标系"对话框

Stage2. 创建工件

Step1. 单击 制造 功能选项卡 元件▼ 区域中的"工件"按钮 （或单击 工件▼ 按钮，然后在弹出的菜单中选择 自动工件 命令），系统弹出"创建自动工件"操控板。

Step2. 单击操控板中的 按钮，然后在模型树中选取坐标系 ACS0 作为放置毛坯工件的原点，单击操控板中的 选项 按钮，在 总直径 文本框中输入数值 38.0，单击操控板中的 按钮，完成工件的创建，如图 10.3.7 所示。

图 10.3.6　创建坐标系

图 10.3.7　创建工件模型

Task3. 制造设置

Step1. 单击 制造 功能选项卡 工艺▼ 区域中的"操作"按钮 ，此时系统弹出"操作"操控板。

Step2. 机床设置。单击"操作"操控板中的"制造设置"按钮 ，在弹出的菜单中选择 车床 命令，系统弹出"车床工作中心"对话框，在 转塔数 下拉列表中选择 1 选项，如图 10.3.8 所示。

Step3. 刀具设置。在"车床工作中心"对话框中单击 刀具 选项卡，然后单击 转塔 1 按钮，弹出"刀具设定"对话框。

Step4. 在弹出的"刀具设定"对话框的 常规 选项卡中设置刀具参数，如图 10.3.9 所示，设置完毕后依次单击 应用 和 确定 按钮，返回到"车床工作中心"对话框。

Step5. 在"车床工作中心"对话框中单击 确定 按钮，返回到"操作"操控板。

Step6. 机床坐标系的设置。在"操作"操控板中激活  文本框，然后在模型树中选取坐标系 ACS0。

图 10.3.8　"车床工作中心"对话框

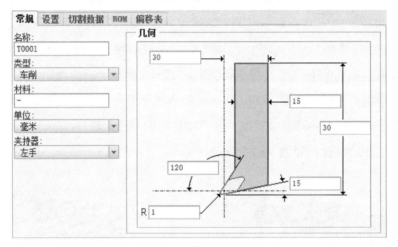

图 10.3.9　设定刀具参数

Step7. 退刀面的设置。在"操作"操控板中单击 间隙 按钮，在"间隙"设置界面的 类型 下拉列表中选择 平面 选项，单击 参考 文本框，在模型树中选取坐标系 ACS0 为参考，在 值 文本框中输入数值 10.0，完成退刀平面的创建。

Step8. 单击"操作"操控板中的 ✔ 按钮，完成操作设置。

Task4. 区域车削

Step1. 单击 车削 功能选项卡 车削 ▾ 区域中的"区域车削"按钮 ，此时系统弹出"区域车削"操控板。

Step2. 在"区域车削"操控板的 下拉列表中选择 01 : T0001 选项。

Step3. 在"区域车削"操控板中单击 参数 按钮，在弹出的"参数"设置界面中设置图 10.3.10 所示的车削加工参数。单击 按钮，系统弹出"编辑序列参数'区域车削 1'"对话框。在此对话框中选择下拉菜单 文件(F) 中的 另存为... 命令，将文件命名为 trnprm01，单击"保存副本"对话框中的 确定 按钮，然后单击 确定 按钮，返回到"区域车削"操控板。

Step4. 在"区域车削"操控板中单击 刀具运动 按钮，在弹出的"刀具运动"设置界面中单击 区域车削 按钮，此时系统弹出"区域车削"对话框。

切削进给	800
弧形进给	-
自由进给	-
RETRACT_FEED	-
切入进给量	-
步长深度	2
公差	0.01
轮廓允许余量	1
粗加工允许余量	1
Z 向允许余量	-
终止超程	0
起始超程	0
扫描类型	类型1连接
粗加工选项	仅限粗加工
切割方向	标准
主轴速度	1200
冷却液选项	关闭
刀具方位	90

图 10.3.10　设置车削加工参数

Step5. 此时在系统 ➡ 选择车削轮廓. 的提示下，在"区域车削"操控板中单击 📑 按钮，在弹出的菜单中单击 📊 按钮，系统弹出"车削轮廓"操控板。依次单击操控板中的 ▦ ➡ 🖾 按钮，系统弹出"草绘"对话框，选取 NC_ASM_RIGHT 基准平面为草绘参考，方向选为 右 ，单击 草绘 按钮，进入草绘环境。绘制图 10.3.11 所示的截面草图。

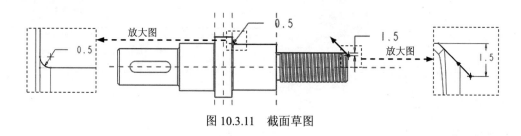

图 10.3.11　截面草图

说明： 绘制截面草图时可将毛坯隐藏，截面草图都是沿着模型的轮廓线。

Step6. 完成草绘后，单击"草绘"操控板中的"确定"按钮 ✔ ，单击轮廓线上的箭头调整其方向，结果如图 10.3.12 所示，然后单击 ✔ 按钮，完成车削轮廓的创建。

Step7. 定义延伸方向。在"区域车削"对话框的 开始延伸 下拉列表中选择 Z 正向 选项，在 结束延伸 下拉列表中选择 X 正向 选项，图形区显示如图 10.3.13 所示。

Step8. 在"区域车削"对话框中单击 确定 按钮，返回到"区域车削"操控板。

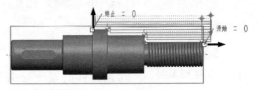

图 10.3.12　选择方向　　　　　　　　图 10.3.13　调整延伸方向

Task5．演示刀具轨迹

Step1. 在"区域车削"操控板中单击 按钮，系统弹出"播放路径"对话框。

Step2. 单击"播放路径"对话框中的 ▶ 按钮，观测刀具的行走路线，结果如图 10.3.14 所示；单击 ▶ CL 数据 栏打开窗口查看生成的 CL 数据，如图 10.3.15 所示。

Step3. 演示完成后，单击"播放路径"对话框中的 关闭 按钮。

图 10.3.14　刀具路径　　　　　　　　图 10.3.15　查看 CL 数据

Task6．加工仿真

注意： 执行此步操作前应先将工件模型显示出来。

Step1. 在"区域车削"操控板中单击 按钮，系统弹出"Material Removal"操控板，单击 按钮，系统弹出"Play Simulation"对话框，然后单击 ▶ 按钮，仿真结果如图 10.3.16 所示。

Step2. 演示完成后，单击"Play Simulation"对话框中的 Close 按钮，然后单击"Material Removal"操控板中的 ✕ 按钮，退出仿真环境。

Step3. 在"区域车削"操控板中单击 ✓ 按钮完成操作。

图 10.3.16　加工仿真

Task7. 切减材料

Step1. 单击 车削 功能选项卡中的 制造几何▼ 按钮，在弹出的菜单中选择 材料移除切削 命令，在弹出的 ▼NC 序列列表 菜单中选择 1: 区域车削 1, 操作: OPO10 命令，然后依次选择

命令。

Step2. 在弹出的"相交元件"对话框中依次单击 自动添加 按钮和 ▤ 按钮，然后单击 确定 按钮，完成材料切减，切减后的模型如图 10.3.17 所示。

图 10.3.17　切减材料后的模型

Task8. 轮廓车削

Step1. 单击 车削 功能选项卡 车削▼ 区域中的 轮廓车削 按钮，此时系统弹出"轮廓车削"操控板。

Step2. 在"轮廓车削"操控板的 下拉列表中选择 编辑刀具… 选项，系统弹出"刀具设定"对话框。在弹出的"刀具设定"对话框中单击 按钮，然后在 常规 选项卡中设置图 10.3.18 所示的刀具参数，设置完毕后依次单击 应用 和 确定 按钮，返回到"轮廓车削"操控板。

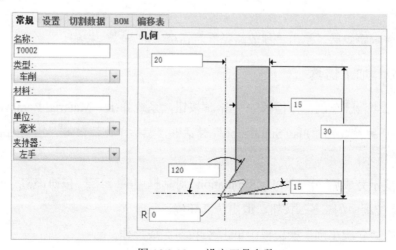

图 10.3.18　设定刀具参数

Step3. 在"轮廓车削"操控板中单击 参数 按钮，在弹出的"参数"设置界面中设置图 10.3.19 所示的切削参数。单击 按钮，系统弹出"编辑序列参数'轮廓车削1'"对话框。在此对话框中选择下拉菜单 文件(F) 中的 另存为... 命令，将文件命名为 trnprm02，单击"保存副本"对话框中的 确定 按钮，然后单击 确定 按钮，返回到"轮廓车削"操控板。

切削进给	600
弧形进给	-
自由进给	-
退刀进给	-
切入进给量	-
公差	0.01
允许余量	0
Z 向允许余量	0
切割方向	标准
切入角	135
拉伸角	315
接近距离	10
退刀距离	5
主轴速度	1200
冷却液选项	关闭
刀具方位	90

图 10.3.19　设置车削加工参数

Step4. 在"轮廓车削"操控板中单击 刀具运动 按钮，在弹出的"刀具运动"设置界面中单击 轮廓车削 按钮，此时系统弹出"轮廓车削"对话框。

Step5. 选择车削轮廓。在模型树中选取 车削轮廓 1 [车削轮廓] 节点，单击 确定 按钮，系统返回"轮廓车削"操控板。

Task9. 演示刀具轨迹

Step1. 在"轮廓车削"操控板中单击 按钮，系统弹出"播放路径"对话框。

Step2. 单击"播放路径"对话框中的 ▶ 按钮，观测刀具的行走路线，结果如图 10.3.20 所示。

Step3. 演示完成后，单击"播放路径"对话框中的 关闭 按钮。

Task10. 加工仿真

Step1. 在"轮廓车削"操控板中单击 按钮，系统弹出"Material Removal"操控板，单击 按钮，系统弹出"Play Simulation"对话框，然后单击 ▶ 按钮，仿真结果如图 10.3.21 所示。

Step2. 演示完成后，单击"Play Simulation"对话框中的 Close 按钮，然后单击"Material Removal"操控板中的 X 按钮，退出仿真环境。

Step3. 在"轮廓车削"操控板中单击 按钮完成操作。

图 10.3.20　刀具路径

图 10.3.21　加工仿真

Task11. 切减材料

Step1. 单击 车削 功能选项卡中的 制造几何 按钮，在弹出的菜单中选择 材料移除切削 命令，在弹出的 NC 序列列表 菜单中选择 2: 轮廓车削 1, 操作: OP010 命令，然后依次选择 MAT REMOVAL（材料移除）━━➤ Automatic（自动）━━➤ Done（完成）命令。

Step2. 在弹出的"相交元件"对话框中依次单击 自动添加 按钮和 ▤ 按钮，然后单击 确定 按钮，完成材料切减。

Task12. 凹槽切削

Step1. 单击 车削 功能选项卡 车削 ▼ 区域中的 槽车削 按钮，此时系统弹出"槽车削"操控板。

Step2. 在"槽车削"操控板的 ⊺ 下拉列表中选择 编辑刀具... 选项，系统弹出"刀具设定"对话框。

Step3. 在弹出的"刀具设定"对话框中单击 ▯ 按钮，然后在 常规 选项卡中设置图 10.3.22 所示的刀具参数，设置完毕后依次单击 应用 和 确定 按钮，返回到"槽车削"操控板。

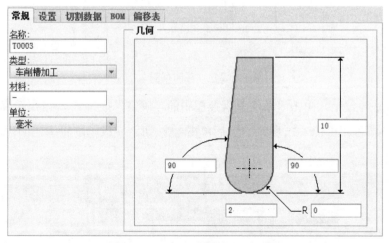

图 10.3.22　"刀具设定"对话框

Step4. 在"槽车削"操控板中单击 参数 按钮，在弹出的"参数"设置界面中设置图10.3.23 所示的车削加工参数。

Step5. 在"槽车削"操控板中单击 刀具运动 按钮，在弹出的"刀具运动"设置界面中单击 槽车削切削 按钮，此时系统弹出"槽车削切削"对话框。

Step6. 此时在系统 ⇨ 选取车削轮廓. 的提示下，在"区域车削"操控板中单击 按钮，在弹出的菜单中单击 按钮，系统弹出"车削轮廓"操控板，依次单击操控板中的 ➡ 按钮，系统弹出"草绘"对话框。选取 NC_ASM_RIGHT 基准平面为草绘参考，方向选为 右，单击 草绘 按钮，进入草绘环境。绘制图 10.3.24 所示的截面草图。

说明：绘制截面草图时可将毛坯暂时隐藏。

切削进给	500
弧形进给	-
自由进给	-
公差	0.01
跨距	3
轮廓允许余量	0
粗加工允许余量	0
Z 向允许余量	-
扫描类型	类型 1
粗加工选项	仅限粗加工
切割方向	标准
坡口终止类型	没有后退切割
安全距离	10
接近距离	5
退刀距离	10
主轴速度	1200
冷却液选项	开
刀具方位	90

图 10.3.23　设置车削加工参数

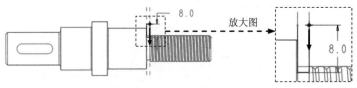

图 10.3.24　截面草图

Step7. 完成草绘后，单击"草绘"操控板中的"确定"按钮 ，单击轮廓线上的箭头调整其方向，结果如图 10.3.25 所示，然后单击 按钮，完成车削轮廓的创建。

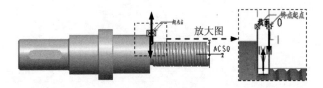

图 10.3.25　选择方向

Step8. 定义延伸方向。在"槽车削切削"对话框的 开始延伸 下拉列表中选择 X 正向 选项，此时延伸方向如图 10.3.26 所示；在 结束延伸 下拉列表中选择 X 正向 选项，此时延伸方向如图 10.3.27 所示。

Step9. 在"槽车削切削"对话框中单击 确定 按钮，返回到"槽车削"操控板。

Task13. 演示刀具轨迹

Step1. 在"槽车削"操控板中单击 按钮，系统弹出"播放路径"对话框。

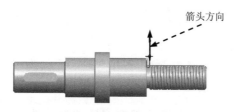

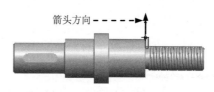

图 10.3.26　起点的延伸方向　　　　图 10.3.27　终点的延伸方向

Step2. 单击"播放路径"对话框中的 ▶ 按钮，观测刀具的行走路线，结果如图 10.3.28 所示。

Step3. 演示完成后，单击"播放路径"对话框中的 关闭 按钮。

Task14. 加工仿真

注意：在进行加工仿真操作前应先将工件模型显示出来。

Step1. 在"槽车削"操控板中单击 按钮，系统弹出"Material Removal"操控板，单击 按钮，系统弹出"Play Simulation"对话框，然后单击 ▶ 按钮，观察动态加工仿真，仿真结果如图 10.3.29 所示。

Step2. 演示完成后，单击"Play Simulation"对话框中的 Close 按钮，然后单击"Material Removal"操控板中的 X 按钮，退出仿真环境。

Step3. 在"槽车削"操控板中单击 ✓ 按钮完成操作。

图 10.3.28　刀具路径　　　　　　　图 10.3.29　加工仿真

Task15. 切减材料

Step1. 单击 车削 功能选项卡中的 制造几何 ▼ 按钮，在弹出的菜单中选择 材料移除切削 命令，在弹出的 ▼NC 序列列表 菜单中选择 2: 轮廓车削 1, 操作: OP010 命令，然后依次选择

▼ MAT REMOVAL (材料移除) ➡ Automatic (自动) ➡ Done (完成) 命令。

Step2. 在弹出的"相交元件"对话框中依次单击 自动添加 按钮和 ≡ 按钮，然后单击 确定 按钮，完成材料切减。

Task16. 螺纹车削

Step1. 单击 车削 功能选项卡 车削▼ 区域中的 螺纹车削 按钮，此时系统弹出"螺纹车削"操控板。

Step2. 在"螺纹车削"操控板的 下拉列表中选择 选项，在 统一 ▼ 下拉列表中选择 统一 选项。

Step3. 在"螺纹车削"操控板的 下拉列表中选择 编辑刀具... 选项，系统弹出"刀具设定"对话框。

Step4. 在弹出的"刀具设定"对话框中单击 按钮，然后在 常规 选项卡中设置图 10.3.30 所示的刀具参数，设置完毕后依次单击 应用 和 确定 按钮，返回到"螺纹车削"操控板。

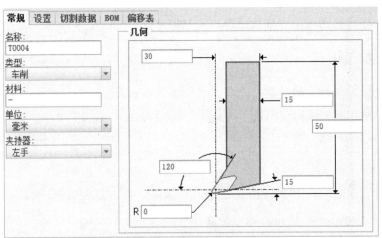

图 10.3.30　设定刀具参数

Step5. 在"螺纹车削"操控板中单击 参数 按钮，在弹出的"参数"设置界面中设置图 10.3.31 所示的车削加工参数。

Step6. 在"螺纹车削"操控板中单击 参考 按钮，激活 车削轮廓: 列表区，在系统 ➡选取车削轮廓. 的提示下，单击 按钮，在弹出的菜单中单击 按钮，系统弹出"车削轮廓"操控板。依次单击操控板中的 ➡ 按钮，系统弹出"草绘"对话框。选取 NC_ASM_RIGHT 基准平面为草绘参考，方向选为 右。单击 草绘 按钮，进入草绘环境后，绘制图 10.3.32 所示的截面草图。

Step7. 完成草绘后，单击"草绘"操控板中的"确定"按钮 ，单击轮廓线上的箭头调整其方向，结果如图 10.3.33 所示。然后单击 按钮，完成车削轮廓的创建。

图 10.3.31　设置螺纹车削加工参数

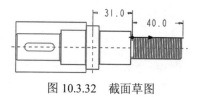

图 10.3.32　截面草图

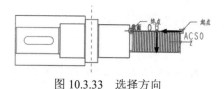

图 10.3.33　选择方向

Task17. 演示刀具轨迹

Step1. 在"螺纹车削"操控板中单击 ▶ 按钮，然后单击 按钮，系统弹出"播放路径"对话框。

Step2. 单击"播放路径"对话框中的 按钮，观测刀具的行走路线，结果如图 10.3.34 所示；单击 ▶ CL 数据 栏打开窗口查看生成的 CL 数据。

Step3. 演示完成后，单击"播放路径"对话框中的 关闭 按钮。

Step4. 在"螺纹车削"操控板中单击 ✓ 按钮完成操作。

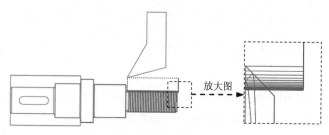

放大图

图 10.3.34　刀具路径

Task18. 制造设置

Step1. 单击 车削 功能选项卡 基准 ▼ 区域中的 坐标系 按钮，系统弹出图 10.3.35 所示的"坐标系"对话框。然后按住 Ctrl 键，依次选择 NC_ASM_FRONT、NC_ASM_TOP 基准平面和图 10.3.36 所示的曲面 1 作为创建坐标系的三个参考平面，最后单击 确定 按钮完成坐标系的创建，如图 10.3.36 所示。

Step2. 单击 制造 功能选项卡 工艺 ▼ 区域中的"操作"按钮，此时系统弹出"操作"操控板。

图 10.3.35　"坐标系"对话框

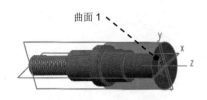

图 10.3.36　创建坐标系

Step3. 设置机床坐标系。在"操作"操控板中激活 <img> 文本框，然后在模型树中选取坐标系 ACS2。

Step4. 退刀面的设置。在"操作"操控板中单击 间隙 按钮，在"间隙"设置界面的 类型 下拉列表中选择 平面 选项，单击 参考 文本框，在模型树中选取坐标系 ACS2 为参考，在 值 文本框中输入数值 10.0，完成退刀平面的创建。

Step5. 单击"操作"操控板中的 ✔ 按钮，完成操作设置。

Task19. 区域车削

Step1. 单击 车削 功能选项卡 车削 ▼ 区域中的"区域车削"按钮 ，此时系统弹出"区域车削"操控板。

Step2. 在"区域车削"操控板的 下拉列表中选择 01：T0001 选项。

Step3. 在"区域车削"操控板中单击 参数 按钮，在弹出的"参数"设置界面中单击 按钮，系统弹出"编辑序列参数'区域车削 2'"对话框。选择下拉菜单 文件(F) ➡ 打开... 命令，然后在"打开"对话框中选取"trnprm01"将其打开，单击 确定 按钮，返回到"区域车削"操控板。

Step4. 在"区域车削"操控板中单击 刀具运动 按钮，在弹出的"刀具运动"设置界面中单击 区域车削 按钮，此时系统弹出"区域车削"对话框。

Step5. 此时在系统 ➡选取车削轮廓. 的提示下，在"区域车削"操控板中单击 按钮，在弹出的菜单中单击 按钮，系统弹出"车削轮廓"操控板。依次单击操控板中的 ➡ 按钮，系统弹出"草绘"对话框，选取 NC_ASM_RIGHT 基准平面为草绘参考，方向为 左，单击 草绘 按钮，进入草绘环境。绘制图 10.3.37 所示的截面草图。

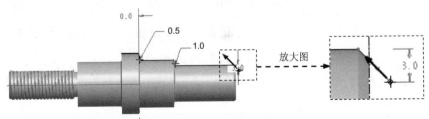

图 10.3.37　截面草图

Step6. 完成草绘后，单击"草绘"操控板中的"确定"按钮 ✔，单击轮廓线上的箭头调整其方向，结果如图 10.3.38 所示。单击"车削轮廓"操控板中的 ∞ 按钮，可以预览车削轮廓，如图 10.39 所示，然后单击 ✔ 按钮，完成车削轮廓的创建。

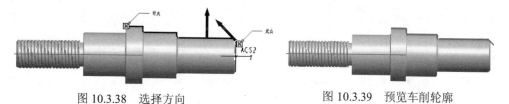

图 10.3.38　选择方向　　　　　　图 10.3.39　预览车削轮廓

Step7. 定义延伸方向。在"区域车削"对话框的 开始延伸 下拉列表中选择 Z 正向 选项，此时延伸方向如图 10.3.40 所示；在 结束延伸 下拉列表中选择 X 正向 选项，此时延伸方向如图 10.3.41 所示。

图 10.3.40　开始的延伸方向　　　　图 10.3.41　结束的延伸方向

Step8. 在"区域车削"对话框中单击 确定 按钮，返回到"区域车削"操控板。

Task20. 演示刀具轨迹

Step1. 在"区域车削"操控板中单击 🖩 按钮，系统弹出"播放路径"对话框。

Step2. 单击"播放路径"对话框中的 ▶ 按钮，观测刀具的行走路线，结果如图 10.3.42 所示，单击 ▶ CL 数据 栏打开窗口查看生成的 CL 数据。

Step3. 演示完成后，单击"播放路径"对话框中的 关闭 按钮。

图 10.3.42　刀具路径

Task21. 加工仿真

Step1. 在"区域车削"操控板中单击 🗗 按钮，系统弹出"Material Removal"操控板，单击 🗗 按钮，系统弹出"Play Simulation"对话框，然后单击 ▶ 按钮，仿真结果如图 10.3.43 所示。

Step2. 演示完成后，单击"Play Simulation"对话框中的 Close 按钮，然后单击"Material Removal"操控板中的 X 按钮，退出仿真环境。

Step3. 在"区域车削"操控板中单击 ✓ 按钮完成操作。

Task22. 切减材料

Step1. 单击 车削 功能选项卡中的 制造几何 ▼ 按钮，在弹出的菜单中选择 材料移除切削 命令，在弹出的 ▼NC 序列列表 菜单中选择 1: 区域车削 2, 操作: OP020 命令，然后依次选择 ▼ MAT REMOVAL (材料移除) ➡ Automatic (自动) ➡ Done (完成) 命令。

Step2. 在弹出的"相交元件"对话框中依次单击 自动添加 按钮和 ☰ 按钮，然后单击 确定 按钮，完成材料切减，切减后的模型如图 10.3.44 所示。

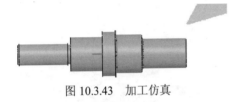

图 10.3.43 加工仿真

图 10.3.44 切减材料后的模型

Task23. 轮廓车削

Step1. 单击 车削 功能选项卡 车削 ▼ 区域中的 轮廓车削 按钮，此时系统弹出"轮廓车削"操控板。

Step2. 在"轮廓车削"操控板的 T 下拉列表中选择 02 : T0002 选项。

Step3. 在"轮廓车削"操控板中单击 参数 按钮，在弹出的"参数"设置界面中单击 🖉 按钮，系统弹出"编辑序列参数'轮廓车削 2'"对话框。选择下拉菜单 文件 (F) ➡ 打开... 命令，然后在"打开"对话框中选取"trnprm02"将其打开，单击 确定 按钮，返回到"轮廓车削"操控板。

Step4. 在"轮廓车削"操控板中单击 刀具运动 按钮，在弹出的"刀具运动"设置界面中单击 轮廓车削 按钮，此时系统弹出"轮廓车削"对话框。

Step5. 在模型树中选取 车削轮廓 4 [车削轮廓]，单击 确定 按钮，系统返回到"轮廓车削"操控板。

Task24. 演示刀具轨迹

Step1. 在"轮廓车削"操控板中单击 ▥ 按钮，系统弹出"播放路径"对话框。

Step2. 单击"播放路径"对话框中的 ▶ 按钮，观测刀具的行走路线，结果如图 10.3.45 所示。单击 ▶ CL 数据 栏可以查看生成的 CL 数据。

Step3. 演示完成后，单击"播放路径"对话框中的 关闭 按钮。

Task25. 加工仿真

Step1. 在"轮廓车削"操控板中单击 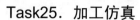 按钮，系统弹出"Material Removal"操控板，单击 按钮，系统弹出"Play Simulation"对话框，然后单击 ▶ 按钮，仿真结果如图 10.3.46 所示。

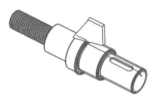

图 10.3.45　刀具路径

图 10.3.46　加工仿真

Step2. 演示完成后，单击"Play Simulation"对话框中的 Close 按钮，然后单击"Material Removal"操控板中的 ✕ 按钮，退出仿真环境。

Step3. 在"轮廓车削"操控板中单击 ✔ 按钮完成操作。

Task26. 切减材料

Step1. 单击 车削 功能选项卡中的 制造几何▾ 按钮，在弹出的菜单中选择 材料移除切削 命令，在弹出的 ▾ NC 序列列表 菜单中选择 2: 轮廓车削 2, 操作: OP020 命令，然后依次选择 ▾ MAT REMOVAL (材料移除) ➡ Automatic (自动) ➡ Done (完成) 命令。

Step2. 在弹出的"相交元件"对话框中依次单击 自动添加 按钮和 ☰ 按钮，然后单击 确定 按钮，完成材料切减，切减后的模型如图 10.3.47 所示。

图 10.3.47　切减材料后的模型

Step3. 选择下拉菜单 文件▾ ➡ ■ 保存(S) 命令，保存文件。

10.4　垫板凸模加工

本实例是一个一腔两模的模具加工，在加工该垫板凸模时，要特别注意粗精加工工序的安排以及刀具的选择，希望读者认真领会。下面介绍图 10.4.1 所示的垫板凸模零件的加工过程，其加工工艺路线如图 10.4.2 和图 10.4.3 所示。

其加工操作过程如下。

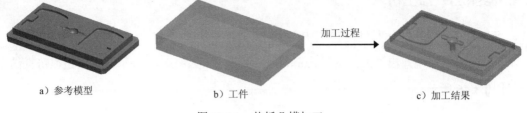

a）参考模型　　　　　　　　b）工件　　　　　　　　c）加工结果

图 10.4.1　垫板凸模加工

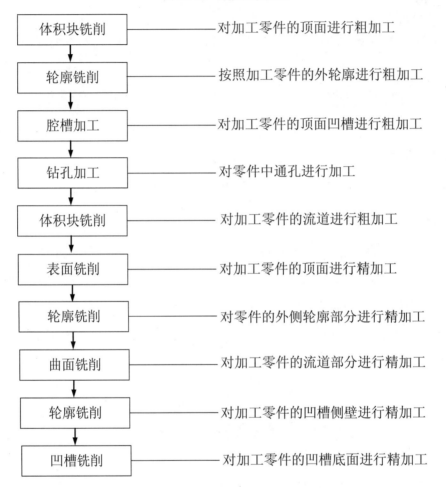

体积块铣削 ———— 对加工零件的顶面进行粗加工

轮廓铣削 ———— 按照加工零件的外轮廓进行粗加工

腔槽加工 ———— 对加工零件的顶面凹槽进行粗加工

钻孔加工 ———— 对零件中通孔进行加工

体积块铣削 ———— 对加工零件的流道进行粗加工

表面铣削 ———— 对加工零件的顶面进行精加工

轮廓铣削 ———— 对零件的外侧轮廓部分进行精加工

曲面铣削 ———— 对加工零件的流道部分进行精加工

轮廓铣削 ———— 对加工零件的凹槽侧壁进行精加工

凹槽铣削 ———— 对加工零件的凹槽底面进行精加工

图 10.4.2　加工工艺路线（一）

Task1. 新建一个数控制造模型文件

Step1. 设置工作目录。选择下拉菜单 文件▾ ➡ 管理会话(M) ▸ ➡ 选择工作目录(W) 更改工作目录。
命令，将工作目录设置至 D:\creo4.9\work\ch10.04。

Step2. 在快速访问工具栏中单击"新建"按钮 ，系统弹出"新建"对话框。

Step3. 在"新建"对话框的 类型 选项组中选中 ◉ 制造 单选项，在 子类型 选项组中选中 ◉ NC装配 单选项，在 名称 文本框中输入文件名称 pad_mold，取消选中 □ 使用默认模板 复选框，单击该对话框中的 确定 按钮。

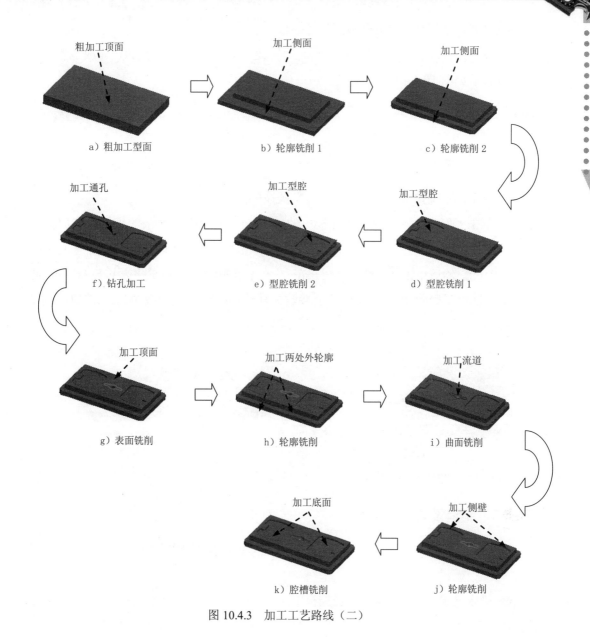

图 10.4.3　加工工艺路线（二）

Step4. 在系统弹出的"新文件选项"对话框的 模板 选项组中选取 mmns_mfg_nc 模板，然后在该对话框中单击 确定 按钮。

Task2. 建立制造模型

Stage1. 引入参考模型

Step1. 单击 制造 功能选项卡 元件▼ 区域中的"组装参考模型"按钮 （或单击 参考模型▼ 按钮，然后在弹出的菜单中选择 组装参考模型 命令），系统弹出"打开"对话框。

Step2. 在弹出的"打开"对话框中选取三维零件模型——pad_mold.prt 作为参考零件模

型，并将其打开，系统弹出"元件放置"操控板。

Step3. 在"元件放置"操控板中选择 □ 默认 选项，然后单击 ✔ 按钮，完成参考模型的放置，放置后如图 10.4.4 所示。

Stage2. 创建工件

创建图 10.4.5 所示的坯料，操作步骤如下。

Step1. 单击 制造 功能选项卡 元件▼ 区域中的 工件▼ 按钮，在弹出的菜单中选择 自动工件 命令，系统弹出"创建自动工件"操控板。

Step2. 单击"创建自动工件"操控板中的 □ 按钮，采用系统默认的坐标系为放置毛坯工件的原点，然后单击 选项 按钮，在 X 整体 文本框中输入数值 160，在 Y 整体 文本框中输入数值 100，然后单击 当前偏移 按钮，在 +Z 文本框中输入数值 5 并按下 Enter 键，此时 Z 整体 文本框显示数值为 20，保持其余参数为默认值，单击操控板中的 ✔ 按钮，完成工件的创建。

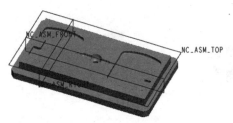

图 10.4.4 放置后的参考模型

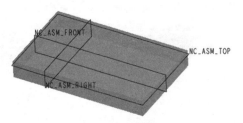

图 10.4.5 放置后的工件模型

Task3. 制造设置

Step1. 单击 制造 功能选项卡 工艺▼ 区域中的"操作"按钮 ⬛，此时系统弹出"操作"操控板。

Step2. 机床设置。单击"操作"操控板中的"制造设置"按钮 🏭，在弹出的菜单中选择 铣削 命令，系统弹出"铣削工作中心"对话框，在 轴数 下拉列表中选择 3 轴 选项，其余参数保持默认值。

Step3. 刀具设置。在"铣削工作中心"对话框中单击 刀具 选项卡，然后单击 刀具... 按钮，系统弹出"刀具设定"对话框。

Step4. 在弹出的"刀具设定"对话框的 常规 选项卡中设置图 10.4.6 所示的刀具参数，设置完毕后依次单击 应用 和 确定 按钮，返回到"铣削工作中心"对话框。在"铣削工作中心"对话框中单击 确定 按钮，返回到"操作"操控板。

Step5. 设置机床坐标系。在"操作"操控板中单击 基准 按钮，在弹出的菜单中选择 ※ 命令，系统弹出图 10.4.7 所示的"坐标系"对话框。按住 Ctrl 键，依次选择 NC_ASM_FRONT、

NC_ASM_RIGHT 基准面和图 10.4.8 所示的曲面 1 作为创建坐标系的三个参照平面，单击 确定 按钮完成坐标系的创建，返回到"操作"操控板。单击 ▶ 按钮，此时系统自动选择新创建的坐标系作为加工坐标系。

Step6. 退刀面的设置。在"操作"操控板中单击 间隙 按钮，在"间隙"设置界面的 类型 下拉列表中选择 平面 选项，单击 参考 文本框，在模型树中选取坐标系 ACS1 为参考，在 值 文本框中输入数值 20.0。

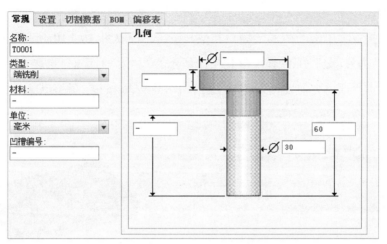

图 10.4.6 设定刀具参数

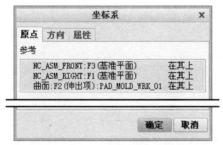

图 10.4.7 "坐标系"对话框

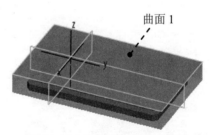

图 10.4.8 所需选择的参考平面

Step7. 单击"操作"操控板中的 ✔ 按钮，完成操作设置。

Task4. 体积块粗加工（一）

Stage1. 加工方法设置

Step1. 单击 铣削 功能选项卡 铣削 ▼ 区域中的"粗加工"按钮，然后在弹出的菜单中选择 体积块粗加工 命令，此时系统弹出"体积块铣削"操控板。

Step2. 选取刀具。在"体积块铣削"操控板的 无刀具 下拉列表中选择 01 : T0001 刀具选项。

Step3. 在"体积块铣削"操控板中单击 参数 选项卡，再在 参数 选项卡中单击"编辑加工参数"按钮 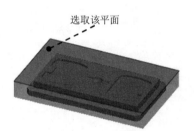，此时系统弹出"编辑序列参数'体积块铣削'"对话框，在对话框中设置图 10.4.9 所示的 基本 加工参数。选择下拉菜单 文件(F) 中的 另存为... 命令，将文件命名为 milprm01，单击"保存副本"对话框中的 确定 按钮，然后单击"编辑序列参数'体积块铣削'"对话框中的 确定 按钮，完成参数的设置。

Step4. 创建铣削窗口。

（1）单击 铣削 功能选项卡 制造几何 ▼ 区域中的"铣削窗口"按钮，系统弹出"铣削窗口"操控板。

（2）在操控板中单击 （草绘窗口类型）按钮，选取图 10.4.10 所示的模型表面为窗口放置平面，单击 按钮，系统弹出图 10.4.11 所示的"草绘"对话框，选取 NC_ASM_FRONT 基准平面为参考平面，方向设置为底部，然后单击 草绘 按钮，系统进入草绘环境。

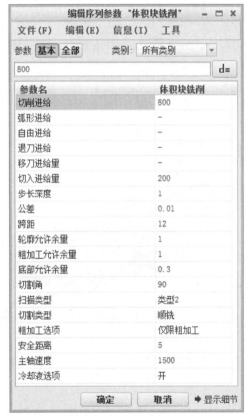

图 10.4.9　"编辑序列参数'体积块铣削'"对话框

图 10.4.10　选取放置平面

图 10.4.11　"草绘"对话框

（3）绘制截面草图。进入截面草绘环境后，绘制的截面草图如图 10.4.12 所示。完成特征截面的绘制后，单击工具栏中的"确定"按钮 ，返回到"铣削窗口"操控板。

（4）定义窗口深度。在"铣削窗口"操控板中单击 深度 按钮，在弹出的界面中选中 ☑ 指定深度 复选框，在 深度选项 下拉列表中选择 到选定项 选项，选取图 10.4.13 所示的模型平面为深度参考平面。

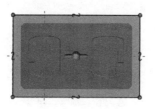

图 10.4.12 截面草图

选取该平面

图 10.4.13 选取深度参考面

（5）定义窗口边界选项。在"铣削窗口"操控板中单击 选项 按钮，选中 ⦿ 在窗口围线上 单选项。

（6）在"铣削窗口"操控板中单击 ✔ 按钮，完成铣削窗口的创建。

Step5. 在"体积块铣削"操控板中单击 参考 选项卡，在 参考 选项卡中 加工参考: 后的文本框单击将其激活，然后在图形区中选取上一步创建的铣削窗口为加工参考。

Stage2. 演示刀具轨迹

Step1. 在"体积块铣削"操控板中单击"显示刀具路径"按钮 ▥ ，此时系统弹出"播放路径"对话框。

Step2. 单击"播放路径"对话框中的 ▶ 按钮，观测刀具的行走路线，如图 10.4.14 所示。单击 ▶ CL 数据 查看生成的 CL 数据，如图 10.4.15 所示。

Step3. 演示完成后，单击"播放路径"对话框中的 关闭 按钮。

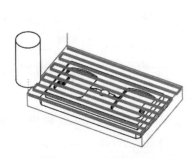

图 10.4.14 刀具路径

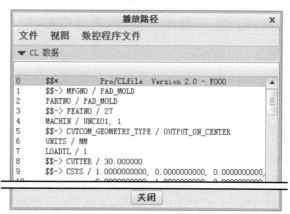

图 10.4.15 查看 CL 数据

Stage3. 加工仿真

Step1. 在"体积块铣削"操控板中单击 按钮，系统弹出"Material Removal"操控板，单击 按钮，系统弹出"Play Simulation"对话框，然后单击 ▶ 按钮，观察刀具切割工件的运行情况，仿真结果如图 10.4.16 所示。

Step2. 演示完成后，单击"Play Simulation"对话框中的 Close 按钮，然后单击"Material Removal"操控板中的 ✖ 按钮，退出仿真环境。

Step3. 在"体积块铣削"操控板中单击"完成"按钮 ✓。

Stage4. 切减材料

Step1. 选取命令。单击 铣削 功能选项卡中的 制造几何 ▾ 按钮，在弹出的菜单中选择 🗇 材料移除切削 命令，然后在"菜单管理器"中选择 ▾ NC 序列列表 ➡ 1: 体积块铣削, 操作: OP010 ➡ ▾ MAT REMOVAL (材料移除) ➡ Automatic (自动) ➡ Done (完成) 命令。

Step2. 在系统弹出的"相交元件"对话框中依次单击 自动添加 按钮和 ☰ 按钮，然后单击 确定 按钮，完成材料切减，切减后的模型如图 10.4.17 所示。

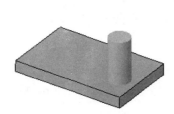

图 10.4.16　加工仿真

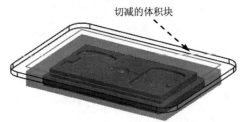

切减的体积块

图 10.4.17　切减材料后的模型

Task5. 轮廓铣削（一）

Stage1. 加工方法设置

Step1. 单击 铣削 功能选项卡 铣削 ▾ 区域中的 轮廓铣削 按钮，此时系统弹出"轮廓铣削"操控板。

Step2. 在"轮廓铣削"操控板的 ⊤ 下拉列表中选择 编辑刀具... 选项，系统弹出"刀具设定"对话框。在弹出的"刀具设定"对话框中单击"新建"按钮 □，在 常规 选项卡中设置图 10.4.18 所示的刀具参数，设置完毕后依次单击 应用 和 确定 按钮，返回到"轮廓铣削"操控板。

Step3. 在"轮廓铣削"操控板中单击"暂停"按钮 ⏸，然后在模型树中右击 📁 PAD_MOLD_WRK_01.PRT 节点，在弹出的菜单中选择 ◈ 命令，单击 ▶ 按钮继续进行设置。

说明：隐藏工件是为了方便选取参考模型的侧面。

Step4. 在"轮廓铣削"操控板中单击 参考 按钮，在弹出的"参考"设置界面的 类型 下拉列表中选择 曲面 选项，选取图 10.4.19 所示的轮廓面（参考模型的凸台侧面）。

Step5. 在"轮廓铣削"操控板中单击 参数 按钮，在弹出的"参数"设置界面中设置图 10.4.20 所示的切削参数。单击 📝 按钮，系统弹出"编辑序列参数'轮廓铣削 1'"对话框，单击 全部 按钮，在 类别: 下拉列表中选择 切削深度和余量 选项，设置图 10.4.21 所示的轮廓增量参数。在 类别: 下拉列表中选择 切削运动 选项，在 多层走刀扫描 下拉列表中选择 逐层切面 选项。

选择下拉菜单 **文件(F)** 中的 **另存为...** 命令，将文件命名为 milprm02，单击"保存副本"对话框中的 **确定** 按钮，然后单击"编辑序列参数'轮廓铣削 1'"对话框中的 **确定** 按钮，完成参数设置。

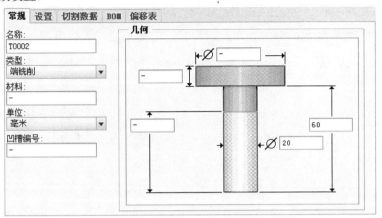

图 10.4.18 设定刀具参数

选取轮廓面

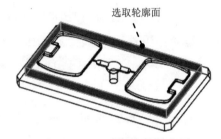

图 10.4.19 所选取的轮廓面

切削进给	450
弧形进给	-
自由进给	-
退刀进给	-
切入进给量	-
步长深度	1
公差	0.01
轮廓允许余量	0.3
检查曲面允许余量	-
壁刀痕高度	0
切割类型	顺铣
安全距离	10
主轴速度	1200
冷却液选项	开

图 10.4.20 设置切削参数

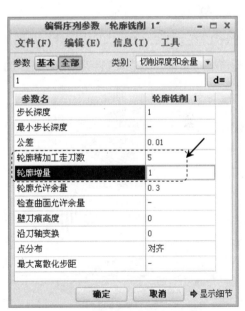

图 10.4.21 设置轮廓增量参数

Stage2. 演示刀具轨迹

Step1. 在"轮廓铣削"操控板中单击 按钮，系统弹出"播放路径"对话框。

Step2. 单击"播放路径"对话框中的 ▶ 按钮，观测刀具的行走路线，结果如图 10.4.22 所示。

Step3. 演示完成后，单击"播放路径"对话框中的 关闭 按钮。

Stage3. 加工仿真

Step1. 切换到 视图 功能选项卡，在模型树中选中 PAD_MOLD_WRK_01.PRT 节点，然后单击 可见性 区域的 显示(S) 按钮，此时将显示前面隐藏的工件模型。

Step2. 在"轮廓铣削"操控板中单击 按钮，系统弹出"Material Removal"操控板，单击 按钮，系统弹出"Play Simulation"对话框，然后单击 按钮，仿真结果如图10.4.23所示。

Step3. 演示完成后，单击"Play Simulation"对话框中的 Close 按钮，然后单击"Material Removal"操控板中的 X 按钮，退出仿真环境。

Step4. 在"轮廓铣削"操控板中单击 按钮完成操作。

Stage4. 切减材料

Step1. 选取命令。单击 铣削 功能选项卡中的 制造几何 按钮，在弹出的菜单中选择 材料移除切削 命令，然后在"菜单管理器"中选择 NC序列列表 ➡ 2: 轮廓铣削 1, 操作: OP010 ➡ MAT REMOVAL (材料移除) ➡ Automatic (自动) ➡ Done (完成) 命令。

Step2. 在系统弹出的"相交元件"对话框中依次单击 自动添加 按钮和 按钮，然后单击 确定 按钮，完成材料切减，切减后的模型如图10.4.24所示。

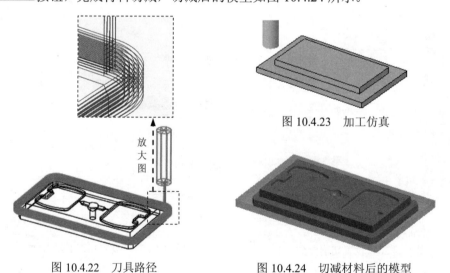

图 10.4.23　加工仿真

放大图

图 10.4.22　刀具路径　　　　图 10.4.24　切减材料后的模型

Task6. 轮廓铣削（二）

Stage1. 加工方法设置

Step1. 单击 铣削 功能选项卡 铣削 区域中的 轮廓铣削 按钮，此时系统弹出"轮

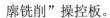

廓铣削"操控板。

Step2. 在"轮廓铣削"操控板的 T 下拉列表中选择 02：T0002 选项，确认加工坐标 文
本框显示为 ACS1：F9(坐标系)。

Step3. 在"轮廓铣削"操控板中单击"暂停"按钮 Ⅱ，然后在模型树中右击
PAD_MOLD_WRK_01.PRT 节点，在弹出的菜单中选择 命令，单击 按钮继续进行设置。

说明：隐藏工件是为了方便选取参考模型的侧面。

Step4. 在"轮廓铣削"操控板中单击 参考 按钮，在弹出的"参考"设置界面的 类型 下
拉列表中选择 曲面 选项，选取图 10.4.25 所示的轮廓面（参考模型的底部侧面）。

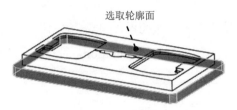

图 10.4.25　所选取的轮廓面

Step5. 在"轮廓铣削"操控板中单击 参数 按钮，在弹出的设置界面中单击 按钮，
系统弹出"编辑序列参数'轮廓铣削 2'"对话框，选择下拉菜单 文件(F) 中的 打开... 命令，
在"打开"对话框中选择前面保存的参数文件 milprm02.mil 将其打开，单击 全部 按钮，在 类别：
下拉列表中选择 切削深度和余量 选项，设置图 10.4.26 所示的轮廓增量参数，单击 确定 按
钮完成参数设置。

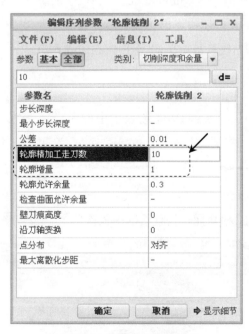

图 10.4.26　设置轮廓增量参数

Stage2. 演示刀具轨迹

Step1. 在"轮廓铣削"操控板中单击 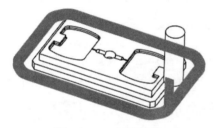 按钮，系统弹出"播放路径"对话框。

Step2. 单击"播放路径"对话框中的 ▶ 按钮，观测刀具的行走路线，结果如图 10.4.27 所示。

Step3. 演示完成后，单击"播放路径"对话框中的 关闭 按钮。

Stage3. 加工仿真

Step1. 切换到 视图 功能选项卡，在模型树中选中 PAD_MOLD_WRK_01.PRT 节点，然后单击 可见性 区域的 ● 显示(S) 按钮，此时将显示前面隐藏的工件模型。

Step2. 系统返回到"轮廓铣削"操控板，单击 按钮，系统弹出"Material Removal"操控板，单击 按钮，系统弹出"Play Simulation"对话框，然后单击 ▶ 按钮，仿真结果如图 10.4.28 所示。

图 10.4.27　刀具路径

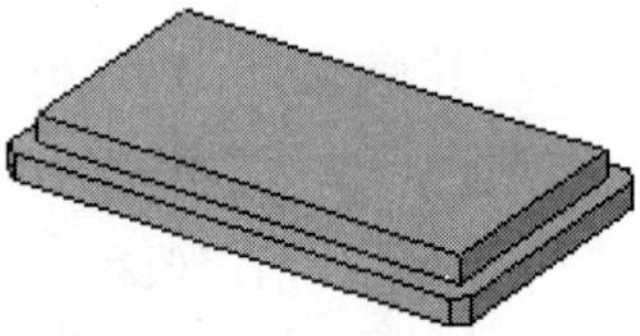

图 10.4.28　加工仿真

Step3. 演示完成后，单击"Play Simulation"对话框中的 Close 按钮，然后单击"Material Removal"操控板中的 ✕ 按钮，退出仿真环境。

Step4. 在"轮廓铣削"操控板中单击 ✔ 按钮完成操作。

Stage4. 切减材料

Step1. 选取命令。单击 铣削 功能选项卡中的 制造几何 ▼ 按钮，在弹出的菜单中选择 ▢ 材料移除切削 命令，然后在"菜单管理器"中选择 ▼ NC 序列列表 ➡ 3: 轮廓铣削 2, 操作: OP010 ➡ ▼ MAT REMOVAL (材料移除) ➡ Automatic (自动) ➡ Done (完成) 命令。

Step2. 在系统弹出的"相交元件"对话框中依次单击 自动添加 按钮和 ☰ 按钮，然后单击 确定 按钮，完成材料切减，切减后的模型如图 10.4.29 所示。

图 10.4.29　切减材料后的模型

Task7. 腔槽加工（一）

Stage1. 加工方法设置

Step1. 单击 铣削 功能选项卡中的 铣削▼ 按钮，在弹出的菜单中选择 山腔槽加工 命令，此时系统弹出"序列设置"菜单。

Step2. 在打开的 Seq Setup（序列设置）菜单中选中 ☑Tool（刀具）、☑Parameters（参数）和 ☑Surfaces（曲面）复选框，然后选择 Done（完成）命令。

Step3. 在弹出的"刀具设定"对话框中设置图 10.4.30 所示的刀具参数，设置完毕后依次单击 应用 和 确定 按钮，此时系统弹出"编辑序列参数'腔槽铣削'"对话框。

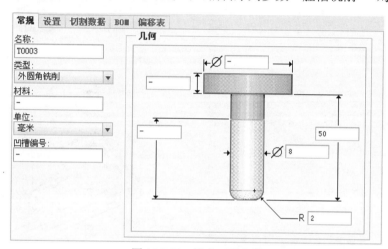

图 10.4.30　设定刀具参数

Step4. 在"编辑序列参数'腔槽铣削'"对话框中设置 基本 加工参数，完成设置后的结果如图 10.4.31 所示。选择下拉菜单 文件(F) 中的 另存为... 命令，将文件命名为 milprm03，单击"保存副本"对话框中的 确定 按钮，然后再次单击"编辑序列参数'腔槽铣削'"对话框中的 确定 按钮，完成参数的设置。

Step5. 在系统弹出的 ▼SURF PICK（曲面拾取）菜单中依次选择 Model（模型）➡️ Done（完成）命令，在系统弹出的 ▼SELECT SRFS（选择曲面）菜单中选择 Add（添加）命令，然后选取图 10.4.32 所示的凹槽的四周侧面及底面，选取完成后，在"选择"对话框中单击 确定 按钮。最后选择 Done/Return（完成/返回）命令，完成 NC 序列的设置。

注意：选取曲面组前，需要将工件模型暂时隐藏，操作方式是在模型树上选中 🗀PAD_MOLD_WRK_01.PRT 节点，右击，在快捷菜单中选择 ❂命令。

Stage2. 演示刀具轨迹

Step1. 在 ▼NC SEQUENCE（NC 序列）菜单中选择 Play Path（播放路径）命令，此时系统弹出 ▼PLAY PATH（播放路径）菜单；然后在 ▼PLAY PATH（播放路径）菜单中选择 Screen Play（屏幕播放）命令，弹出"播放路径"对话框。单击"播放路径"对话框中的 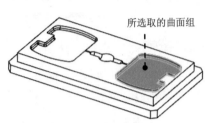 按钮，观测刀具的行走路线，如图 10.4.33 所示。

Step2. 演示完成后，单击"播放路径"对话框中的 关闭 按钮。

编辑序列参数 "腔槽铣削"	
参数名	腔槽铣削
切削进给	500
弧形进给	-
自由进给	-
退刀进给	-
切入进给量	-
步长深度	1
公差	0.01
跨距	3
轮廓允许余量	0.3
壁刀痕高度	0
底部刀痕高度	0.3
切割角	0
扫描类型	类型螺纹
切割类型	顺铣
安全距离	10
主轴速度	1500
冷却液选项	开

图 10.4.31　"编辑序列参数'腔槽铣削'"对话框

所选取的曲面组

图 10.4.32　选取的曲面组

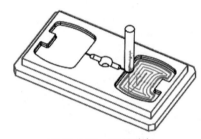

图 10.4.33　刀具路径

Stage3. 加工仿真

Step1. 在 ▼ PLAY PATH (播放路径) 菜单中选择 NC Check (NC 检查) 命令，系统弹出"Material Removal"操控板，单击 按钮，系统弹出"Play Simulation"对话框，然后单击 ▶ 按钮，观察刀具切割工件的运行情况，仿真结果如图 10.4.34 所示。

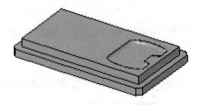

图 10.4.34　加工仿真

Step2. 演示完成后，单击"Play Simulation"对话框中的 Close 按钮，然后单击"Material Removal"操控板中的 X 按钮，退出仿真环境。

Step3. 在 ▼ NC SEQUENCE (NC 序列) 菜单中选择 Done Seq (完成序列) 命令。

Stage4．切减材料

Step1．单击 铣削 功能选项卡中的 制造几何▼ 按钮，在弹出的菜单中选择 🔲 材料移除切削 命令，在弹出的 ▼ NC 序列列表 菜单中选择 4: 腔槽铣削, 操作: OP010 命令，然后依次选择 ▼ MAT REMOVAL (材料移除) ➡ Automatic (自动) ➡ Done (完成) 命令。

Step2．在弹出的"相交元件"对话框中单击 自动添加 按钮和 ☰ 按钮，最后单击 确定 按钮，完成材料切减。

Task8．腔槽加工（二）

Stage1．创建基准平面

Step1．在 铣削 功能选项卡中单击 基准▼ 区域的"平面"按钮 🔲，系统弹出图 10.4.35 所示的"基准平面"对话框。

Step2．按住 Ctrl 键，依次选取图 10.4.36 所示的圆柱面和零件模型的侧平面，此时图形区出现基准平面预览，在"基准平面"对话框中单击 确定 按钮，完成基准平面 ADTM1 的创建。

注意：选取曲面，需要将工件模型暂时隐藏。

图 10.4.35　"基准平面"对话框

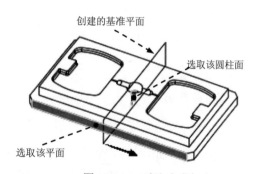

图 10.4.36　选取参考

Stage2．镜像腔槽铣削操作

Step1．在模型树中选中前面创建的 ⭐4. 腔槽铣削 [OP010] 节点，然后在 铣削 功能选项卡中单击 编辑▼ 按钮，在弹出的菜单中选择 镜像工步 命令，系统弹出图 10.4.37 所示的"镜像 NC 序列"对话框。

Step2．在"镜像 NC 序列"对话框中单击 选择... 按钮，在系统的 ➡ 请指定镜像刀具路径的平面。提示下，选择刚刚创建的基准平面 ADTM1。

Step3．采用默认参数设置，单击 确定 按钮，完成刀具路径的镜像。

Step4．在模型树中选中刚刚镜像的刀路节点，右击，在快捷菜单中选择 重命名 命令，并输入新的名称"腔槽加工"并按下 Enter 键确认。

Stage3. 观察刀具路径和加工仿真

Step1. 在模型树中选中 5. 腔槽加工 [OPO10] 节点，右击，在弹出的快捷菜单中选择 命令，此时弹出 ▼ NC SEQUENCE (NC 序列) 菜单。

Step2. 在 ▼ NC SEQUENCE (NC 序列) 菜单中选择 Play Path (播放路径) 命令，此时系统弹出 ▼ PLAY PATH (播放路径) 菜单。在 ▼ PLAY PATH (播放路径) 菜单中选择 Screen Play (屏幕播放) 命令，系统弹出"播放路径"对话框。

Step3. 单击"播放路径"对话框中的 ▶ 按钮，观测刀具的行走路线，结果如图 10.4.38 所示，演示完成后，单击"播放路径"对话框中的 关闭 按钮。

图 10.4.37　"镜像 NC 序列"对话框

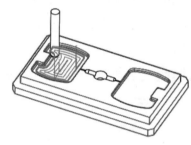

图 10.4.38　刀具路径

Step4. 在 ▼ PLAY PATH (播放路径) 菜单中选择 NC Check (NC 检查) 命令，系统弹出"Material Removal"操控板，单击 按钮，系统弹出"Play Simulation"对话框，然后单击 ▶ 按钮，观察刀具切割工件的运行情况，结果如图 10.4.39 所示。

Step5. 演示完成后，单击"Play Simulation"对话框中的 Close 按钮，然后单击"Material Removal"操控板中的 ✕ 按钮，退出仿真环境。

Step6. 在 ▼ NC SEQUENCE (NC 序列) 菜单中选择 Done Seq (完成序列) 命令。

Stage4. 切减材料

Step1. 单击 铣削 功能选项卡中的 制造几何 ▼ 按钮，在弹出的菜单中选择 材料移除切削 命令，在弹出的 ▼ NC 序列列表 菜单中选择 5: 腔槽加工, 操作: OPO10 命令，然后依次选择 ▼ MAT REMOVAL (材料移除) ➡ Automatic (自动) ➡ Done (完成) 命令。

Step2. 在弹出的"相交元件"对话框中依次单击 自动添加 按钮和 ▤ 按钮，最后单击 确定 按钮，完成材料切减，材料切减后的工件模型如图 10.4.40 所示。

说明：图 10.4.40 为已经隐藏了参考模型的结果，此时可以看到两处腔槽被切减材料的结果。

图 10.4.39 加工仿真

图 10.4.40 切减材料后的模型

Task9. 钻孔加工

Stage1. 加工方法设置

Step1. 单击 铣削 功能选项卡 孔加工循环 ▼ 区域中的"标准"按钮 ⋃ ，此时系统弹出"钻孔"操控板。

Step2. 在"钻孔"操控板的 Ⅰ 下拉列表中选择 ⌿ 编辑刀具... 选项，系统弹出"刀具设定"对话框。

Step3. 在弹出的"刀具设定"对话框中单击"新建"按钮 ☐ ，在 常规 选项卡中设置图 10.4.41 所示的刀具参数，设置完毕后依次单击 应用 和 确定 按钮，返回到"钻孔"操控板。

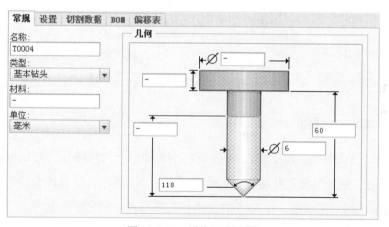

图 10.4.41 设定刀具参数

Step4. 在"钻孔"操控板中单击 基准 按钮，在弹出的菜单中选择 ⤬ 命令，系统弹出图 10.4.42 所示的"基准点"对话框。按住 Ctrl 键，在模型树中依次选择 NC_ASM_TOP、NC_ASM_FRONT 和 ADTM1 基准面作为创建基准点的三个参照平面，单击 确定 按钮完成基准点的创建（图 10.4.43）。

Step5. 在"钻孔"操控板中单击 参考 按钮，在弹出的"参考"设置界面的 类型: 下拉列表中选择 点 选项，单击 孔 列表框，选取上一步创建的基准点。单击 起始 下拉列表右侧的 ▾ 按钮，在弹出的菜单中选择 ⤒ 命令；单击 终止 下拉列表右侧的 ▾ 按钮，在弹出的菜单中选

择 ⊥ 命令。

图 10.4.42　"基准点"对话框

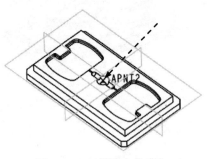

图 10.4.43　基准点的建立

Step6. 在"钻孔"操控板中单击 参数 按钮，在弹出的"参数"设置界面中设置图 10.4.44 所示的切削参数。

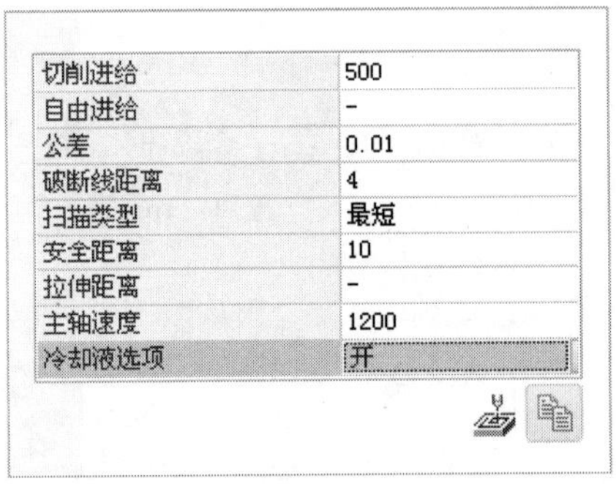

切削进给	500
自由进给	–
公差	0.01
破断线距离	4
扫描类型	最短
安全距离	10
拉伸距离	–
主轴速度	1200
冷却液选项	开

图 10.4.44　设置孔加工切削参数

Stage2. 演示刀具轨迹

Step1. 在"钻孔"操控板中单击 按钮，系统弹出"播放路径"对话框。

Step2. 单击"播放路径"对话框中的 ▶ 按钮，观测刀具的行走路线，结果如图 10.4.45 所示。演示完成后，单击"播放路径"对话框中的 关闭 按钮。

Stage3. 加工仿真

Step1. 在"钻孔"操控板中单击 按钮，系统弹出"Material Removal"操控板，单击 按钮，系统弹出"Play Simulation"对话框，然后单击 ▶ 按钮，仿真结果如图 10.4.46 所示。

Step2. 演示完成后，单击"Play Simulation"对话框中的 Close 按钮，然后单击"Material Removal"操控板中的 ✕ 按钮，退出仿真环境。

Step3. 在"钻孔"操控板中单击 ✔ 按钮，完成操作。

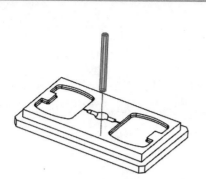

图 10.4.45 刀具路径

图 10.4.46 加工仿真

Stage4. 切减材料

Step1. 选取命令。单击 铣削 功能选项卡中的 制造几何▼ 按钮，在弹出的菜单中选择 ▢ 材料移除切削 命令。

Step2. 在弹出的 ▼ NC 序列列表 菜单中选择 6: 钻孔 1, 操作: OPO10 命令，然后依次选择 ▼ MAT REMOVAL (材料移除) ➡ Automatic (自动) ➡ Done (完成) 命令。

Step3. 在弹出的"相交元件"对话框中依次单击 自动添加 按钮和 ▤ 按钮，然后单击 确定 按钮，完成材料切减。

Task10. 体积块粗加工（二）

Stage1. 加工方法设置

Step1. 单击 铣削 功能选项卡 铣削▼ 区域中的"粗加工"按钮 ⬚，然后在弹出的菜单中选择 ⬚ 体积块粗加工 命令，此时系统弹出"体积块铣削"操控板。

Step2. 创建刀具。在"体积块铣削"操控板的"刀具管理器" ⬚ 下拉列表中选择 ⬚ 编辑刀具... 选项，在弹出的"刀具设定"对话框中单击"新建"按钮 ⬚，在 常规 选项卡中设置图 10.4.47 所示的刀具参数，设置完毕后依次单击 应用 和 确定 按钮。

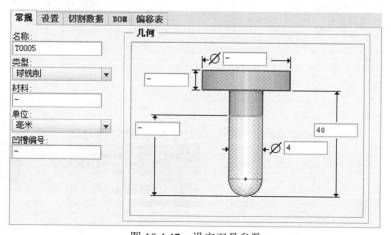

图 10.4.47 设定刀具参数

Step3. 在"体积块铣削"操控板中单击 参数 选项卡，再在 参数 选项卡中单击"编辑加工参数"按钮 ，此时系统弹出"编辑序列参数'体积块铣削'"对话框，在对话框中设置图 10.4.48 所示的 基本 加工参数。选择下拉菜单 文件(F) 中的 另存为... 命令，将文件命名为 milprm04，单击"保存副本"对话框中的 确定 按钮，然后再次单击"编辑序列参数'体积块铣削'"对话框中的 确定 按钮，完成参数的设置。

Step4. 创建铣削窗口。

（1）单击 铣削 功能选项卡 制造几何▾ 区域中的"铣削窗口"按钮 ，系统弹出"铣削窗口"操控板。

（2）在操控板中单击 （草绘窗口类型）按钮，选取图 10.4.49 所示的零件模型表面为窗口放置平面，单击 按钮，系统弹出"草绘"对话框，选取 NC_ASM_FRONT 基准平面为参考平面，方向设置为底部，然后单击 草绘 按钮，系统进入草绘环境。

（3）绘制截面草图。进入截面草绘环境后，绘制的截面草图如图 10.4.50 所示。完成特征截面的绘制后，单击工具栏中的"确定"按钮 ，返回到"铣削窗口"操控板。

注意：此处绘制的草图为封闭轮廓，且与参考模型的对应边线重合，可以使用 投影 命令来完成。

图 10.4.48 "编辑序列参数'体积块铣削'"对话框

图 10.4.49 选取放置平面

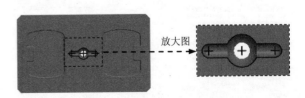

图 10.4.50 截面草图

（4）定义窗口深度。在"铣削窗口"操控板中单击 深度 按钮，在弹出的界面中选中 ☑指定深度 复选框，在 深度选项 下拉列表中选择 ⊥⊥盲孔 选项，并在其后的文本框中输入数值-5.5，单击 测量自 文本框，选择放置平面为测量平面。

（5）定义窗口边界选项。在"铣削窗口"操控板中单击 选项 按钮，选中 ◉ 在窗口围线上 单选项。

（6）在"铣削窗口"操控板中单击 ☑ 按钮，完成铣削窗口的创建。

Step5. 在"体积块铣削"操控板中单击 参考 选项卡，在 参考 选项卡中 加工参考: 后的文本框单击将其激活，然后在图形区中选取上一步创建的铣削窗口为加工参考。

Stage2. 演示刀具轨迹

Step1. 在"体积块铣削"操控板中单击"显示刀具路径"按钮 🖳，此时系统弹出"播放路径"对话框。

Step2. 单击"播放路径"对话框中的 ▶ 按钮，观测刀具的行走路线，如图10.4.51 所示。演示完成后，单击"播放路径"对话框中的 关闭 按钮。

Stage3. 加工仿真

Step1. 在"体积块铣削"操控板中单击 🔁 按钮，系统弹出"Material Removal"操控板，单击 🖊 按钮，系统弹出"Play Simulation"对话框，然后单击 ▶ 按钮，观察刀具切割工件的运行情况，仿真结果如图10.4.52 所示。

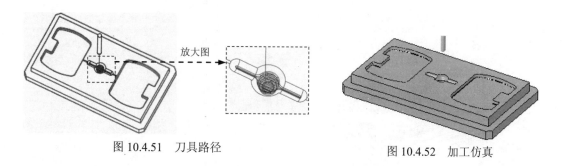

图 10.4.51　刀具路径

图 10.4.52　加工仿真

Step2. 演示完成后，单击"Play Simulation"对话框中的 Close 按钮，然后单击"Material Removal"操控板中的 ✕ 按钮，退出仿真环境。

Step3. 在"体积块铣削"操控板中单击"完成"按钮 ☑。

Stage4. 材料切减

Step1. 单击 铣削 功能选项卡中的 制造几何 ▼ 按钮，在弹出的菜单中选择 ▣ 材料移除切削 命令，在弹出的 ▼ NC 序列列表 菜单中选择 7: 体积块铣削, 操作: OP010 命令，然后依次选择 ▼ MAT REMOVAL (材料移除) ➡ Automatic (自动) ➡ Done (完成) 命令。

Step2. 在弹出的"相交元件"对话框中依次单击 自动添加 按钮和 ▤ 按钮，然后单击 确定 按钮，完成材料切减。

Task11. 表面铣削

Stage1. 加工方法设置

Step1. 单击 铣削 功能选项卡 铣削 ▾ 区域中的 ⊥表面 按钮，此时系统弹出"表面铣削"操控板。

Step2. 在"表面铣削"操控板的 T 下拉列表中选择 01：T0001 选项，单击 ✪ 按钮预览刀具模型，然后再次单击 ✪ 按钮关闭刀具预览。

Step3. 在"表面铣削"操控板中单击 参考 按钮，在弹出的"参考"设置界面的 类型 下拉列表中选择 曲面 选项，单击 加工参考： 列表框，选取图 10.4.53 所示的参考模型表面作为加工参考面。

Step4. 在"表面铣削"操控板中单击 参数 按钮，在弹出的"参数"设置界面中设置图 10.4.54 所示的切削参数。

选取该平面

图 10.4.53　选择加工参考面

切削进给	1000
自由进给	-
退刀进给	-
切入进给量	-
步长深度	15
公差	0.01
跨距	15
底部允许余量	-
切割角	90
终止超程	0
起始超程	0
扫描类型	类型 3
切割类型	顺铣
安全距离	5
接近距离	-
退刀距离	-
主轴速度	1500
冷却液选项	开

图 10.4.54　设置切削参数

Stage2. 演示刀具轨迹

Step1. 在"表面铣削"操控板中单击 ▥ 按钮，系统弹出"播放路径"对话框。

Step2. 单击"播放路径"对话框中的 ▶ 按钮，观测刀具的行走路线，如图 10.4.55 所示，单击 ▸ CL 数据 栏可以查看生成的 CL 数据。

Step3. 演示完成后，单击"播放路径"对话框中的 关闭 按钮。

Stage3. 观察仿真加工

Step1. 在"表面铣削"操控板中单击 按钮，系统弹出"Material Removal"操控板，单击 按钮，系统弹出"Play Simulation"对话框，然后单击 ▶ 按钮，仿真结果如图10.4.56所示。

Step2. 演示完成后，单击"Play Simulation"对话框中的 Close 按钮，然后单击"Material Removal"操控板中的 ✖ 按钮，退出仿真环境。

Step3. 在"表面铣削"操控板中单击 ✔ 按钮完成操作。

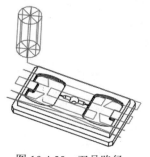

图 10.4.55　刀具路径

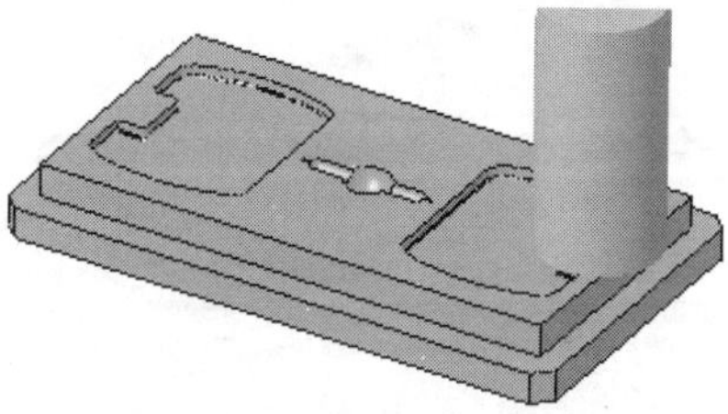

图 10.4.56　加工仿真

Stage4. 材料切减

Step1. 单击 铣削 功能选项卡中的 制造几何▼ 按钮，在弹出的菜单中选择 ⬚ 材料移除切削 命令，在弹出的 ▼ NC 序列列表 菜单中选择 8: 表面铣削 1, 操作: OP010 命令，然后依次选择 ▼ MAT REMOVAL (材料移除) ➡ Automatic (自动) ➡ Done (完成) 命令。

Step2. 在系统弹出的"相交元件"对话框中依次单击 自动添加 按钮和 ☰ 按钮，然后单击 确定 按钮，完成材料切减。

Task12. 轮廓铣削（三）

Stage1. 加工方法设置

Step1. 单击 铣削 功能选项卡 铣削▼ 区域中的 ⬚轮廓铣削 按钮，此时系统弹出"轮廓铣削"操控板。

Step2. 在"轮廓铣削"操控板的 ⬚ 下拉列表中选择 02 : T0002 选项。

Step3. 在"轮廓铣削"操控板中单击"暂停"按钮 ⏸ ，然后在模型树中右击 ⬚PAD_MOLD_WRK_01.PRT 节点，在弹出的菜单中选择 ⬚命令，单击 ▶ 按钮继续进行设置。

说明： 隐藏工件是为了方便选取参考模型的侧面。

Step4. 在"轮廓铣削"操控板中单击 参考 按钮，在弹出的"参考"设置界面的 类型 下拉列表中选择 曲面 选项，选取图10.4.57所示的所有轮廓面（参考模型的侧面）。

Step5. 在"轮廓铣削"操控板中单击 参数 按钮，在弹出的"参数"设置界面中设置图

10.4.58 所示的切削参数。单击 ![按钮] 按钮，系统"弹出编辑序列参数'轮廓铣削 3'"对话框。选择下拉菜单 文件(F) 中的 另存为... 命令，将文件命名为 milprm05，单击"保存副本"对话框中的 确定 按钮，然后单击"编辑序列参数'轮廓铣削 3'"对话框中的 确定 按钮，完成参数设置。

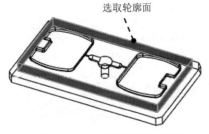

选取轮廓面

图 10.4.57　所选取的轮廓面

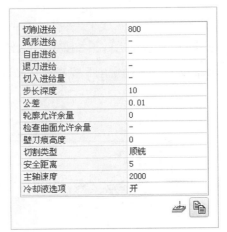

切削进给	800
弧形进给	-
自由进给	-
退刀进给	-
切入进给量	-
步长深度	10
公差	0.01
轮廓允许余量	0
检查曲面允许余量	-
壁刀痕高度	0
切割类型	顺铣
安全距离	5
主轴速度	2000
冷却液选项	开

图 10.4.58　设置切削参数

Stage2. 演示刀具轨迹

Step1. 在"轮廓铣削"操控板中单击 ![按钮] 按钮，系统弹出"播放路径"对话框。

Step2. 单击"播放路径"对话框中的 ▶ 按钮，观测刀具的行走路线，结果如图 10.4.59 所示。

Step3. 演示完成后，单击"播放路径"对话框中的 关闭 按钮。

Stage3. 加工仿真

Step1. 切换到 视图 功能选项卡，在模型树中选中 PAD_MOLD_WRK_01.PRT 节点，然后单击 可见性 区域的 ● 显示(S) 按钮，此时将显示前面隐藏的工件模型。

Step2. 在"轮廓铣削"操控板中单击 ![按钮] 按钮，系统弹出"Material Removal"操控板，单击 ![按钮] 按钮，系统弹出"Play Simulation"对话框，然后单击 ▶ 按钮，仿真结果如图 10.4.60 所示。

图 10.4.59　刀具路径

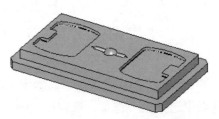

图 10.4.60　加工仿真

Step3. 演示完成后，单击"Play Simulation"对话框中的 Close 按钮，然后单击"Material Removal"操控板中的 ✕ 按钮，退出仿真环境。

Step4. 在"轮廓铣削"操控板中单击 ✓ 按钮完成操作。

Stage4. 切减材料

Step1. 选取命令。单击 铣削 功能选项卡中的 制造几何▼ 按钮，在弹出的菜单中选择 材料移除切削 命令，然后在"菜单管理器"中选择 ▼NC 序列列表 ➡ 9: 轮廓铣削 3, 操作: OP010 ➡ ▼ MAT REMOVAL (材料移除) ➡ Automatic (自动) ➡ Done (完成) 命令。

Step2. 在系统弹出的"相交元件"对话框中依次单击 自动添加 按钮和 ☰ 按钮，然后单击 确定 按钮，完成材料切减。

Task13. 轮廓铣削（四）

Stage1. 加工方法设置

Step1. 单击 铣削 功能选项卡 铣削▼ 区域中的 轮廓铣削 按钮，此时系统弹出"轮廓铣削"操控板。

Step2. 在"轮廓铣削"操控板的 ⊤ 下拉列表中选择 02：T0002 选项。

Step3. 在"轮廓铣削"操控板中单击"暂停"按钮 ▮▮ ，然后在模型树中右击 PAD_MOLD_WRK_01.PRT 节点，在弹出的菜单中选择 命令，单击 ▶ 按钮继续进行设置。

说明：隐藏工件是为了方便选取参考模型的侧面。

Step4. 在"轮廓铣削"操控板中单击 参考 按钮，在弹出的"参考"设置界面的 类型 下拉列表中选择 曲面 选项，选取图 10.4.61 所示的所有轮廓面（参考模型的侧面）。

Step5. 在"轮廓铣削"操控板中单击 参数 按钮，在弹出的"参数"设置界面中单击 按钮，在弹出的"选择步骤"对话框中选择 9: 轮廓铣削 3, 操作: OP010 选项，单击 确定 按钮完成参数设置。

Stage2. 演示刀具轨迹

Step1. 在"轮廓铣削"操控板中单击 按钮，系统弹出"播放路径"对话框。

Step2. 单击"播放路径"对话框中的 ▶ 按钮，观测刀具的行走路线，结果如图 10.4.62 所示。

Step3. 演示完成后，单击"播放路径"对话框中的 关闭 按钮。

选取轮廓面

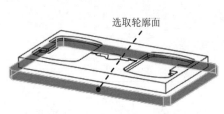

图 10.4.61　所选取的轮廓面

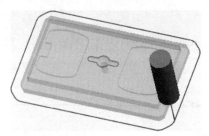

图 10.4.62　刀具路径

Stage3．加工仿真

Step1. 切换到 视图 功能选项卡，在模型树中选中 PAD_MOLD_WRK_01.PRT 节点，然后单击 可见性 区域的 ● 显示(S) 按钮，此时将显示前面隐藏的工件模型。

Step2. 在"轮廓铣削"操控板中单击 按钮，系统弹出"Material Removal"操控板，单击 按钮，系统弹出"Play Simulation"对话框，然后单击 ▶ 按钮，仿真结果如图 10.4.63 所示。

图 10.4.63　加工仿真

Step3. 演示完成后，单击"Play Simulation"对话框中的 Close 按钮，然后单击"Material Removal"操控板中的 ✖ 按钮，退出仿真环境。

Step4. 在"轮廓铣削"操控板中单击 ✔ 按钮完成操作。

Stage4．切减材料

Step1. 选取命令。单击 铣削 功能选项卡中的 制造几何 ▼ 按钮，在弹出的菜单中选择 材料移除切削 命令，然后在"菜单管理器"中选择 ▼ NC 序列列表 ➡ 10: 轮廓铣削 4, 操作: OP010 ➡ ▼ MAT REMOVAL (材料移除) ➡ Automatic (自动) ➡ Done (完成) 命令。

Step2. 在系统弹出的"相交元件"对话框中依次单击 自动添加 按钮和 ≡ 按钮，然后单击 确定 按钮，完成材料切减。

Task14．曲面铣削

Stage1．加工方法设置

Step1. 单击 铣削 功能选项卡 铣削 ▼ 区域中的 曲面铣削 按钮，此时系统弹出

"序列设置"菜单。 在弹出的 ▼ SEQ SETUP (序列设置) 菜单中选中 ✔ Tool (刀具)、 ✔ Parameters (参数)、 ✔ Surfaces (曲面) 和 ✔ Define Cut (定义切削) 复选框，然后选择 Done (完成) 命令。

Step2. 在弹出的"刀具设定"对话框中单击"新建"按钮 ⬜，设置图 10.4.64 所示的刀具参数，设置完毕后依次单击 应用 和 确定 按钮。

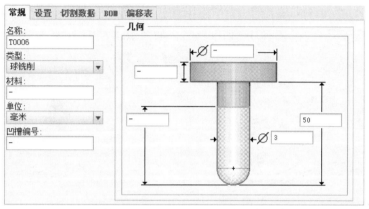

图 10.4.64　设定刀具参数

Step3. 在系统弹出的"编辑序列参数'曲面铣削'"对话框中设置 基本 加工参数，结果如图 10.4.65 所示。选择下拉菜单 文件(F) 中的 另存为... 命令，将文件命名为 milprm06，单击"保存副本"对话框中的 确定 按钮，然后再次单击"编辑序列参数'曲面铣削'"对话框中的 确定 按钮，完成参数的设置。

图 10.4.65　"编辑序列参数'曲面铣削'"对话框

Step4. 在系统弹出的 ▼ SURF PICK (曲面拾取) 菜单中依次选择 Model (模型) ➡
Done (完成) 命令，系统弹出 ▼ SELECT SRFS (选择曲面) 菜单。在 ▼ SELECT SRFS (选择曲面) 菜单中选择 Add (添加) 命令，在图形区选取图 10.4.66 所示的模型曲面组，然后在"选择"对话框中单击 确定 按钮，然后选择 Done/Return (完成/返回) 命令，完成曲面拾取。

Step5. 在 ▼ NCSEQ SURFS (NC 序列 曲面) 菜单中选择 Done/Return (完成/返回) 命令，此时系统弹出"切削定义"对话框，选中 ⚫ 直线切削 和 ⚫ 相对于X轴 单选项，在 切削角度 文本框中输入数值 45，单击 预览(P) 按钮显示刀具切削路线，如图 10.4.67 所示。

选取曲面组

图 10.4.66 选取曲面组

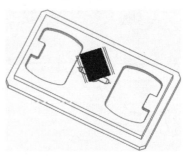

图 10.4.67 预览切削路线

Step6. 单击"切削定义"对话框中的 确定 按钮，回到 ▼ NC SEQUENCE (NC 序列) 菜单。

Stage2. 演示刀具轨迹

Step1. 在系统弹出的 ▼ NC SEQUENCE (NC 序列) 菜单中选择 Play Path (播放路径) 命令，此时系统弹出 ▼ PLAY PATH (播放路径) 菜单。

Step2. 在 ▼ PLAY PATH (播放路径) 菜单中选择 Screen Play (屏幕播放) 命令，此时弹出"播放路径"对话框。

Step3. 单击"播放路径"对话框中的 ▶ 按钮，可以观察刀具的路径，如图 10.4.68 所示。演示完成后，单击"播放路径"对话框中的 关闭 按钮。

图 10.4.68 刀具路径

Stage3. 观察仿真加工

Step1. 在 ▼ PLAY PATH (播放路径) 菜单中选择 NC Check (NC 检查) 命令，系统弹出 "Material Removal"操控板，单击 按钮，系统弹出"Play Simulation"对话框，然后单击 ▶

按钮，观察刀具切割工件的运行情况，仿真结果如图 10.4.69 所示。

图 10.4.69 加工仿真

Step2. 演示完成后，单击"Play Simulation"对话框中的 Close 按钮，然后单击"Material Removal"操控板中的 ✖ 按钮，退出仿真环境。

Step3. 在 ▼ NC SEQUENCE (NC 序列) 菜单中选择 Done Seq (完成序列) 命令。

Stage4. 材料切减

Step1. 单击 铣削 功能选项卡中的 制造几何 ▾ 按钮，在弹出的菜单中选择 □ 材料移除切削 命令，在弹出的 ▼ NC 序列列表 菜单中选择 11: 曲面铣削, 操作: OP010 命令，然后依次选择 ▼ MAT REMOVAL (材料移除) ➡ Automatic (自动) ➡ Done (完成) 命令。

Step2. 在弹出的"相交元件"对话框中依次单击 自动添加 按钮和 ▤ 按钮，然后单击 确定 按钮，完成材料切减。

Task15. 轮廓铣削（五）

Stage1. 加工方法设置

Step1. 单击 铣削 功能选项卡 铣削 ▾ 区域中的 ⚒ 轮廓铣削 按钮，此时系统弹出"轮廓铣削"操控板。

Step2. 在"轮廓铣削"操控板的 ↑ 下拉列表中选择 ▯ 编辑刀具... 选项，系统弹出"刀具设定"对话框。在弹出的"刀具设定"对话框中单击"新建"按钮 □，在 常规 选项卡中设置图 10.4.70 所示的刀具参数，设置完毕后依次单击 应用 和 确定 按钮。

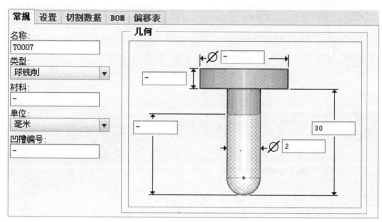

图 10.4.70 设定刀具参数

Step3. 在"轮廓铣削"操控板中单击 参考 按钮，在弹出的"参考"设置界面的 类型 下拉列表中选择 前一工步 选项，然后在模型树中选取 4. 腔槽铣削 [OP010] 节点。

Step4. 在"轮廓铣削"操控板中单击 参数 按钮，在弹出的"参数"设置界面中设置图10.4.71所示的切削参数。

切削进给	300
弧形进给	-
自由进给	-
退刀进给	-
切入进给量	-
步长深度	0.5
公差	0.01
轮廓允许余量	0
检查曲面允许余量	-
壁刀痕高度	0
切割类型	顺铣
安全距离	5
主轴速度	5000
冷却液选项	开

图 10.4.71　设置切削参数

Stage2. 演示刀具轨迹

Step1. 在"轮廓铣削"操控板中单击 按钮，系统弹出"播放路径"对话框。

Step2. 单击"播放路径"对话框中的 ▶ 按钮，观测刀具的行走路线，结果如图 10.4.72 所示。

Step3. 演示完成后，单击"播放路径"对话框中的 关闭 按钮。

Stage3. 加工仿真

Step1.在"轮廓铣削"操控板中单击 按钮，系统弹出"Material Removal"操控板，单击 按钮，系统弹出"Play Simulation"对话框，然后单击 ▶ 按钮，仿真结果如图 10.4.73 所示。

Step2. 演示完成后，单击"Play Simulation"对话框中的 Close 按钮，然后单击"Material Removal"操控板中的 ✕ 按钮，退出仿真环境。

Step3. 在"轮廓铣削"操控板中单击 ✔ 按钮完成操作。

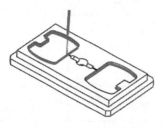

图 10.4.72　刀具路径

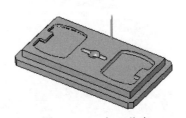

图 10.4.73　加工仿真

Task16. 轮廓铣削（六）

镜像轮廓铣削操作

Step1. 在模型树中选中刚刚创建的 <u>12. 轮廓铣削 5 [OP010]</u> 节点，然后在 铣削 功能选项卡中单击 编辑▾ 按钮，在弹出的菜单中选择 镜像步骤 命令，系统弹出"镜像 NC 序列"对话框。

Step2. 在"镜像 NC 序列"对话框中单击 选择... 按钮，在系统的 ➡请指定镜像刀具路径的平面▪ 提示下，在模型树上选择基准平面 ADTM1。

Step3. 采用默认参数设置，单击 确定 按钮，完成刀具路径的镜像。

Step4. 在模型树中选中刚刚镜像的刀路节点，右击，在快捷菜单中选择 重命名 命令，并输入新的名称"轮廓加工"并按下 Enter 键确认。

Task17. 腔槽加工（三）

Stage1. 加工方法设置

Step1. 单击 铣削 功能选项卡中的 铣削▾ 按钮，在弹出的菜单中选择 ⨆ 腔槽加工 命令，此时系统弹出"序列设置"菜单。

Step2. 在打开的 Seq Setup (序列设置) 菜单中选中 ✔Tool (刀具)、✔Parameters (参数) 和 ✔Surfaces (曲面) 复选框，然后选择 Done (完成) 命令。

Step3. 在弹出的"刀具设定"对话框中选择刀具 T0003，然后单击 确定 按钮，此时系统弹出"编辑序列参数'腔槽铣削'"对话框。

Step4. 在"编辑序列参数'腔槽铣削'"对话框中设置 基本 加工参数，完成设置后的结果如图 10.4.74 所示，选择下拉菜单 文件(F) 中的 另存为... 命令。将文件命名为 milprm07，单击"保存副本"对话框中的 确定 按钮，然后再次单击"编辑序列参数'腔槽铣削'"，对话框中的 确定 按钮，完成参数的设置。

Step5. 在系统弹出的 ▾ SURF PICK (曲面拾取) 菜单中依次选择

图 10.4.74　"编辑序列参数'腔槽铣削'"对话框

Model (模型) ➡️ Done (完成) 命令，在系统弹出的 ▼ SELECT SRFS (选择曲面) 菜单中选择 Add (添加) 命令，然后选取图 10.4.75 所示的凹槽底面，选取完成后，在"选择"对话框中单击 确定 按钮。最后选择 Done/Return (完成/返回) 命令，完成 NC 序列的设置。

注意：选取曲面组前，需要将工件模型暂时隐藏，操作方式是在模型树上选中 🗒️PAD_MOLD_WRK_01.PRT 节点，右击，在快捷菜单中选择 👁️命令。

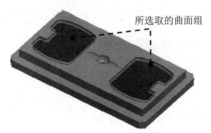

图 10.4.75　选取的曲面组

Stage2. 演示刀具轨迹

Step1. 在 ▼ NC SEQUENCE (NC 序列) 菜单中选择 Play Path (播放路径) 命令，此时系统弹出 ▼ PLAY PATH (播放路径) 菜单；然后在 ▼ PLAY PATH (播放路径) 菜单中选择 Screen Play (屏幕播放) 命令，系统弹出"播放路径"对话框。单击"播放路径"对话框中的 ▶ 按钮，观测刀具的行走路线，如图 10.4.76 所示。

Step2. 演示完成后，单击"播放路径"对话框中的 关闭 按钮。

Stage3. 加工仿真

Step1. 在 ▼ PLAY PATH (播放路径) 菜单中选择 NC Check (NC 检查) 命令，系统弹出"Material Removal"操控板，单击 按钮，系统弹出"Play Simulation"对话框，然后单击 ▶ 按钮，观察刀具切割工件的运行情况，仿真结果如图 10.4.77 所示。

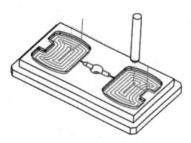

图 10.4.76　刀具路径

图 10.4.77　加工仿真

Step2. 演示完成后，单击"Play Simulation"对话框中的 Close 按钮，然后单击"Material Removal"操控板中的 ✕ 按钮，退出仿真环境。

Step3. 在 ▼ NC SEQUENCE (NC 序列) 菜单中选择 Done Seq (完成序列) 命令。

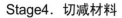

Stage4．切减材料

Step1．单击 铣削 功能选项卡中的 制造几何▼ 按钮，在弹出的菜单中选择 ⬚ 材料移除切削 命令，在弹出的 ▼ NC 序列列表 菜单中选择 14: 腔槽铣削，操作：OP010 命令，然后依次选择 ▼ MAT REMOVAL（材料移除）⟶ Automatic（自动）⟶ Done（完成）命令。

Step2．在弹出的"相交元件"对话框中单击 自动添加 按钮和 ☰ 按钮，最后单击 确定 按钮，完成材料切减。

说明：模型中小的流道请读者参照本书的操作，自行完成，此处不再赘述。

Task18．整体加工仿真

Step1．在模型树中选中 ⬚ OP010 [MILL01] 节点，右击，在弹出的快捷菜单中选择 材料移除模拟 命令，系统弹出"Material Removal"操控板。

Step2．单击 ⬚ 按钮，系统弹出"Play Simulation"对话框，然后单击 ▶ 按钮，查看运行结构。

Step3．演示完成后，单击"Play Simulation"对话框中的 Close 按钮，然后单击"Material Removal"操控板中的 ✖ 按钮，退出仿真环境。

Step4．选择下拉菜单 文件▼ ⟶ 🖫 保存(S) 命令，保存文件。

学习拓展：扫一扫右侧二维码，可以免费学习更多视频讲解。

讲解内容：ISDX 曲面的背景知识，ISDX 曲面的基本操作，ISDX 渐消曲面等。

读者意见反馈卡

尊敬的读者:

感谢您购买机械工业出版社出版的图书!

我们一直致力于 CAD、CAPP、PDM、CAM 和 CAE 等相关技术的跟踪,希望能将更多优秀作者的宝贵经验与技巧介绍给您。当然,我们的工作离不开您的支持。如果您在看完本书之后,有什么好的意见和建议,或是有一些感兴趣的技术话题,都可以直接与我联系。

策划编辑: 丁锋

读者购书回馈活动:

活动一:本书"随书光盘"中含有该"读者意见反馈卡"的电子文档,请认真填写本反馈卡,并 E-mail 给我们。E-mail: 兆迪科技 zhanygjames@163.com,丁锋 fengfener@qq.com。

活动二:扫一扫右侧二维码,关注兆迪科技官方公众微信(或搜索公众号 zhaodikeji),参与互动,也可进行答疑。

凡参加以上活动,即可获得兆迪科技免费奉送的价值 48 元的在线课程一门,同时有机会获得价值 780 元的精品在线课程。

书名: 《Creo 4.0 数控加工教程》

1. 读者个人资料:

姓名: _____ 性别: ___ 年龄: ____ 职业: _____ 职务: _____ 学历: _____

专业: _____ 单位名称: _____ 电话: _____ 手机: _____

邮寄地址: _____ 邮编: _____ E-mail: _____

2. 影响您购买本书的因素(可以选择多项):

□内容 □作者 □价格

□朋友推荐 □出版社品牌 □书评广告

□工作单位(就读学校)指定 □内容提要、前言或目录 □封面封底

□购买了本书所属丛书中的其他图书 □其他_____

3. 您对本书的总体感觉:

□很好 □一般 □不好

4. 您认为本书的语言文字水平:

□很好 □一般 □不好

5. 您认为本书的版式编排:

□很好 □一般 □不好

6. 您认为 Creo 其他哪些方面的内容是您所迫切需要的?

_____

7. 其他哪些 CAD/CAM/CAE 方面的图书是您所需要的?

_____

8. 您认为我们的图书在叙述方式、内容选择等方面还有哪些需要改进?

_____